中国特色高水平高职学校项目建设成果

焊接生产管理

主　编　耿艳旭　戴艳涛
副主编　李文博　孙百韬　赵成刚　吕　磊

哈尔滨工程大学出版社
Harbin Engineering University Press

内 容 简 介

本书依据高职智能焊接技术专业人才培养目标和定位要求编写,主要内容包括编制安全措施与应急方案、焊接生产过程管理、焊接工程成本管理与控制策略,下设焊编制安全措施与安全生产检查、制定应急方案、焊接生产过程控制、先进制造生产模式及管理、投标文件编辑、焊接生产成本核算6个理论学习任务。

本书既可作为高职智能焊接技术专业和机械制造及自动化等相关专业的教材,也可作为材料加工领域的教师、研究人员和工程技术人员的参考资料。

图书在版编目(CIP)数据

焊接生产管理 / 耿艳旭,戴艳涛主编. -- 哈尔滨：哈尔滨工程大学出版社, 2024. 6. -- ISBN 978-7-5661-4565-9

Ⅰ. TG4

中国国家版本馆 CIP 数据核字第 2024FY5332 号

焊接生产管理

HANJIE SHENGCHAN GUANLI

选题策划　雷　霞
责任编辑　刘海霞
封面设计　李海波

出版发行	哈尔滨工程大学出版社
社　　址	哈尔滨市南岗区南通大街 145 号
邮政编码	150001
发行电话	0451-82519328
传　　真	0451-82519699
经　　销	新华书店
印　　刷	哈尔滨理想印刷有限公司
开　　本	787 mm×1 092 mm　1/16
印　　张	15.5
字　　数	404 千字
版　　次	2024 年 6 月第 1 版
印　　次	2024 年 6 月第 1 次印刷
书　　号	ISBN 978-7-5661-4565-9
定　　价	54.00 元

http://www.hrbeupress.com
E-mail:heupress@ hrbeu. edu. cn

中国特色高水平高职学校项目建设系列教材编审委员会

编 写 说 明

中国特色高水平高职学校和专业建设计划(简称"双高计划")是我国教育部、财政部为建设一批引领改革、支撑发展、中国特色、世界水平的高等职业学校和骨干专业(群)而实施的重大决策建设工程。哈尔滨职业技术大学(原哈尔滨职业技术学院)入选"双高计划"建设单位,学校对中国特色高水平学校建设项目进行顶层设计,编制了站位高端、理念领先的建设方案和任务书,并扎实地开展人才培养高地、特色专业群、高水平师资队伍与校企合作等项目建设,借鉴国际先进的教育教学理念,开发具有中国特色、符合国际标准的专业标准与规范,深入推动"三教改革",组建模块化教学创新团队,实施课程思政,开展"课堂革命",出版校企双元开发活页式、工作手册式、新形态教材。为适应智能时代先进教学手段应用,学校加强对优质在线资源的建设,丰富教材的载体,为开发以工作过程为导向的优质特色教材奠定基础。按照教育部印发的《职业院校教材管理办法》要求,本系列教材编写总体思路是:依据学校双高建设方案中教材建设规划、国家相关专业教学标准、专业相关职业标准及职业技能等级标准,服务学生成长成才和就业创业,以立德树人为根本任务,融入课程思政,对接相关产业发展需求,将企业应用的新技术、新工艺和新规范融入教材之中。教材编写遵循技术技能人才成长规律和学生认知特点,适应相关专业人才培养模式创新和优化课程体系的需要,注重以真实生产项目以及典型工作任务、生产流程、工作案例等为载体开发教材内容体系,理论与实践有机融合,满足"做中学、做中教"的需要。

本系列教材是哈尔滨职业技术大学中国特色高水平高职学校项目建设的重要成果之一,也是哈尔滨职业技术大学教材改革和教法改革成效的集中体现。教材体例新颖,具有以下特色:

第一,教材研发团队组建创新。按照学校教材建设统一要求,遴选教学经验丰富、课程改革成效突出的专业教师担任主编,邀请相关企业作为联合建设单位,形成了一支学校、行业、企业和教育领域高水平专业人才参与的开发团队,共同参与教材编写。

第二,教材内容整体构建创新。精准对接国家专业教学标准、职业标准、职业技能等级标准,确定教材内容体系;参照行业企业标准,有机融入新技术、新工艺、新规范,构建基于职业岗位工作需要的,体现真实工作任务、流程的内容体系。

第三,教材编写模式及呈现形式创新。与课程改革相配套,按照"工作过程系统化""项目+任务式""任务驱动式""CDIO式"四类课程改革需要设计四种教材编写模式,创新新形态、活页式或工作手册式三种教材呈现形式。

第四,教材编写实施载体创新。根据专业教学标准和人才培养方案要求,在深入企业调研岗位工作任务和职业能力分析基础上，按照"做中学、做中教"的编写思路，以企业典型工作任务为载体进行教学内容设计，将企业真实工作任务、真实业务流程、真实生产过程纳入教材，开发了与教学内容配套的教学资源，以满足教师线上线下混合式教学的需要。同时，本系列教材配套资源在相关平台上线，可满足学生在线自主学习的需要，学生也可随时下载相应资源。

第五，教材评价体系构建创新。从培养学生良好的职业道德、综合职业能力、创新创业能力出发，设计并构建评价体系，注重过程考核和学生、教师、企业、行业、社会参与的多元评价，在学生技能评价上借助社会评价组织的"1+X"考核评价标准和成绩认定结果进行学分认定，每部教材根据专业特点设计了综合评价标准。为确保教材质量，哈尔滨职业技术大学组建了中国特色高水平高职学校项目建设成果编审委员会。该委员会由职业教育专家组成，同时聘请企业技术专家进行指导。学校组织了专业与课程专题研究组，对教材编写持续进行培训、指导、回访等跟踪服务，建立常态化质量监控机制，为修订、完善教材提供稳定支持，确保教材的质量。

本系列教材在国家骨干高职院校教材开发的基础上，经过几轮修改，融入了课程思政内容和"课堂革命"理念，既具教学积累之深厚，又具教学改革之创新，凝聚了校企合作编写团队的集体智慧。本系列教材充分展示了课程改革成果，力争为更好地推进中国特色高水平高职学校和专业建设及课程改革做出积极贡献！

哈尔滨职业技术大学

中国特色高水平高职学校项目建设系列教材编审委员会

2024 年 6 月

前　言

本书基于学习情境式的教学模式,与机械工业哈尔滨焊接技术培训中心、中国机械总院集团哈尔滨焊接研究所有限公司等多家单位合作,结合企业的生产实际与高职教育教学特点,力求体现高等职业教育特色。

本书采用学习情境、任务的模式,以典型焊接结构件作为焊接载体,同时融入了现行的国家及行业标准来组织教材内容。

本书按照焊接的一般流程设计学习情境及工作任务,将焊接生产相关的管理过程按照工作流程进行分解,根据典型工作任务设置任务实施要求和学习内容,使学生能够系统地掌握焊接生产管理的特点及重点,熟悉焊接生产管理的基本要求,提高焊接生产相关的管理水平。本书配合课程考核贯穿于所有的工作任务,学生完成工作任务的情况都计入考核范围。采用多元评价的方式,同时配合教师评价、企业专家评价、学生互评和过程评价。同时,本书还配有相应的数字教学视频,学生在学习过程中可登录 hps://hzhj. 36ve. comv/´index. php/login/login 微知库网站观看和下载。

本书包括 3 个学习情境,分别为编制安全措施与应急方案、焊接生产过程管理、焊接工程成本管理与控制策略,下设编制安全措施与安全生产检查、制定应急方案、焊接生产过程控制、先进制造生产模式及管理、投标文件编辑、焊接生产成本核算 6 个理论学习任务。

教学实施建议:教学参考学时 48~96 学时,建议采用“教,学,做一体化”的教学模式;教学方法建议采用引导文法、头脑风暴法、小组讨论法等行动导向教学法。

本书由耿艳旭、戴艳涛担任主编,李文博、孙百韬、赵成刚、吕磊担任副主编。全书由耿艳旭负责统稿,由哈尔滨职业技术大学中国特色高水平高职学校项目建设系列教材编审委员会审定。

本书在编写过程中,与有关企业进行合作,得到了企业专家和专业技术人员的大力支持,吸收和采纳了他们许多宝贵的意见及建议,在此表示衷心的感谢。由于编者水平有限,书中难免存在疏漏和不当之处,恳请读者批评指正。

编　者

目　　录

学习情境 1　编制安全措施与应急方案 ··· 1

　　任务 1　编制安全措施与安全生产检查 ·· 2

　　任务 2　制定应急方案 ··· 43

学习情境 2　焊接生产过程管理 ··· 62

　　任务 1　焊接生产过程控制 ··· 63

　　任务 2　先进制造生产模式及管理 ·· 131

学习情境 3　焊接工程成本管理与控制策略 ······································· 187

　　任务 1　投标文件编辑 ··· 188

　　任务 2　焊接生产成本核算 ··· 207

参考文献 ·· 238

学习情境 1　编制安全措施与应急方案

【学习指南】

【情境导入】

　　焊接生产安全管理体系建设是焊接生产管理的基础性工作,它涉及设备使用管理、人员管理、员工权利与义务分配等多个方面。随着焊接技术的不断进步,安全管理体系也需要不断更新和完善。除了关注设备的安全操作、人员的安全培训外,防火安全、库房安全、餐饮安全、厂内交通安全以及应急方案的制定等方面也是不容忽视的重要内容。

　　在本学习情境中,我们将通过案例分析、实践操作等方式,使大家全面了解焊接生产安全管理体系的构建与运行。同时,我们还将重点关注如何在实际生产过程中落实安全管理制度,提高员工的安全意识和操作技能,确保企业的安全生产。

【学习目标】

知识目标:

1. 能够准确说出企业进行职业健康安全管理体系(OHSAS18001)认证要具备的条件;

2. 能够准确说出生产许可证的办理程序,能够正确、详细、全面填写生产许可证的申请材料;

3. 能够准确说出职业健康安全管理体系建立的方法步骤。

能力目标:

1. 具有运用生产管理标准、掌握质量体系结构要点、编制工程质量管理体系文件的能力;

2. 具有运用 ISO9000、ISO14000 系列环境管理国际标准,环境管理体系的原则和要素,编制环境管理体系文件的能力。

素质目标:

1. 通过小组学习,强化学生的安全操作意识,确保在焊接过程中严格遵守安全操作规程;

2. 培养团队协作精神,能够与其他工种人员有效沟通、密切配合;

3. 能够协调资源、组织生产,确保生产进度和产品质量,提高解决问题的能力。

任务 1 编制安全措施与安全生产检查

【任务工单】

学习情境 1	编制安全措施与应急方案	工作任务 1	编制安全措施与安全生产检查
任务学时			4 学时（课外 2 学时）
布置任务			
任务目标	根据安全使用的规则，检查焊接实训室中设备的摆放位置、操作距离并记录，并按照生产安全的要求，正确放置设备，调整安全设施。分析实训室焊接生产的安全措施是否合理，并完善相关措施，整理、编辑实训室安全生产措施		
任务描述	老师带领学生走进学校的焊接实训室。进入场地，根据任务要求，学生分几个小组，分别针对生产组织结构、用电用水库存的安全措施、设备安全生产的措施、事故应急措施等不同内容进行检查、记录、调整、分析、整理及编辑		
学时安排	资讯 1 学时	计划 0.5 学时	决策 0.5 学时	实施 1 学时	检查 0.5 学时	评价 0.5 学时
提供资源	焊接实训室相关设备及说明书等资料		
对学生学习及成果的要求	1. 掌握焊接专业基础知识（焊接方法、工艺、生产），经历了专业实习，对焊接企业的产品及行业领域有一定的了解。 2. 具有独立思考、善于发现问题的良好习惯。能对任务书进行分析，能正确理解和描述目标要求。 3. 具有查询资料和市场调研能力，具备严谨求实和开拓创新的学习态度。 4. 每组必须完成任务工单，并提请教师进行小组评价，小组成员分享小组评价分数或等级。 5. 每名同学均须完成任务反思，以小组为单位提交		

（注：上表"学时安排"行含 6 列，下方各小项分别对应 资讯、计划、决策、实施、检查、评价）

【课前自学】

知识点 1 企业认证与生产许可

一、什么是企业认证和生产许可

企业认证分为产品认证和体系认证两种。在国际标准化组织/国际电工委员会（ISO/IEC）指南中对"认证"给予了明确的定义："由可以充分信任的第三方证实某一经鉴定的产品或服务符合特定标准或规范性文件的活动"。

1. 产品认证和企业体系认证

产品认证主要是指对产品质量的认证。在我国，目前最热门的是于 2002 年 5 月 1 日起实施的新的国家强制性产品认证,英文名称为"China Compulsory Certification",英文缩写为 CCC(简称"3C认证"),标识如图 1-1 所示。根据中国加入世界贸易组织的承诺和体现国民待遇的原则及国家 3C 认证的有关文件规定,自 2003 年 5 月 1 日起,列入第一批实施 3C 认证目录内的 19 类 132 种产品,除了生产、进口和经营性活动中的特殊情况,可申请免办 3C 认证外,所有产品如未获得 3C 认证标志就不能出厂销售、进口和在经营性的活动中使用。

图 1-1　3C 认证标识

体系认证主要是指管理体系的认证。所谓管理体系是指"建立方针和目标,并实现这些目标的体系"。企业开展体系认证的目的,就是证实其有能力稳定地提供满足顾客和适用法规要求的产品。目前,管理体系认证在世界各国(地区)得到普遍重视和迅猛发展。主要有:ISO9000 质量管理体系认证、ISO14000 环境管理体系认证、OHSAS18000 职业安全卫生管理体系认证等。上述三个体系标准具有很强的兼容性,应用比较广泛。

2. 管理体系认证的作用及国内体系认证的划分

(1)管理体系认证的作用

管理体系与国际接轨,可取得打开国际市场的"金钥匙",在国内市场也可以取得顾客信任的"通行证"。这为发展出口创造了有利条件,有利于开拓市场,发展新客户。有了管理体系认证证书,可大大简化用户信任过程,还可提高企业整体素质、管理意识和管理水平,从而明显提高工作效率;由于"职责、权限及相互关系"均已明文规定,遇事扯皮,相互推诿的情况可以杜绝;产品质量的控制水平明显提高,较有代表性的是过程的一次合格率不断提高和顾客早期故障反馈率逐步降低;取得经济效益,降低质量损失(如"三保"损失、返工、返修等);改进管理接口,仓储明显减少,直接带来了可观的经济效益;提高了顾客满意度;管理对合同全过程和服务实施有效控制,从而大幅度提高合同履约率,改进服务,使顾客满意度显著提高,为企业赢得更好的质量信誉;有利于参加重大工程招标及主要主机厂配套等竞争,管理体系认证证书往往是重大工程招标及重要配套的必要条件,是作为优先选择的重要依据之一;树立企业形象,提高企业知名度,取得宣传效益;减少重复检查,可免去顾客对供方的现场评定。

(2)国内体系认证的划分

国内体系认证主要包括 ISO9001 质量管理体系、ISO14001 环境管理体系、ISO45001 职业健康安全管理体系、ISO22000 食品安全管理体系、ISO27001 信息安全管理体系、SA8000 社会责任管理体系、ISO13485 医疗器械质量管理体系、ISO50430 建筑管理体系、ISO/TS16949 汽车行业质量管理体系、HACCP 食品安全管理体系、ISO50001 能源管理体系等。

3. 认证机构资质

(1)认证机构的设立要件

①有固定的场所和必要的设施;

②有符合认证认可要求的管理制度;

③注册资本不得少于人民币300万元;

④有10名以上相应领域的专职认证人员;

⑤认证机构董事长、总经理和管理者代表(以下统称"高级管理人员")应当符合国家有关法律法规以及国家市场监督管理总局、国家认证认可监督管理委员会(CNCA)相关规定要求,具备履行职务所需的管理能力;

⑥其他法律法规规定的条件。

从事产品认证活动的认证机构,还应当具备与从事相关产品认证活动相适应的检测、检查等技术能力。

(2)认证机构具备的条件

①认证机构应具有可靠地执行认证制度的必要能力,并在认证过程中能够客观、公正、独立地从事认证活动。即认证机构是独立于制造厂、销售商和使用者(消费者)的,具有独立的法人资格的第三方机构,故称认证为第三方认证。国内认证机构有中国质量认证中心(CQC)、兴原认证、方圆认证、船级社认证、华夏认证等。

②认证机构的主管部门是国家认证认可监督管理委员会。

③认证机构必须获得中国合格评定国家认可委员会(CNAS)认可。

4. 生产许可证

(1)工业产品生产许可证

工业产品生产许可证是生产许可证制度的一个组成部分,是为保证产品的质量安全,由国家主管产品生产领域质量监督工作的行政部门制定并实施的一项旨在控制产品生产加工企业生产条件的监控制度。从事产品生产加工的公民、法人或其他组织,必须具备保证产品质量安全的基本生产条件,按规定程序获得《工业产品生产许可证》,方可从事产品生产。没有取得《工业产品生产许可证》的企业不得生产产品,任何企业和个人不得无证销售。

(2)工业产品生产许可证标志

工业产品生产许可证标志由企业产品生产许可拼音"Qiyechanpin Shengchanxuke"的缩写QS和生产许可中文字样组成。产品上有"QS"标志,表明该产品的生产企业已取得工业产品生产许可证,并且该产品已经出厂检验合格。工业产品生产许可证制度是工业产品生产许可证主管部门通过对涉及人体健康的加工食品、危及人身财产安全的产品、关系金融安全和通信质量安全的产品、保障劳动安全的产品、影响生产安全和公共安全的产品,以及法律法规要求实行生产许可证管理的其他产品的生产企业,进行实地核查和产品检验,确认其具备持续生产的能力。

(3)工业产品生产许可证的适用范围

《全国工业产品生产许可证申请书》(以下简称《申请书》)适用于企业发证、换证、迁址、增项等的生产许可证申请。集团公司与其所属单位一起取证的,集团公司与所属单位分别填写《申请书》。增项包括增加产品单元、增加规格型号、产品升级、增加集团公司所属单位等。

（4）企业获得生产许可证的条件

《中华人民共和国工业产品生产许可证管理条例》规定企业取得生产许可证必须具备以下条件：

①企业必须持有工商行政管理部门核发的营业执照。

②企业必须具有与所生产产品相适应的专业技术人员。

③企业必须具有与所生产产品相适应的生产条件和检验检疫手段。

④企业必须具有与生产产品相适应的技术文件和工艺文件。

⑤企业必须具有健全有效的质量管理制度和责任制度。

⑥产品必须符合有关国家标准、行业标准以及保障人体健康、人身、财产安全的要求。

⑦符合国家产业政策的规定，不存在国家明令淘汰和禁止投资建设的落后工艺、高耗能、污染环境、浪费资源的情况。法律、行政法规有其他规定的，还应当符合其规定。

二、生产许可证办理程序

1.生产许可证申请和受理

（1）企业向省级许可证办公室提出申请，并提交以下申请材料：

①《全国工业产品生产许可证申请书》一式三份；

②营业执照复印件三份；

③原生产许可证证书复印件三份（换证企业）；

④产品《实施细则》中要求的其他材料。

（2）省级许可证办公室对上报的申请材料进行审查，在5个工作日内决定是否受理，并发出书面通知。

（3）对于由国家市场监督管理总局委托审查部组织企业生产条件审查的，省级许可证办公室自做出受理决定之日起15日内将相关材料转交审查部。

2.企业生产条件审查

（1）由省级许可证办公室组织审查的，省级许可证办公室应自做出受理决定之日起60日内，组织对申请取证企业的生产条件进行审查；由审查部组织审查的，审查部自接到省级许可证办公室报送的材料之日起60日内，组织对申请取证企业的生产条件进行审查。

（2）审查部或省级许可证办公室应制定企业生产条件审查计划，并提前通知企业。

（3）审查组应依据产品《实施细则》及有关规定实施现场审查。

（4）对于生产条件审查不合格的企业，省级许可证办公室应向企业发出书面通知。企业自收到通知之日起60日后方可再次提出取证申请。

3.产品抽样与检验

（1）对于企业生产条件审查合格的企业，审查组在现场审查同时，按照产品《实施细则》的要求抽样并封样。

（2）企业应自封样之日起15日内将样品送（寄）至检验机构。

（3）检验机构应确保产品检验活动符合产品《实施细则》的要求，并在规定的期限内完成检验工作。

（4）对于产品检验不合格的企业，省级许可证办公室应向企业发出书面通知。企业自接到通知之日起 60 日后方可再次提出取证申请。

4. 审定和发证

（1）由审查部或省级许可证办公室审查汇总企业取证材料，并报送全国许可证审查中心。由省级许可证办公室组织企业生产条件审查的，省级许可证办公室负责汇总材料，并将合格企业名单和相关材料报审查部。

（2）全国许可证审查中心自接到审查部汇总的合格企业名单和有关材料之日起 15 日内完成审查，并报全国许可证办公室。

（3）全国许可证办公室自接到全国许可证审查中心上报材料之日起 20 个工作日内完成审定。

（4）经审定，符合发证条件的，由国家市场监督管理总局颁发证书；不符合发证条件的，书面告知企业。

5. 许可期限

（1）对于审查部组织企业生产条件审查的情况，自受理企业申请后，可在 135 日内完成技术审查和产品检验，20 个工作日内完成审定发证。

（2）对于省级许可证办公室组织企业生产条件审查的情况，自受理企业申请后，可在 135 日内完成技术审查和产品检验，20 个工作日内完成审定发证。

6. 审批结果公开

国家市场监督管理总局在官方网站和《中国质量报》上陆续公告获证企业名单及有关信息。图 1-2 所示为生产许可证。

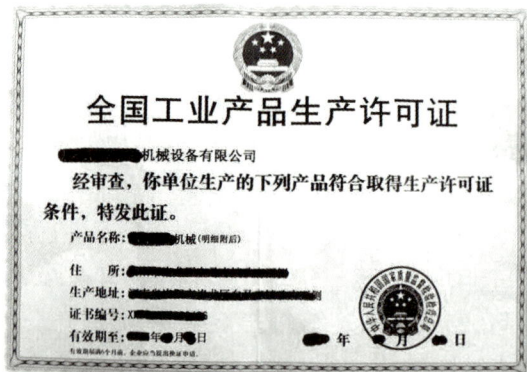

图 1-2　生产许可证

三、质量管理体系认证

1. 质量管理体系的定义

质量管理是在质量方面指挥和控制组织的协调活动，通常包括制定质量方针和目标以及质量策划、质量控制、质量保证和质量改进等活动。实现质量管理的方针目标，有效地开展各项质量管理活动,必须建立相应的管理体系,这个体系就叫质量管理体系。在现代企业管理中,ISO9001 质量管理体系是企业普遍采用的质量管理体系。ISO9001:2000 标准是由国际标准化组织(ISO)TC176 制定的质量管理系列标准之一。

2. 质量管理体系的内涵

(1)质量管理体系应具有符合性

组织的最高管理者对依据 ISO9001 国际标准设计、建立、实施和保持质量管理体系的决策负责,对建立合理的组织结构和提供适宜的资源负责;管理者代表和质量职能部门对工序的制定和实施、过程的建立和运行负直接责任。

(2)质量管理体系应具有唯一性

质量管理体系的设计和建立,应结合组织的质量目标、产品类别、过程特点和实践经验。因此,不同组织的质量管理体系有不同的特点。质量管理体系系统性内容如表 1-1 所示。

表 1-1　质量管理体系系统性内容

质量管理体系	作用
组织结构	合理的组织机构和明确的职责、权限及其协调的关系
程序	规定到位的形成文件的程序和作业指导书,是过程运行和进行活动的依据
过程	质量管理体系的有效实施,是通过其所需过程的有效运行来实现的
资源	必需、充分且适宜的资源包括人员、资金、设施、设备、料件、能源、技术和方法

(3)质量管理体系应具有全面有效性

质量管理体系的运行应是全面有效的,既能满足组织内部质量管理的要求,又能满足组织与顾客的合同要求,还能满足第二方认定、第三方认证和注册的要求。

(4)质量管理体系应具有预防性

质量管理体系应采取适当的预防措施,防止重要质量问题的发生。

(5)质量管理体系应具有动态性

最高管理者定期批准进行内部质量管理体系审核,定期进行管理评审,以改进质量管理体系;还要支持质量职能部门(含车间)采用纠正措施和预防措施改进过程,从而完善体系。

(6)质量管理体系应持续受控

质量管理体系全过程及其活动应持续受控。

(7)质量管理体系应最佳化

组织应综合考虑利益、成本和风险,通过质量管理体系持续有效运行使其最佳化。

3. 质量管理体系的特点

①它代表现代企业或政府机构思考如何真正发挥质量的作用和如何最优地做出质量决策的一种观点。

②它是深入细致的质量文件的基础。

③质量管理体系是使公司内更为广泛的质量活动能够得以切实管理的基础。

④质量管理体系是有计划、有步骤地把公司主要质量活动按重要性顺序进行改善的基础。

4. ISO9000 族标准简介

国际标准化组织是一个全球性的非政府组织,是国际标准化领域中一个十分重要的组织。国际标准化组织成立于 1946 年,中国是其正式成员,代表中国参加国际标准化组织的单位机构是中国单位技术监督局(CSBTS)。国际标准化组织总部设于瑞士日内瓦。该组织自我定义为非政府组织,参加者包括各会员国的国家标准机构和主要公司,是国际标准化领域中一个十分重要的组织。

其宗旨是:在世界范围内促进标准化工作的开展,以利于国际物资交流和互助,并扩大知识、科学、技术和经济方面的合作。其主要任务是:制定国际标准,协调世界范围内的标准化工作,与其他国际性组织合作研究有关标准化问题。

ISO9000 族标准是一套国际性的质量管理标准,旨在帮助组织建立和实施有效的质量管理体系,以确保其产品和服务的质量。该族核心标准主要包括:

ISO9000 质量管理体系-基础和术语:为质量管理体系提供了一个基础框架,定义了质量管理的基本概念和术语。

ISO9001 质量管理体系-要求:规定了组织的质量管理体系要求,确保组织能够持续提供满足顾客要求和适用法规要求的产品和服务。

ISO9004 质量管理体系-业绩改进指南:为组织提供了一个更广泛的框架,旨在帮助组织提高其业绩,包括持续改进、业绩衡量和质量管理方法的采用。

ISO19011 质量和/或环境管理体系审核指南:为进行质量和/或环境管理体系审核提供了指南,确保审核过程的一致性和有效性。

这些核心标准共同构成了 ISO9000 族标准的基础,为组织提供了一个全面的质量管理框架,帮助组织实现持续改进和优化其产品和服务的质量。

四、质量管理体系的策划与建立

随着科学技术的进步和国民经济建设的发展,要求企业对广大用户和消费者做出适当的质量保证。企业只有不断地提高产品质量和服务质量,发展品种,满足市场和广大用户、消费者的需要,才能在激烈的市场竞争中站稳脚跟。为此,企业应当努力改进他们的经营管理,策划和建立一个科学的质量体系。

1. 质量体系的模式

为保证产品或服务满足质量要求,把企业的组织机构、职责和权限、工作方法和程序、技术力量和业务活动、资金和资源、信息等协调统一起来所形成的一个有机整体,称之为企业质量体系。

企业为了长期稳定地生产出物美价廉和用户满意的产品,不断改进和提高产品质量,在从产品开发、设计、试制、销售服务到情报反馈的整个过程中,建立一套严密、协调、高效的组织系统;明确规定各部门的质量职能和每个人的质量责任以及所赋予的权限;制定出各个管理部门的工作程序和工作标准以及现场生产的作业标准;建立完整的信息系统;实现各项工作标准化、程序化,以提高工作效率,保证产品质量。这种为了生产符合市场和用户需要的产品,在企业内部建立起来的质量体系,称为质量管理体系。

生产符合合同要求的产品或服务,满足用户、顾客和消费者需要或第三方(即区别于买卖双方,被公认的与争端各方无关的个人和团体)质量保证、审核和认证工作的要求,企业对外确立的质量体系,称为质量保证体系。质量体系的基本组成单元称为质量体系要素。

不同的企业,其质量体系要素也是不同的。GB/T 19004-ISO9004 和 GB/T 19001~19003-ISO9001~9003 分别提供了质量管理体系和三种不同的质量保证体系要素组成的模式,每个企业均可依据其实际情况和客观需要,参照上述标准,选择或增删其质量体系要素,策划本企业质量体系。

2.质量体系的策划与建立

任何一个组织,无论是开展质量管理,还是提供质量保证,都要从该组织实际情况出发精心策划与逐步建立一个适用有效的质量体系。依据 GB/T 19000 系列标准,策划和建立质量体系一般应遵循如图1-3所示的程序。

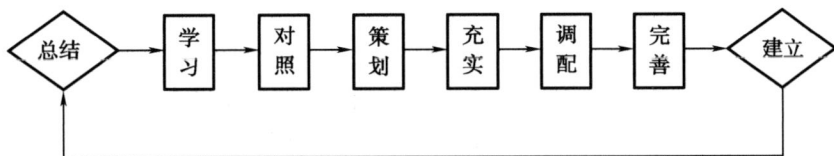

图1-3 策划和建立质量体系程序

(1)总结

总结即认真总结本企业质量管理的经验与教训。任何一个企业生存到现在,总有一些质量管理的经验,推行全面质量管理为实施 GB/T 19000 系列标准打下了一个良好的基础,通过总结使企业干部和员工树立"质量第一"的指导思想,尤其使企业领导提高对质量管理重要性的认识,从而自觉地把质量管理作为企业管理的中心环节来抓。

(2)学习

学习即认真反复地学习 GB/T 19000 系列标准。ISO9000 系列的 GB/T 19000 系列标准,是在总结世界各国先进的质量管理经验的基础上制定出来的。通过学习 GB/T 19000 系列标准,联系实际真正搞懂弄清每项标准、每条规定以及每个术语的内涵,弄清质量、质量方针、质量管理(QM)、质量控制(QC)、质量保证(QA)、质量体系(QS)、质量手册、质量审核、质量成本、全面质量管理(TQM)等一系列质量管理方面的术语定义及其内涵,尤其要清楚地理解 QM、QC、QA 三者之间的关系。

(3)对照

将 GB/T 19000 系列标准与原来全面质量管理(TQC)对照比较,弄清其内在联系与区别,并与本组织质量管理实际情况对照,以看到差距,明确质量工作方向。

(4)策划

质量体系的策划包括质量方针和目标策划、质量管理组织策划、质量体系要素策划及质量体系文件策划等。

(5)充实

充实即充实质量管理或企业管理的各项基础工作。

（6）调配

调配建立质量体系所需要的各类资源，如培训和调配人员、开展定置管理、净化生产环境、改造生产设施或设备、增添配备计量检测仪器等，从而为提高质量，实施质量体系奠定一个坚固的物质基础。

（7）完善

完善即完善质量体系文件。一个完善的企业质量体系文件应包含四个层次，如图1-4所示。

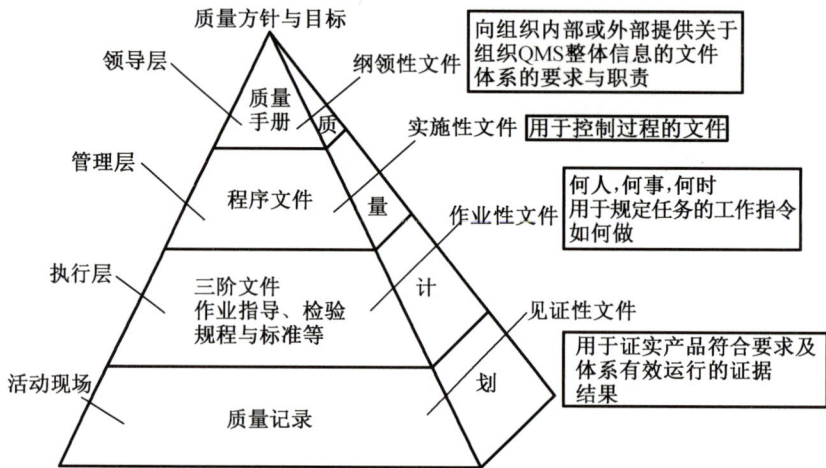

图1-4 质量体系文件层次

一般来说，任何一个组织，只要遵循上述方法，并通过计划、实施、检查、总结（PDCA）循环，不断总结，不断提高，就一定能建立一个适应客观需要的完善的质量体系。

五、企业的质量管理机构

企业质量管理体系的建立和运行是确保产品质量的关键，它涉及多个方面，包括组织结构的设立、程序的制定、过程的实施以及资源的配置。国内外无数企业的经验与教训都证明，每个企业都必须设立强有力的质量管理机构。

1. 质量管理机构设置的原则

根据多年来推行质量管理的实践经验，企业质量管理机构的设置，应注意如下原则：

①立足现实，实事求是。

②统一领导，分级管理。

③明确分工，有力协调。

④力求精干，讲求效率。

⑤立足长远，适宜应变。

⑥质量检验机构必须属于质量管理机构。

2. 企业质量管理职能机构的设置及其职能

我国大多数企业管理体制是直线职能管理体制，直线职能制结构中的质量管理示意图如图1-5所示。

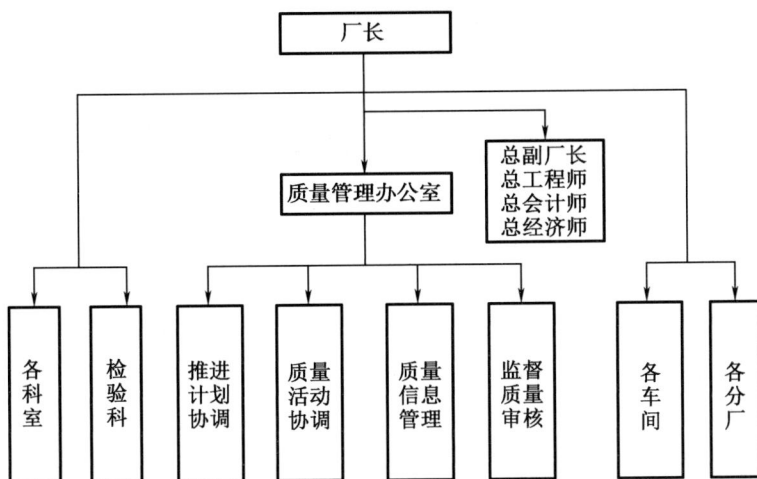

图1-5 直线职能制结构中的质量管理示意图

企业质量管理部门的职权有：

①有权对企业领导执行质量职能的情况进行考察和评价,提出合理的质量改进建议。

②有权对企业各部门质量职能的实施进行组织、协调、督促、评价和考察。

③有权对企业质量管理活动的成果及有功人员提出奖励方案或建议。

④有权按企业领导批准的预算,掌握质量管理活动费用的使用。

⑤有权直接向国家、行业或地方质量管理行政部门实事求是地反映企业质量管理工作的情况、存在的问题等。

3.企业质量管理组织网络

企业为了实施应有的各项质量职能,需要建立起一个严密、协调、高效的质量管理工作网络。我国企业通过推行质量管理的实践,一般形成行之有效的三级质量管理系统。

一级:厂(公司)级质量管理组织。

二级:车间(分厂、科室)质包管理组织。

三级:工段、班组质量普及组织。

某工业企业的三级质量管理网络组织如图1-6所示。

GB/T 19600系列标准明确规定企业应建立与质量体系相适应的组织机构,依据该系列标准要求,我国很多企业设立的质量管理机构体系如图1-7所示。

4.质量管理小组

质量管理小组是积极开展群众性质量管理活动的一个重要组织形式。围绕企业的方针目标和现场存在的问题,运用质量管理的理论和方法,以改进质量、降低消耗、提高经济效益和人的素质为目标组织起来,并开展活动的小组统称为质量管理小组。

(1)质量管理小组的组建

质量管理小组的组建要从实际出发,采取自愿或行政组织统一等多种方式。可以在班组、车间(部门)建立,也可以跨班组、跨车间(部门)建立。特别要重视生产现场、施工现场、服务现场的质量管理小组的组建。

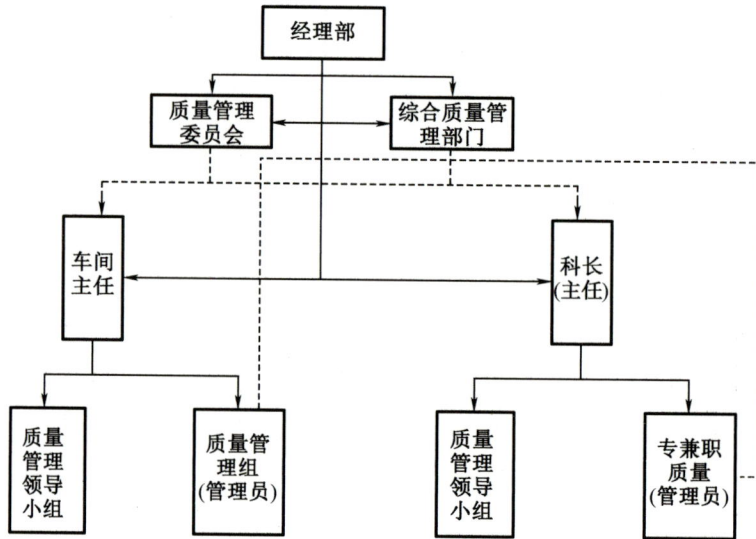

图 1-6 企业三级质量管理网络组织图

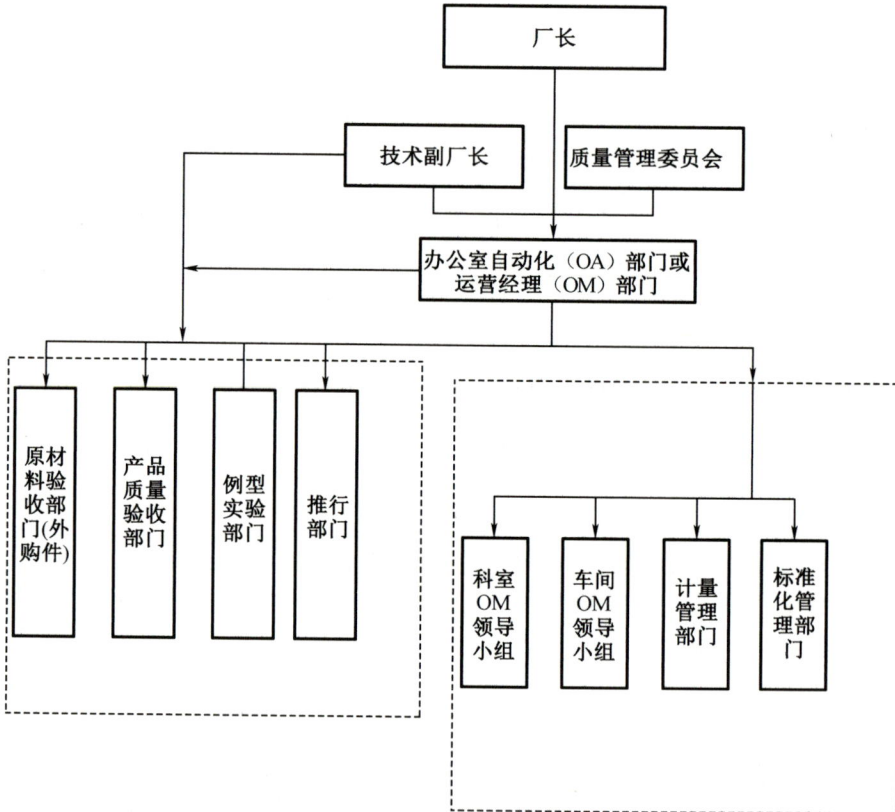

图 1-7 质量管理机构体系图

（2）质量管理小组活动程序及要求

根据我国企业质量管理的实践，质量管理小组一般按如下程序活动：选定课题，确定目标值；分析存在问题的主要原因；制定对策（P 阶段）；实施对策（D 阶段）；检查实施结果（C阶段）；总结（A 阶段）；写好成果报告书。

（3）质量管理小组的作用

国内外各类企业的质量管理小组（也有些企业称自主管理小组）的实践充分证明,这种企业基层质量管理组织有下列五个方面的巨大作用:

①是组织全体职工参加质量管理的好形式;

②能对企业目标的实现起到推动作用;

③有利于提高职工素质和人才的开发;

④提高质量,降低消耗,提高经济效益;

⑤推动技术进步,提高企业管理水平,增强企业素质。

通过质量管理小组活动,推动了企业技术革新和技术改造。因此,每个企业都应积极倡导、鼓励质量管理小组的建立与活动,对取得成果和效益的质量管理小组给予奖励,使我国企业涌现更多更好的质量管理小组。

5. 企业质量管理体系的审核和认证

（1）质量管理体系的审核

质量管理体系审核的目的是验证质量活动和有关结果是否符合组织计划的安排,确认组织质量管理体系是否被正确、有效实施,以及质量管理体系内的各项要求是否有助于达成组织的质量方针和质量目标,并适时发掘问题,采取纠正与预防措施,为组织被审核部门/人员提供质量管理体系改进的机会,以确保组织质量管理体系得到持续不断的改进和完善。

①审核的目标:

a. 保证组织的质量管理体系与 ISO/TS16949 质量管理体系要求相符合;

b. 保证组织遵循组织质量管理体系的文件;

c. 决定组织质量管理体系运作的结果是否有效达成质量方针和质量目标;

d. 监督纠正与预防措施的实施及有效性;

e. 提出组织质量管理体系改进的信息和机会;

f. 决定组织质量管理体系是否是一系列过程,而不仅仅是独立的要素的集合。

②审核的依据:

a. 组织选用的质量管理体系标准;

b. 组织质量管理体系的质量手册、程序文件、质量计划、作业指导书及表单/记录;

c. 合同/订单;

d. 顾客特殊要求;

e. 与组织产品有关的国际/国家、政府/区域的法律法规、标准。

③审核方式主要分为两个部分:

a. 文件审核:评审组织质量管理体系的质量手册、程序文件、作业指导书、表单/记录和其他要求的支持性文件是否涵盖 ISO/TS16949 质量管理体系（技术规范）标准。

b. 现场审核:审核组织质量管理体系执行的程度及有效性。

④审核与评审的主要内容:

a. 规定的质量方针和质量目标是否可行;

b. 体系文件是否覆盖了所有主要质量活动,各文件之间的接口是否清楚;

c. 组织结构能否满足质量体系运行的需要,各部门、各岗位的质量职责是否明确;

d. 质量体系要素的选择是否合理；

e. 规定的质量记录是否能起到见证作用；

f. 所有职工是否养成了按体系文件操作或工作的习惯，执行情况如何。

（2）质量管理体系的作用

①通过推行ISO9000，可以全面提升组织的管理水准并与国际接轨，提升企业形象。

②可以全方位提升组织的产品质量，并减少企业各种浪费，降低组织的生产成本，提高生产效益，增强组织产品的市场竞争力；

③可以全方位提升组织内管理者及员工的质量意识与管理能力，进而提升组织的工作效率及团队凝聚力；

④促进企业产品技术改进，企业可以建立较完善的产品技术改进以及产品结构调整过程中的开发、设计、验证、更新的运行机制，缩短从产品设计到市场销售的周期，增强产品的市场适应能力。

⑤通过ISO9000的认证成功，获得市场准入的资质，增强市场竞争力，通过持续改进可以全面增加顾客对组织的信任度及满意度。

（3）质量管理体系认证的作用

①强化品质管理，提高企业效益，增强客户信心，扩大市场份额；

②获得国际贸易"通行证"，消除国际贸易壁垒；

③节省第二方审核的精力和费用；

④在产品品质竞争中永远立于不败之地；

⑤有效地避免产品责任；

⑥有利于国际间的经济合作和技术交流。

（4）质量管理体系认证

①认证程序

认证程序如表1-2所示。

表1-2　认证程序

步骤	内容
申请	申请书
检查与评定	文件审查、现场检查前的准备、现场检查与评定、提出检查报告
审批与注册发证	审批、注册发证
获准认证后的监督管理	供方通报、监督检查、认证有效期的延长

②推行步骤

推行ISO9000有如下五个必不可少的过程：知识准备—立法—宣贯—执行—监督、改进。以下是企业推行ISO9000的典型步骤，这些步骤中完整地包含了上述五个过程：

a. 企业原有质量体系识别、诊断；

b. 任命管理者代表、组建ISO9000推行组织；

c. 制定目标及激励措施；

d. 各级人员接受必要的管理意识和质量意识训练；

e. ISO9001 标准知识培训；

f. 质量体系文件编写（立法）；

g. 质量体系文件大面积宣传、培训、发布、试运行；

h. 内审员接受训练；

i. 若干次内部质量体系审核；

j. 在内审基础上的管理者评审；

k. 质量管理体系完善和改进。

③质量管理体系认证的实施

企业在推行 ISO9000 之前，应结合本企业实际情况，对上述各推行步骤进行周密的策划，并给出时间上和活动内容上的具体安排，以确保得到更有效的实施效果。通常至少要有三个月的有效运行数据。

企业经过若干次内审并逐步纠正后，若认为所建立的质量管理体系已符合所选标准的要求（具体体现为内审所发现的不符合项较少时），便可申请外部认证。

④质量管理体系认证的申请提交资料

a. QMS 体系认证申请书；

b. 质量管理体系手册、程序文件；

c. 企业简介、组织机构图、产品工艺流程图、企业职能分配表；

d. 有效的企业营业执照、组织机构代码证；

e. 如产品涉及相关行政许可的，应提供有效的相关证明（如：资质证书、工业生产许可证、卫生许可证、QS 证书、CCC 证书等）；

f. 如企业产品涉及多现场生产或安装，应提供多现场清单；

g. 近两年国家或行业主管部门抽查报告（如有）。

ISO9001 监督审核——认证机构对 ISO9001 认证证书持有者的质量管理体系每年至少进行一次例行审核，条款覆盖上一般比初次审核要少。其目的是检查 ISO9001 质量管理体系的运行情况，验证并确认其质量体系继续保持的资格。图1-8 所示为国际质量体系认证书。

图1-8　国际质量体系认证书

【练习与思考】

一、填空题

1.ISO9000 质量体系认证标准,有五个必不可少的过程:_____、_____、_____、_____、_____。

2.为了长期稳定地生产出用户满意的产品,企业需要不断改进和提高产品质量,在从产品开发、设计、试制、销售服务到情报反馈的_____中,建立一套严密、协调、高效的_____;明确规定各部门的质量职能和每个人的_____以及所赋予的_____;制定出各个管理部门的_____和_____以及现场生产的_____;建立完整的_____;实现各项工作标准化、程序化,以提高工作效率,保证产品质量。

二、选择题

1.企业质量管理部门的职权有　　　　　　　　　　　　　　　　　　　　　（　　）

A.有权对企业领导执行质量职能的情况进行考察和评价,提出合理的质量改进建议。

B.有权对企业各部门质量职能的实施,进行组织、协调、督促、评价和考察。

C.有权对企业质量管理活动的成果及有功人员提出奖励方案或建议。

D.有权直接向国家、行业或地方质量管理行政部门实事求是地反映企业质量管理工作的情况、存在的问题等。

2.以下哪个选项不是企业获得生产许可证的条件　　　　　　　　　　　　（　　）

A.企业必须持有工商行政管理部门核发的营业执照。

B.企业必须具有与所生产产品相适应的专业技术人员。

C.企业必须具有与所生产产品相适应的生产条件和检验检疫手段。

D.注册资本不得少于人民币 300 万元。

知识点 2　焊接生产安全技术措施

在施工过程中始终贯彻"预防为主,安全第一"的方针,建立健全安全管理体系,强化安全机构,制定安全目标,实行目标管理,切实做好施工中的安全工作。

保证生产施工过程中无人员伤亡事故、无施工责任造成行车事故、无机械设备汽车交通事故、无火灾事故、无爆破器材被盗遗失和爆炸事故。

一、安全组织机构

建立健全管理体系,建立以项目经理为首的安全领导小组,坚持管生产必须管安全的原则,建立健全岗位责任制,从组织上、制度上保证安全生产,做到规范施工,安全操作。

安全管理组织机构如图 1-9 所示。

二、安全生产保证体系

建立健全安全组织保证体系,贯彻国家有关安全生产和劳动保护方面的法律、法规,定期、不定期地召开安全生产会议,研究项目安全生产工作,发现问题及时处理解决。逐级签订安全承包合同,使各级明确自己的安全目标,制定好各自的安全规划,达到全员参加、全面管理的目的,充分体现"安全生产、人人有责,预防为主"的原则,组织施工生产,做到消除事故隐患,实现安全生产的目的。安全生产保证体系如图 1-10 所示。

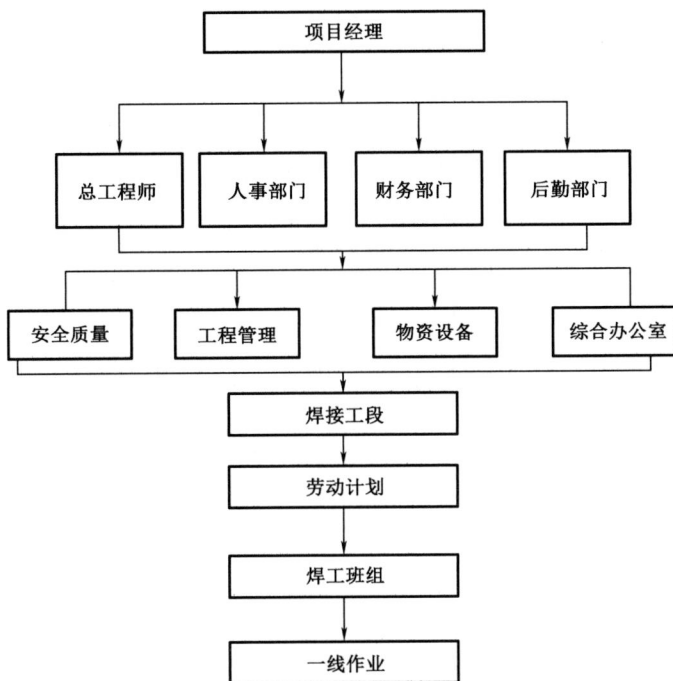

图 1-9 安全管理组织机构图

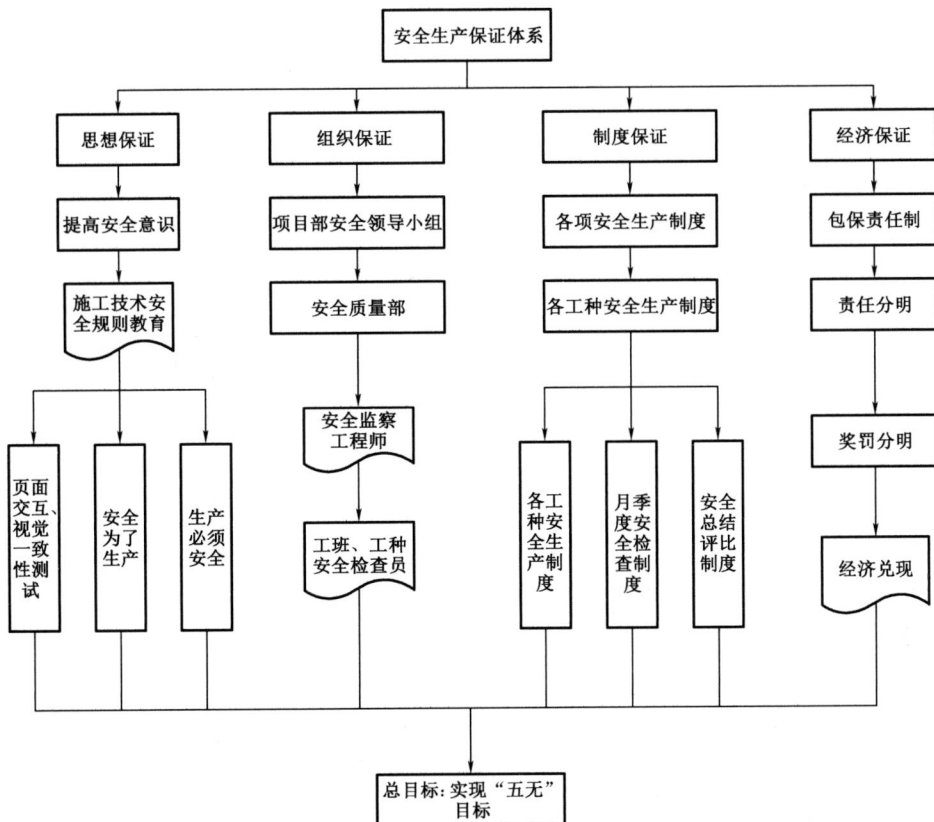

图 1-10 安全生产保证体系框图

三、安全生产法律与安全管理

1. 焊接安全生产要求

焊接安全生产是为了焊接及相关作业生产过程在符合一定要求的物质条件下和工作秩序下进行,防止发生人身伤亡和财产损失等生产事故,消除或控制危险及有害因素,保障人身安全与健康,使设备和设施免受损坏、环境免遭破坏。

在焊接及相关作业生产过程中,可能引起中毒、火灾或爆炸事故的设备是危险源。如:气瓶有泄漏风险,装满气的气瓶是危险源;操作过程中如果没有完善的操作标准,员工可能会出现不安全行为,因此没有操作标准也是危险源。

为了对危险源进行分级管理,加强管理的针对性,人们提出了重大危险源的概念。从广义上说,重大危险源是指可能导致重大事故发生的危险源。《中华人民共和国安全生产法》(以下简称《安全生产法》)规定,重大危险源是指长期地或临时地生产、搬运、使用或者储存危险物品,且危险物品的数量等于或者超过临界量的单元(包括场所和设施)。

《安全生产法》明确规定,安全生产的基本方针是:"安全第一,预防为主,综合治理"。安全生产管理的目标是减少和控制危害,减少和控制事故,尽量避免生产过程中由于事故质造成的人身伤害、财产损失、环境污染及其他损失。

安全生产管理的最高境界是技术安全。技术安全是指设计使用生产设备、设施及技术工艺等生产相关动作,能够从根本上防止事故发生的可能,即使在误操作或发生故障的情况下也不会发生事故。

技术安全具体包括两方面的内容:

①失误安全功能:指操作者即使操作失误,也不会发生事故或伤害,或者说设备、设施和技术工艺本身具有自动防止人的不安全行为的能力。

②事故安全功能:指设备、设施和技术工艺发生故障或损坏时,还能暂时维持正常工作或自动转变为安全状态。

上述这两方面安全功能应该是设备、设施和技术工艺本身固有的,即在他们的规划设计阶段就被纳入其中而不是事后补偿的。

2. 焊接及相关从业人员的责任、权利和义务

焊接及相关从业人员的责任、权利和义务是一个相互联系的整体。

(1)焊接及相关从业人员的责任

熔化焊与热切割是特种作业,焊接及相关从业人员应具有以下责任。

不断提高安全意识,丰富安全生产知识,增加自我防范能力,就是具备安全生产的能力,发生安全生产事故履行自己责任的能力。应积极参加安全生产学习及安全培训,掌握本职工作所需的安全生产知识,提高安全生产技能,增加事故预防和应急处理能力。焊接及相关从业人员的责任、权利和义务是一个相互联系的整体。

认真学习和严格遵守焊接及相关安全生产各项规章制度,不违反劳动纪律,不违章作业;精心操作,严格执行焊接及相关安全生产纪律、做好各项记录;交接班必须交接安全情况;正确分析、判断和处理各种事故隐患,把事故消灭在萌芽状态,如发生事故,要正确处理,及时、如实地向上级报告,并保护现场,做好详细记录;按时认真进行巡回检查,发现异常情况及时处理和报告;严格遵守本单位的安全生产规章制度和操作规程,服从管理,上岗

必须按规定着装,正确佩戴和使用劳动防护用品,爱护和正确使用机械设备、工具,妥善保管和准确使用各种防护器具和防火器材;保持作业环境整洁,搞好文明生产;积极参加各种安全活动。

（2）焊接及相关从业人员的权利

焊接及相关从业人员的权利主要包括:知情权与建议权,监督权,批评、检举、控告权,拒绝违章指挥和强令冒险作业权,紧急情况下的停止作业和紧急撤离权,工伤保险赔偿权。

①知情权与建议权

在生产劳动过程中,往往存在着一些对从业人员人身安全和健康有危险的因素,从业人员对于安全的知情权,是保护劳动者生命健康权的重要前提。如果从业人员知道或掌握有关安全生产的知识和处理办法,就可以消除许多不安全因素和事故隐患,避免事故的发生。从业人员有权了解其作业场所和工作岗位与安全生产有关的情况,如存在的危险因素、防范措施以及事故应急措施。

②监督权

我国安全生产监督管理制度包括安全生产监督管理体制、各级安全生产监督管理有关部门各自的安全监督管理职责、公众监督、社区组织监督和新闻舆论监督等重要内容。发动人民群众和社会力量对安全生产进行监督,对安全生产违法行为进行举报,可以避免或者减少重大安全事故的发生,可以使安全违法行为得到查处,对进行举报或有功人员应给予奖励,弘扬正气。

③批评、检举、控告权

安全生产的批评权,是从业人员在本单位安全生产工作中拥有的权利。这一权利规定有利于从业人员对生产经营单位进行群众监督,促使生产经营单位不断改进本单位的安全生产工作。安全生产的检举、控告权,是指从业人员对本单位及有关人员违反安全生产法律、法规的行为,有向主管部门和司法机关进行检举和控告的权利。检举可以署名,可以不署名;可以是书面公开,也可以是口头形式。但是,从业人员在行使此权利时,应注意检举和控告的情况必须属实,实事求是。

④拒绝违章指挥和强令冒险作业权

从业人员享有拒绝违章指挥和强令冒险作业权,这是保护从业人员生命安全和健康的一项重要权利。在生产过程中,为防止出现企业负责人或管理人员违章指挥和强令从业人员冒险作业,导致生产事故、造成人员伤亡的情况,法律赋予从业人员拒绝违章指挥和强令冒险作业的权利,这既是为了保护从业人员的人身安全,也是督促企业负责人和管理人员必须照章指挥,从而保证生产安全。企业不得因从业人员拒绝违章指挥和强令冒险作业而对其进行打击报复。

⑤紧急情况下的停止作业和紧急撤离权

法律赋予从业人员享有紧急情况下停止作业和紧急撤离的权利,这是因为当遇到危险紧急情况并且无法避免时,应最大限度地保护现场作业人员的生命安全。在生产过程中,由于自然和人为危险因素的存在不可避免,经常会在作业时发生意外或者人为的直接危及从业人员人身安全的危险情况,这将会对从业人员造成人身伤害。

⑥工伤保险赔偿权

当从业人员在生产活动中因为各种原因,患上职业病,或者发生意外伤害以及因这两种情况造成人身伤害,导致从业人员暂时或良久丧失劳动能力时,从业人员及其亲属有权从国家、社会得到必要的物质补偿。这种物质补偿一般以现金形式体现。从业人员是企业生产的直接操作人员,他的安全生产情况,尤其是安全管理中的问题和事故隐患,他本人最了解、最熟悉,具有他人无法替代的作用。赋予操作人员必要的安全生产监督权和自我保护权,才能做到预防为主,防患于未然,才能保障他们的人身安全和健康。

(3)焊接及相关从业人员的义务

①服从管理,遵章守规的义务;

②正确佩戴和使用劳动防护用品的义务;

③接受安全培训,掌握安全生产技能的义务;

④及时报告隐患中其他不安全因素的义务。

3. 焊接及相关作业安全生产通用要求

焊接及相关作业是特种作业,既与一般作业安全有相同之处,又具有自身的规律和特点。

(1)焊接在作业前的技术安全要求

①电焊工必须经培训考试取得合格证后,方可上岗。

②穿戴规定的劳保用品进行操作。

③准备工作:检查电源线和电焊钳线绝缘是否良好,接头是否牢固;检查电焊钳把手绝缘是否良好,接线是否牢固;检查防护面具是否完整,玻璃和电焊手套是否完好;集气瓶和乙炔瓶相隔 5 m,在远离热源和易燃品的地点安放;检查管带、接头等是否牢固,有无漏气,不得用其他管代替管带使用;检查工作环境周围有无妨碍工作的物体,若有应及时清理或更换工作场地;检查工作场所周围环境是否有不安全因素,若有不安全因素要及时排除,禁止冒险蛮干。

(2)焊接及相关作业操作要求

①首先根据工件的厚度和受力等情况,选用适当大小的焊条和调整适当大小的电流。

②清理工件表面焊接处的腐蚀层,保证焊接质量。

③进行工作时,必须穿戴好绝缘服和防护面具,严禁穿着化纤服装,防止焊渣飞溅造成灼伤。

④仰卧工作时,要垫绝缘物或干木头,防止触电。

⑤雨天要避免露天作业,无法避免时,要设置防雨物,同时穿戴绝缘用具,再行施焊。

⑥敲打焊渣时,不可用力过猛,以免焊渣飞溅损伤眼睛。

⑦在停止工作或暂时离开工作岗位时,必须切断电源。

(3)切割作业操作要求

①氧割焊作业点火时,应先开乙炔阀,熄火时顺序相反。开、关动作不可过猛,点火时发生响声,这是回火的象征,应立即熄火,关闭阀门。不允许割枪、焊接器具带火放下。

②根据工件厚度,调整适当火力和选用适当的割、焊炬。

③切割、焊接工件时,应先除去铁锈,防止切割、焊接操作中铁锈飞溅,造成灼伤。

④切割较大工件时,操作人员站位一定要合理,以防切断后工件掉落、倒塌,造成砸、碰伤。

⑤工作人员要暂时离开工作岗位时必须熄火,不允许割、焊块带火放下。

⑥工作完成后,切断电源,整理好电焊钳线,熄火,关闭气阀门,拆除管带,清理并收好工具和工件。

⑦检查工作场地周围有无火灾隐患,如有应及时清除火源后方可离开,防止发生火灾。

四、安全保证措施

1. 安全作业规章制度管理

为保障在施工中各项工作有序进行,需要制定安全作业规章,主要包括以下内容:

（1）车辆运输运行安全作业制度。

（2）用电安全须知及电路架设养护作业制度。

（3）各种机械的操作规则及注意事项。

（4）施工现场保安制度。

（5）有关劳动保护法规的执行措施。

（6）各种安全标志的设置规则及维护措施。

（7）高空作业安全作业制度。

（8）起重、吊装作业安全作业制度。

2. 特种作业人员管理

焊接技术人员属于特种作业人员。企业必须配备满足生产所需的特种作业人员,特种作业人员须经有资质的地市或以上劳动部门的培训机构进行专门的安全理论和实际操作培训,考核合格取得《特种作业人员操作证》后,持证上岗,在证书规定作业范围操作,并按时进行培训和复审。要严格执行国家特种作业人员培训考核管理有关规定,认真做好特种作业人员的管理、教育、培训、办证、复审工作。

特种作业人员除接受专业培训外,在从事特种作业前,还必须参加岗前三级安全培训教育(包括针对性的专题安全教育),未经培训或培训不合格者,不得进行特种焊接作业操作。岗前安全教育的主要内容包括本岗位职责、本作业的特点、事故易发点、操作要领、安全注意事项、应急处理措施等。

企业应建立特种作业人员档案,并做好劳动安全机构培训、企业岗前培训的有关记录。要对特种作业人员作业活动进行经常性安全检查,必要时对违章操作的人要进行处罚或进行岗前再培训,确保其有相应的安全意识和能力。

3. 安全标准化工厂管理

在工段的起点竖立醒目坚固的标示牌,在焊工作业区也要竖立标示牌,标明企业概况、质量要求、简要工艺、技术参数、现场管理负责人及有关人员姓名。机具材料要妥善保管,企业材料须合理堆放,各种交通、施工信号标识完备,供电线路使用正确,确保施工现场紧张有序,施工工序有条不紊,文明施工,安全生产。

4. 标准化作业管理

严格按照安全操作规程进行施工,严肃劳动纪律。杜绝违章指挥与违章操作,保证防护设施的投入,使安全生产建立在管理科学、技术先进、防护可靠的基础之上。做到"三检""三工",杜绝"三违"。"三检"——自检、互检、交接检。"三工"——工前有交底,过程有控制,工后有验收。"三违"——生产作业中违章指挥、违章作业、违反劳动纪律。

5. 作业现场安全管理

焊接技术人员必须经过专门训练,获得相应的职业资格证书,熟练掌握操作要求。指定施工经验丰富、责任心强的专职干部负责现场安全管理和进场人员的管理,作业现场要有固定安全管理标语,有针对性地醒目挂牌宣传,并在进出口张贴安全管理规定。

机械施工中,现场需专人指挥、调度,确定合适的机械车辆行走路线,并设立明显标识,防止相互干扰碰撞,要留有安全距离。

所有进入施工现场的人员,必须按规定佩戴安全帽和其他防护用品,遵章守纪,听从指挥。高空作业必须设防护与安全网,施工人员系安全带、戴安全帽、穿防护鞋。上下交叉作业时,采取一定的隔离措施。夜间作业必须有足够的照明强度,危险区要悬挂警告标识。

五、企业安全教育管理

1. 安全教育培训

常规安全教育,每月、每周定期安排。对季节变化、节假日及新工艺、新材料、新设备、新技术的使用等,适时做好技术安全教育工作。

（1）常规安全教育

由安全部门开展多种形式的常规化安全宣传教育。针对安全形势、施工生产前对全体员工进行安全教育,通常每月一次。适时针对区(队)长、工段长、旁站监工、工班长和操作员工,由技术负责人根据作业内容进行安全技术培训。

专职安全员定期组织职工学习企业下发的安全生产管理制度及安全文件,新上场工人必须接受企业、工厂段、班组三级安全教育,对转岗人员要进行转岗安全教育,经考试合格后方可上岗。

（2）技术安全教育

焊接作业人员作为特种作业人员,除参加劳动安全部门岗位操作培训外,还要参加特种作业安全教育。培训围绕安全规程、安全制度、事故案例、安全纪律、安全事项组织内容,并坚持随时、随地、随人、随事教育原则。

2. 安全检查管理

安全检查主要围绕机械设备操作、施工用电、出入库物品、防火、安全制度实施、安全整改、应急预案、持证上岗等内容进行。

检查分定期、不定期、专项、节假日检查,各类检查必须有检查标准,有检查、整改落实记录,随时检查重点部位和重要工序安全隐患,对检查所发现的问题及时整改。

3. 事故处理报告管理

事故处理遵循"四不放过"原则:事故原因不查清不放过,事故责任者得不到处理不放过,整改措施不落实不放过,教训不吸取不放过。发生事故后要保护好事故现场,并迅速采取措施抢救人员和财产,防止事故扩大。重伤及重伤以上事故,配合上级有关部门,按照《生产安全事故报告和调查处理条例》进行调查处理。

4. 安全技术交底管理

在生产企业,新工艺、新技术、新材料、新设备所涉及的全部生产动作要求,都需要安全技术交底。安全技术交底具体内容主要有:计划施工项目的危险点、针对危险点的具体预防措施、应注意的安全事项、安全操作规程和标准、发生事故后应及时采取的避难和急救措施等。

施工前,技术主管人员编制安全技术交底书,向工段长进行书面交底,交底双方相互签字留档备查。工段长是安全技术交底的接收人。安全技术交底必须具体、明确、针对性强,实行逐级交底直到全体作业人员,无安全技术交底严禁作业。

5. 消防安全管理

企业的消防安全管理方针是"预防为主,防消结合"。

对生产易燃处所划分防火责任区域,设立消防责任牌,责任到人。做好对工人的防火教育工作,提高其防火意识,遵守安全操作规程和各项规章制度。定期和不定期对施工现场、易燃、易爆处所进行检查,对发现的隐患及时进行整治。发生火灾后,消防领导组立即组织抢救伤员和灭火,并拨"119"向消防部门报告。

(1)工厂内日常消防管理主要注意事项

① 组建义务消防队。消防队员要定期进行教育训练,熟悉并掌握防火、灭火知识和消防器材的使用方法,做到能防火检查和扑救火灾。

② 工厂要有明显的防火宣传标志,定期对施工人员进行一次防火教育,定期组织防火检查,建立防火工作档案。

③ 现场设置消防车道,其宽度不得小于 3.5 m,消防车道不能环行的应在适当地点修建回转车辆场地。

④ 现场要配备足够的消防器材,并做到布局合理,经常维护、保养,采取适当的防冻保温措施,保证消防器材灵敏有效性。

⑤ 现场进水管直径不小于 100 mm,消火栓要有明显标志,配备足够的水龙带,周围 3 m 内,不准存放任何物品。

(2)焊接作业消防管理的注意事项

① 电工、焊工从事电气设备安装和电、气焊切割作业,要有操作证。动火前要清除附近易燃物,配备看火人员和灭火用具。

② 库存材料的存放、保管应符合防火安全要求,库房应用非燃材料支搭。库管员要熟悉库存材料的性质。易燃易爆物品应专库储存,分类单独存放。

③ 生产工位不允许作为仓库使用,不允许存放易燃、可燃材料。因施工需要进入企业内的可燃材料,要根据企业计划限量进入并应采取可靠的防火措施。

④ 氧气瓶、乙炔瓶工作间距不小于 5 m,两瓶同明火作业距离不小于 10 m,如图 1-11 所示。

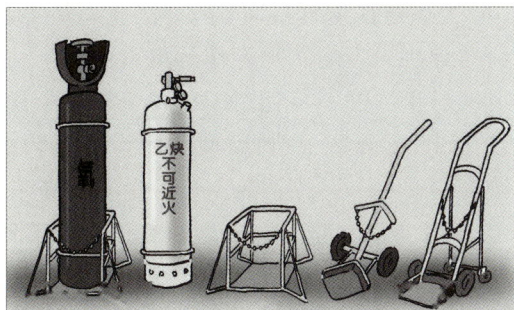

图 1-11　氧气瓶、乙炔瓶固定装置与搬运小车

⑤ 电气焊作业坚持防火安全交底,要有具体防火要求。

6.危爆物品安全管理

危爆物品安全管理涉及公众安全、环境保护以及社会稳定等多个方面。为确保危爆物品的安全,需要采取一系列有效的管理措施和策略。

首先,建立完善的安全管理制度是危爆物品安全管理工作的基础。这包括制定明确的责任分工、操作流程和安全标准,确保各级管理人员和操作人员能够清楚地了解并遵守相关规定。同时,建立有效的监督和考核机制,对危爆物品的储存、运输和使用过程进行全程监控,确保各项安全管理制度得到切实执行。

其次,做好危爆物品的储存和运输管理是保障安全的关键环节。依据《民用爆炸物品安全管理条例》,对爆炸物品购买、运输、储存、使用严格控制。危爆物品库经当地公安机关验收合格并颁发许可证后方可使用,严格出入库管理,坚持入库有单据,出库有批条,退库有记录,做到日清月结,账物相符,确保安全。在储存方面,应选择合适的储存设施,确保设施的安全性和稳定性。同时,对储存的危爆物品进行分类和分区,避免不同性质的物品混合存放。在运输方面,应选择具有相应资质和经验的运输单位,制定详细的运输计划和应急预案,确保在运输过程中不发生泄漏、爆炸等事故。此外,加强人员培训和安全意识教育也是危爆物品安全管理的重要措施。通过定期组织安全培训、演练和宣传活动,提高员工对危爆物品的认识和重视程度,增强他们的安全意识和操作技能。同时,建立健全的安全文化,让安全成为每个员工的自觉行为。

最后,还需要加强应急管理和事故处置能力。制定完善的应急预案,明确各级人员在事故发生时的职责和应对措施,确保在紧急情况下能够迅速、有效地进行处置。同时,建立与相关部门和单位的协作机制,共同应对危爆物品安全事故。

7.职业病防护管理

焊接从业人员的工作环境,常常伴有粉尘、声音、有害气体、强光、热辐射、溅火花等有害因素,针对不同的有害因素,采取不同的防护方法。

(1)焊接粉尘与防护

焊接粉尘与防护是焊接作业中不可忽视的重要问题。焊接过程中,由于高温和金属熔化,会产生大量的焊接粉尘,这些粉尘不仅会对作业环境造成污染,还会对作业人员的身体健康产生严重影响。

焊接粉尘的成分复杂,主要包括金属氧化物、硅酸盐、氟化物等有害物质。这些粉尘颗粒微小,极易被吸入人体,长期暴露在这样的环境中,作业人员可能会出现呼吸道疾病、眼部疾病等健康问题。因此,对焊接粉尘的防护工作至关重要。

一般情况下,作业场所的粉尘浓度不得超过 10 mg/m³,对于含有 10%以上游离二氧化硅的粉尘,其最高容许浓度为 2 mg/m³。不同类型的粉尘有不同的最高容许浓度标准,例如,砂轮磨尘的最高允许浓度为 8 mg/m³,铝、铝合金粉尘不得高于 4 mg/m³。焊接时,产生的焊接烟尘较大,常常遇到管道、密闭容器等粉尘不易散开的工作场景,此时须采用除尘装置。

为了有效防护焊接粉尘的危害,首先应从源头上减少粉尘的产生。这可以通过优化焊接工艺、选用低尘焊接材料等方式实现。同时,加强通风设备的配置和使用,确保作业环境空气流通,降低粉尘浓度。

　　个人防护也是防止焊接粉尘危害的重要措施。作业人员应佩戴专业的防护口罩、防护眼镜(图1-12)等防护用品,以减少粉尘对呼吸系统和眼部的伤害。同时,定期进行健康检查,及时发现和处理健康问题。

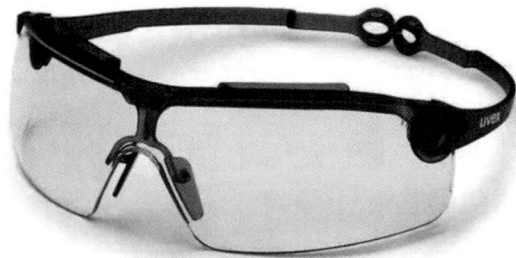

图1-12　防护眼镜

　　除了个人防护和源头控制外,企业还应加强焊接粉尘的监测和治理工作。定期对作业环境进行粉尘浓度检测,确保粉尘浓度在安全范围内。对于超标的情况,应及时采取措施进行治理,如加强通风、使用除尘设备等,如图1-13和图1-14所示。

图1-13　工位除尘设备

图1-14　企业生产线除尘设备

（2）焊接噪声与防护

工作地点噪声容许标准为 85 dB，现有企业暂时达不到这一标准的，可以放宽到 90 dB。另规定接触噪声不足 8 h 的工作，噪声标准可相应放宽，即接触时间减半容许放宽 3 dB，但无论接触时间多短，噪声强度最大不得超过 115 dB。通常噪声控制方法有以下三种：

①降低声源噪声。工业、交通运输业可以选用低噪声的生产设备和改进生产工艺，或者改变噪声源的运动方式（如用阻尼、隔振等措施降低固体发声体的振动）。

②在传音途径上降低噪声，控制噪声的传播。改变声源已经发出的噪声传播途径，如采用吸音、隔音、音屏障、隔振等措施，以及合理规划厂区结构和建筑布局等。

③受音器官的噪声防护。在声源和传播途径上无法采取措施，或采取的声学措施仍不能达到预期效果时，就需要对受音人员或受音器官采取防护措施，如长期职业性噪声暴露的焊工可以戴隔音耳塞、耳罩或头盔等护耳器材，如图 1-15 所示。

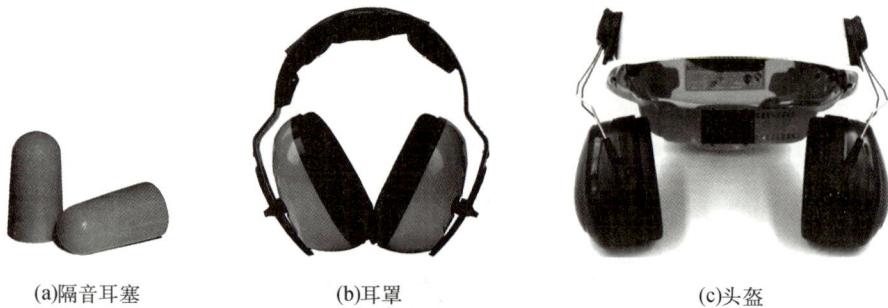

(a)隔音耳塞　　　　　　　　(b)耳罩　　　　　　　　(c)头盔

图 1-15　隔音耳塞、耳罩和头盔

（3）有害气体与防护

焊接时，有害气体是不可避免的产物，这些气体不仅对操作者的身体健康构成威胁，还会对环境造成污染。因此，了解焊接过程中有害气体的产生情况以及采取相应的防护措施显得尤为重要。

在焊接过程中，有害气体主要来源于焊接材料、焊接工艺以及焊接环境。其中，焊接材料中的杂质、焊接时的高温反应以及焊接电弧的辐射都会产生有害气体。这些气体包括一氧化碳、二氧化碳、氮氧化物、臭氧以及焊接烟尘等。这些有害气体对人体健康的影响主要表现为刺激呼吸道、引起头痛、恶心、呕吐等症状，严重时甚至可能导致中毒。

为了降低焊接过程中有害气体的危害，我们需要采取一系列的防护措施。首先，选用低烟、低毒、环保的焊接材料，从源头上减少有害气体的产生。其次，优化焊接工艺，合理调整焊接参数，减少焊接过程中的高温反应和电弧辐射。此外，加强通风换气，保证焊接现场的空气流通，减少有害气体在空气中的浓度。

除了上述措施外，个人防护也是非常重要的。焊接操作人员应佩戴符合标准的防护面具、防毒口罩（图 1-16）、防护眼镜以及防护手套等个人防护用品，以降低有害气体对身体的直接伤害。同时，焊接操作人员应定期进行体检，及时发现并处理因有害气体引起的健康问题。

图 1-16　防毒口罩

(4)强光、热辐射、溅火花与防护

在焊接工作中,强光、热辐射以及溅火花等不仅会对焊工的身体健康造成潜在威胁,还会影响焊接质量和效率。因此,做好防护工作是至关重要的。焊接时强光、热辐射、溅火花的防护如图1-17所示。

强光防护方面,焊工应佩戴专业的焊接防护面罩,如图1-18所示,这种面罩采用特殊的滤光材料制成,能够有效阻挡焊接时产生的强烈光线,保护眼睛免受伤害。同时,焊工还须注意调整面罩的合适角度,确保视线清晰且佩戴舒适。

图1-17　焊接时强光、热辐射、溅火花的防护

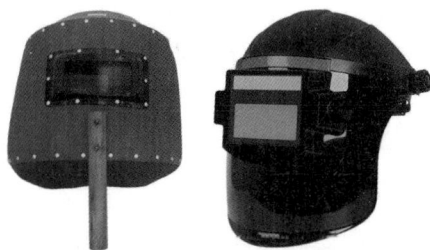

图1-18　防护焊接面罩

在热辐射防护方面,焊工应穿着符合安全标准的防护服,如图1-19所示,这些防护服通常由耐高温、阻燃的材料制成,能够减少热辐射对皮肤的伤害。此外,焊工还须注意保持工作环境的通风良好,以降低热辐射对身体的影响。

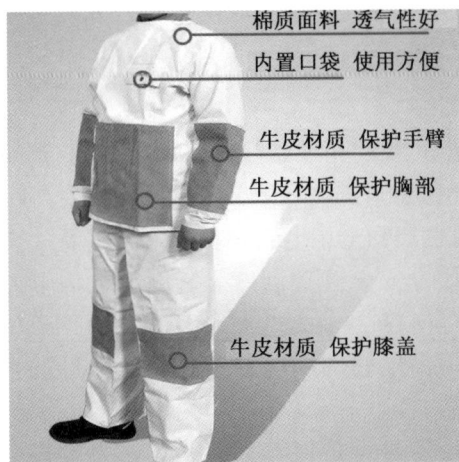

图1-19　焊接防护服

溅火花防护也是焊接工作中不可忽视的一环。焊工应佩戴防飞溅手套和围裙,如图1-20所示,以防止火花飞溅到皮肤或衣物上造成烫伤。同时,在工作区域周围设置防火屏障或挡板,可以有效防止火花飞溅到周围环境中,降低火灾风险。

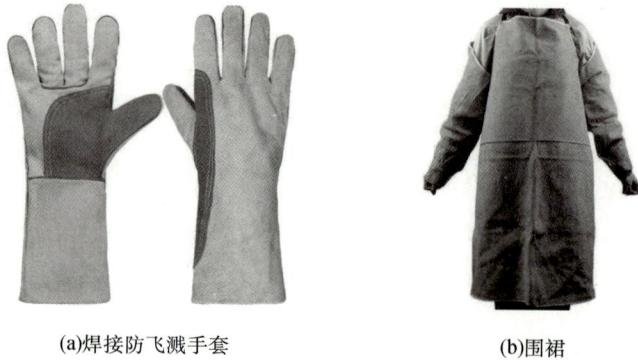

(a)焊接防飞溅手套   (b)围裙

图 1-20　焊接防飞溅手套与围裙

除了以上具体的防护措施外,焊工还应加强安全意识培训,了解焊接工作中的安全知识和操作规程。在实际操作中,应严格按照安全规定进行,避免违规操作从而导致安全事故的发生。

8. 危险化学品管理

随着工业生产的快速发展,危险化学品的使用和存储变得日益普遍,在危险化学品管理方面,我们需要从源头上加强控制。企业应对所使用的危险化学品进行全面排查,了解其性质、危害程度以及使用条件,确保采购的化学品符合国家安全标准,并具备相应的安全使用说明书。同时,对于不符合要求的危险化学品,应及时进行淘汰或替换,以减少潜在的安全风险。

企业应建立严格的储存制度,将不同性质的危险化学品进行分类存放,并采取必要的防火、防爆、防泄漏等措施。在运输过程中,应使用符合安全标准的运输工具,并配备专业的押运人员,确保危险化学品在运输过程中的安全。

9. 安全用电管理

在生产安全用电管理方面,我们必须始终保持高度警惕,严格遵守各项安全规定,确保生产过程中的电力供应安全稳定。随着科技的不断发展,生产用电设备日益增多,电力负荷也在不断增大,因此,加强生产安全用电管理显得尤为重要。

首先,我们要建立健全用电安全管理制度。制度应包括电力设备的操作规程、维护保养要求、安全用电检查制度等内容,确保每个操作环节都有明确的规范指导。同时,我们还要加强对员工的安全培训,提高他们的用电安全意识,确保他们在操作过程中能够严格遵守制度要求。

其次,我们要加强电力设备的维护保养。定期对电力设备进行巡检和保养,及时发现潜在的安全隐患,确保设备处于良好的运行状态。对于老化和损坏的设备,要及时进行更换或维修,避免因设备故障引发安全事故。

最后,我们还要加强安全用电的监管力度。建立用电安全档案,记录电力设备的运行情况和安全隐患整改情况,便于及时追踪和整改问题。同时,我们还要加强与相关部门的沟通协作,共同推动生产安全用电管理的持续改进和提升。

10. 交通安全管理

工厂内交通安全管理是一项至关重要的任务,它关乎着员工的人身安全以及企业的生产稳定。为了确保工厂内的交通秩序井然,减少交通事故的发生,我们需要采取一系列有效的措施来加强交通安全管理。

首先,我们需要建立健全交通安全管理制度。通过制定详细的交通规则和操作规程,明确车辆和行人的行驶路线、速度限制以及禁止行为等,使每一位员工都能清晰地了解并遵守相关规定。同时,建立奖惩机制,对违反交通规则的行为进行严肃处理,以起到警示和震慑作用。

其次,加强交通设施的建设和维护。在工厂内设置明显的交通标志、标线和警示牌,以便员工能够清晰地识别交通状况并做出正确的反应。同时,定期对交通设施进行检查和维护,确保其完好有效,避免因设施损坏而引发交通事故。

再次,我们还须加强员工的安全教育培训。通过举办交通安全知识讲座、开展应急演练等形式,提高员工的安全意识和应对能力。使员工能够自觉遵守交通规则,增强自我保护意识,从而减少交通事故的发生。

最后,建立交通安全管理档案,对工厂内的交通状况进行实时监控和记录。通过定期分析交通数据,发现潜在的安全隐患并及时采取措施进行整改。同时,将交通安全管理纳入企业的日常管理体系中,确保交通安全工作得到长期有效的推进。

11. 食堂管理制度

后勤保障部门要遵守《中华人民共和国食品安全法》,保障就餐人员的身体健康。

企业食堂作为员工日常用餐的重要场所,其管理工作至关重要。在保障食品安全、提升员工就餐体验的同时,还需要注重成本控制与环保节能。接下来,我们将继续探讨企业食堂管理的其他方面。

首先,在食材采购方面,企业食堂应建立完善的供应商评估机制。通过对供应商的资质、信誉、价格及食材质量进行综合考量,确保采购到新鲜、健康、安全的食材。同时,与供应商建立长期稳定的合作关系,有利于降低采购成本,保障食材供应的稳定性。

其次,在餐饮服务方面,企业食堂应关注员工的口味需求和营养健康。通过定期调查员工对菜品的满意度,收集员工的意见和建议,不断优化菜品结构和口味。同时,注重营养搭配,提供多样化的菜品选择,满足员工对健康饮食的需求。

再次,企业食堂管理还应注重环境卫生和节能减排。加强食堂内部的清洁消毒工作,确保餐具、厨具等设备的卫生安全。同时,采用环保节能的设备和技术,如节能灯具、节水器具等,降低能源消耗和碳排放。

最后,企业食堂管理还应关注员工的用餐秩序和文明就餐。通过设置用餐规定和提示标识,引导员工文明就餐,避免浪费食物和破坏环境。同时,加强员工的食品安全教育,提高员工对食品安全的认识和重视程度。

12. 安全标志管理

施工现场安全标志用以表达特定的安全信息,对提醒人们注意不安全的因素,防止事故的发生起到保障安全的作用。施工企业必须在有必要提醒人们注意安全的场所的醒目地方,设置安全标志牌。安全标志牌须符合《安全色》(GB 2893—2008)、《国形符号 安全色和安全标志 第5部分:安全标志使用原则与要求》(GB/T 2893.5—2020)的规定。标志牌设置的高度应尽量与人眼的视线高度相一致。标志牌的平面与视线夹角应接近90°,观察者位于最大观察距离时,最大夹角不低于75°。标志牌不应放在门、窗、架等可移动的物体上,以免这些物体位置移动后,看不见安全标志。标志牌前不得放置妨碍认读的障碍物。现场安全标志的布置要先设计,后布置。项目技术负责人要根据现场的实际设计好具有针对性、合理的安全标志平面布置图,现场依此进行布置。施工现场安全标志不能随意挪动。

(1)安全色与安全标志释义

安全色是表达安全信息含义的颜色,表示禁止、警告、指令、提示等,目的是使人们能够迅速发现或分辨安全标志和提醒人们注意,以防发生事故。

①红色含义:禁止,停止。

用途:禁止标志,停止信号,禁止人们触动的部位。

②黄色含义:警告,注意。

用途:警告标志,警戒标志,机械传动部位等。

③蓝色含义:指令,必须遵守的规定。

用途:指令标志等。

④绿色含义:标示,安全状态,通行。

用途:标示标志,安全通道,通行标志,消防设备和其他安全防护设备的位置。

⑤红白间隔条纹含义:禁止越过。

用途:现场防护栏杆,安全网支撑杆。

⑥黄黑间隔条纹含义:警告危险。

用途:洞口防护,安全门防护,吊车吊钩的滑轮架等。

(2)安全标志

安全标志是由安全色、几何图形和图形符号构成,用以表达特定的安全信息。安全标志分为禁止标志、警告标志、指令标志、提示标志四类。

禁止标志是禁止人们不安全行为的图形标志。其基本形式是带斜杠的圆边框,如图1-21所示。

图1-21 常见的禁止标志

警告标志是提醒人们对周围环境引起注意,以避免可能发生危险的图形标志。其基本形式为正三角形边框,如图1-22所示。

图1-22 常见的警告标志

指令标志是强制人们必须做出某种动作或采用防范措施的图形标志。其基本形式为圆形边框,如图1-23所示。

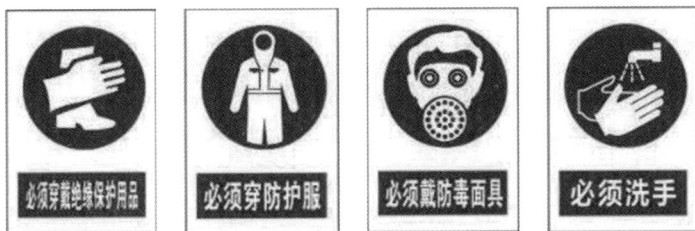

图1-23　常见的指令标志

提示标志主要提供有关安全设施或场所的信息,包括:紧急出口、避险处、应急避难场所、可动火区、击碎板面、急救点、应急电话和紧急医疗站等。提示标志设置在与安全有关的明显地方,保证人们有足够的时间注意其所表示的内容。提示标志的几何图形通常是方形,背景为绿色,图形符号及文字为白色,如图1-24所示。

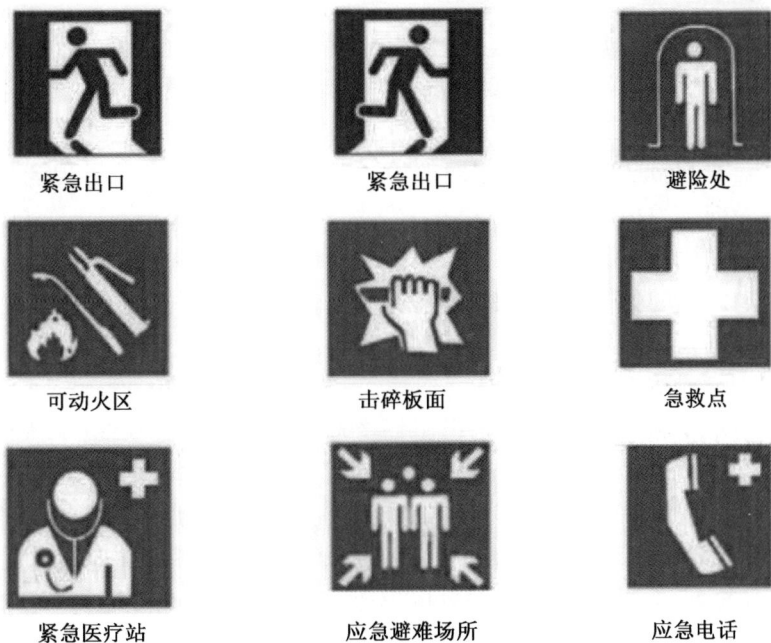

图1-24　常见的提示标志

13．安全值班管理

为确保施工现场安全施工,应结合实际建立安全值班制度。值班人员要及时传达、贯彻落实上级领导的有关指示和安全生产要求;要认真填写值班日志,值班期间接到的电话、电报、信件、请示、报告等都要详细记载,随时汇报处理;发现有安全隐患或异常情况时,应及时通知有关人员,采取有力措施,消除事故隐患;若发现重大安全隐患和安全事故时,应以最快的速度上报领导,并通知有关人员,组织力量抢险,防止事故扩大,将事故损失降低到最低程度。

六、危险作业及危险源安全措施

1. 爆炸作业安全措施

爆破人员必须经专业培训,考试合格后持证上岗。对爆破作业人员定期进行考察,发现不合格者,应停止其作业,收回爆破作业证。

爆破施工前,应制定详细的爆破方案,经有关安全管理部门同意后方可进行爆破作业。

按爆破物品管理规定办理领取、运输、使用手续。在装运过程中严禁起爆器材与炸药混装,必须有专人清点押运,未使用完的爆破物品,必须及时办理退库手续,严禁私自存放,不能丢失。

导火索长度必须保证点炮人可撤至安全位置的距离,大断面开挖的机械设备待避距离不得少于 200 m。

爆破后 20 min 检查处理人员方可进入爆破场地,检查处理人员必须认真检查有无瞎炮及残余炸药或雷管,瞎炮处理应严格遵守安全操作规定。

一旦发生爆炸事故,应迅速启动应急预案,参照前面火灾应急程序执行。

2. 触电预防措施

用电设备实行一机一闸一漏一箱;漏电保护装置应与设备相匹配。不得用一个开关直接控制两台及以上的用电设备。使用标准配电箱,动力箱与照明要分开。各类电气设备悬挂安全警示牌。

现场值班电工应持证上岗,坚持定期巡检,特别是夜间值班。若发现老化或存在触电隐患的设备,应及时采取措施。

现场电源接头用绝缘胶布包扎良好,不准用塑料包扎,接头不能放在潮湿的地上和水中。电源线严禁在钢筋网或尖锐石块堆上拖拉。

现场电源线与高压电线安全距离应符合规定,对空间狭小且小于最小规定要求的,要加屏障遮护,用围栏或防护网进行防护。

现场电气线路,必须按规定架空敷设坚韧橡皮线或塑料护套软线;手持移动电具的橡皮电缆,引线长度不超过 5 m,不得有松动;现场使用的移动电具和照明灯具,一律用软质橡皮线;现场电线架设,凡使用橡皮或塑料绝缘线,必须瓷柱明线架设、开关设置合理。

室外电机要有防尘防雨罩,基础高于地面,电源线要架空,不准在地面拖拉。

手持或移动电动工具电源线须有漏电保护装置。特别是在潮湿环境中,应使用 12 V 安全电压。隧道开挖工作面,应使用 36 V 安全电压。

对职工进行经常性用电安全教育,不得私拉乱接电线,要定期或不定期检查用电设备,发现安全问题及时解决。

一旦发生触电事故,应启动应急预案,最大限度减小损失:

①接到触电事故报告后,生产中心立即组织人员奔赴现场,迅速判明触电位置,总指挥迅速组织抢险队伍,进入应急状态,控制事故蔓延发展。

②抢修组根据不同的触电原因,迅速采取救人措施,按规定拉闸停电,若不能停电时应采取有效措施(用绝缘棒移走电源,由穿绝缘服、绝缘靴,戴绝缘手套的抢救人员使触电人员脱离电源)使触电者迅速脱离电源,如图 1-25 所示。

图1-25 触电应急

③安全救护组立即组织对触电人员进行抢救,出现昏迷的采取口对口人工呼吸、胸外心脏挤压术、胸外心脏叩击术等方法,注意触电人员是否还有其他外伤(如流血等应立即包扎止血)。

④联络组及时联络救援人员、车辆和物资。

⑤救护组使用适宜的运输设备(含医院救护车)尽快将触电者送至医院,在途中坚持抢救,不得轻易放弃。

⑥总指挥组织人员保护事故现场,查明事故责任,处理善后事宜。

3.高处坠落预防措施

2 m以上(含2 m)的各种高处作业,周围又无安全依托的,必须系挂安全带,挂在牢固的物体上,严禁在一个物件上拴几根安全带或一根安全带拴几个人,如图1-26所示。

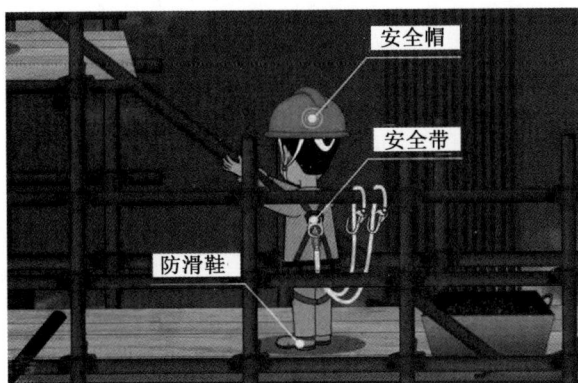

图1-26 高空作业安全防护

高处作业中的设施和安全标志,使用前应仔细检查;临边作业应设置防护围栏和安全网;悬空作业应有可靠的安全设施。

高处作业所用物料应堆放平稳;拆下的物件不得向下抛掷。

高处作业不宜上下重叠,确需在高处上下重叠作业时,应在上下两层中间用密铺棚板隔离或采取其他隔离措施。在梯子上作业时,要固定牢靠,有专人防护。

4.机械伤害预防措施

非专业操作人员不得开动机械。机械操作前,必须检查润滑是否良好,制动是否可靠,准备工作是否完备。各种机械严禁带故障或超负荷运转。

机械运输时,应遵守公路或铁路的承载限度和桥梁、渡船的承载吨位要求。机械搬运时,必须捆扎牢固,检查合格后方可启动。

机械上下坡移动应用低速挡。机械下坡时严禁脱挡滑行。

重要设备装设的电机,应采用交流接触器及磁力启动器。7.5 kW 以上电机应采用减压启动方法,并加过载保护装置。合闸后如电动机不能正常运转,应立即拉闸,查明原因排除故障后再行启动。各种机械的传动部分必须要有防护罩和防护套。

5.食物中毒预防措施

企业采购的食品原料必须符合国家有关卫生标准和规定:禁止采购腐烂变质、有毒有害、污秽不洁、霉变生虫等异常食品;无检验合格证明的肉禽食品;无卫生许可证的食品生产经营者供应的食品。食品应分类分架、隔墙离地存放,定期检查,发现有异常现象应立即处理。仓库应由专人保管,明确责任,做好防鼠防盗等措施,防鼠用器具及药品应定期检查处理,并由管理人员检查核对签字。

加工人员必须严格检查待加工的原料及食品,发现有腐败变质或其他感官性状异常的应立即废掉,加工的器具生熟分开,标志明显。对蔬菜选购、贮藏、保鲜必须严格把关,以保证饮食安全。在加工和贮藏过程中,严格按要求将熟食与生食分开处理和贮藏,以免相互交叉污染。

食堂工作人员必须体检合格,凡患有消化道、呼吸道传染病及有皮肤病者都不能从事炊事员工作。外来人员或非食堂工作人员禁入操作加工间或限制区域。

制定食堂管理制度,认真做好食物和餐具的通风、消毒工作。

一旦发生食物中毒,迅速启动应急预案,并按以下程序执行:

①发现食物中毒异常情况及时报告,送医救治。

②总指挥立即召集抢救小组,进入应急状态。

③医务人员判明中毒性质,初步采取相应排毒救治措施。

④由总指挥组织对现场进行必要的保护,同时配合事故调查组做好事故原因调查,对有关人员进行处罚。

【练习与思考】

一、填空题

1.安全生产管理,以防止_____为目的,要对生产相关的全部生产行为进行管理。包括_____管理,_____及_____管理,即使在误操作或发生故障的情况下也不会发生事故。

2.一旦发生触电的紧急情况,抢救人员应采取有效措施:_____、_____、_____、_____,使触电人员脱离电源。

3.为保证饮食安全,加工人员应严格检查待加工的_____,发现有腐败变质或其他感官性状异常的应_____,加工的器具_____,_____。

二、判断题

1.在密闭容器内,可以同时进行电焊及气焊工作。　　　　　　　　(　　)

2.当焊接或切割工作结束后,要仔细检查焊接场地周围,确认没有(起火)危险后,方可离开现场。　　　　　　　　　　　　　　　　　　　　　　　（　　）

3.随着割件厚度的变化,选择的割嘴号码应变化,使用的氧气压力也应相应地发生变化。比如割件厚度变大,割嘴号码变大,氧气压力也要增大。　　　　　（　　）

4.在狭窄和通风不良的地沟、坑道及密闭容器、舱室中进行气焊、气割作业时,焊炬、割炬应随人进出,严禁将焊炬、割炬放在工作地点。　　　　　　　　（　　）

5.焊机空载时,由于输出端没有电流,所以不消耗电能。　　　　　　　（　　）

6.工人的职责就是忠于职守,就是要把自己职业范围内的工作做好,合乎质量标准和规范要求。　　　　　　　　　　　　　　　　　　　　　　　　　　（　　）

7.当空气的相对湿度超过75%时,即属于焊接的危险环境。　　　　　　（　　）

8.气焊熄火时,先关氧气门,后关乙炔门。　　　　　　　　　　　　　（　　）

【任务实施】

一、工作准备

1.设备与工具

电弧焊机主机、电弧焊机说明书、安全护具、辅助工具、焊接实训室灭火器、安全护具、通风设施、电路保护装置、气路保护装置、用水安全设施、卷尺。

2.其他

实训室结构图、库房结构图、库房清点清单。

二、工作程序

1.测量焊接设备尺寸、操作空间尺寸

准备电弧焊机说明书,查找对应电弧焊机,根据实训室情况测量。

2.检查库房材料

结合库房清单清点库房设备与材料,检查易燃易爆物品的存储状态。

3.编制安全措施

根据实训室检查的实际情况,各个小组分别完成设备的安全操作措施、防火安全措施、库房安全措施、厂内交通安全措施等的编制。

【编制安全措施与安全生产检查工作单】

计划单

学习情境 1	编制安全措施与应急方案	任务 1	编制安全措施与安全生产检查
工作方式	组内讨论、团结协作共同制定计划,小组成员进行工作讨论,确定工作步骤	学时	1
完成人	1.　　　2.　　　3.　　　4.　　　5.　　　6.		

计划依据:1.焊接生产管理说明书;2.小组分配的工作任务

序号	计划步骤	具体工作内容描述
1	准备工作(准备电焊机、配件、说明书,谁去做?)	
2	组织分工(成立组织,人员具体都完成什么工作?)	
3	设备检查(都检查什么内容?)	
4	设备状态记录(谁去记录?都记录什么内容?)	
5	整理资料(谁负责?整理什么内容?)	
制定计划说明	(写出制定计划中人员为完成不同设备安全采用的检查分工或可以执行的步骤,以及重点需要制定相关措施的步骤)	
计划评价	评语:	

班级		第　　　组	组长签字	
教师签字			日期	

决策单

学习情境 1	编制安全措施与应急方案	任务 1	编制安全措施与安全生产检查
决策目的	检查焊接设备安全使用的操作空间范围和工序承接延续情况，并根据检查情况编制安全措施	学时	0.5
方案讨论		组号	

	组别	步骤顺序性	步骤合理性	实施可操作性	选用工具合理性	方案综合评价
方案决策	1					
	2					
	3					
	4					
	5					
	1					
	2					
	3					
	4					
	5					
	1					
	2					
	3					
	4					
	5					
方案评价	评语：					

班级		组长签字		教师签字		日期	

工具单

场地准备	教学仪器(工具)准备	资料准备
一体化焊接生产车间	不同品牌或型号的电焊机若干、焊接配件若干、安全防护用品若干、电流表1块	焊接设备的使用说明书、班级学生名单

作业单

学习情境1	编制安全措施与应急方案	任务1	编制安全措施与安全生产检查
参加编制安全措施与应急方案人员	第　　组		学时
			1
作业方式	小组分析,个人解答,现场批阅,集体评判		

序号	工作内容记录 (电焊设备检查的实际工作)	分工 (负责人)
小结	主要描述完成的成果及是否达到目标	存在的问题

班级		组别		组长签字	
学号		姓名		教师签字	
教师评分		日期			

检查单

学习情境1	编制安全措施与应急方案	学时	20
任务1	编制安全措施与安全生产检查	学时	10

序号	检查项目	检查标准	学生自查	教师检查
1	准备工作	任务书阅读与分析能力,正确理解及描述目标要求		
2	分工情况	与同组同学协商,确定人员分工		
3	工作态度	查阅资料能力,市场调研能力		
4	纪律出勤	资料的阅读、分析和归纳能力		
5	团队合作	安全措施编写		
6	创新意识	安全生产理念与环保理念		
7	完成效率	事故的分析能力		
8	完成质量	任务书阅读与分析能力,正确理解及描述目标要求		

检查评价	评语:

班级		组别		组长签字	
教师签字				日期	

评价单

学习情境 1	编制安全措施与应急方案		任务 1	编制安全措施与安全生产检查		
评价学时			课内 0.5 学时			
班级			第　　组			
考核情境	考核内容及要求	分值	学生自评分（10%）	小组评分（20%）	教师评分（70%）	实际得分
计划编制（20分）	资源利用率	4				
	工作程序的完整性	6				
	步骤内容描述	8				
	计划的规范性	2				
工作过程（40分）	保持焊接设备及配件的完整性	10				
	焊接质量及安全作业的管理	20				
	质检分析的准确性	10				
团队情感（25分）	核心价值观	5				
	创新性	5				
	参与率	5				
	合作性	5				
	劳动态度	5				
安全文明（10分）	工作过程中的安全保障情况	5				
	工具正确使用和保养、放置规范	5				
工作效率（5分）	能够在要求的时间内完成,每超时 5 min 扣 1 分	5				
总分		100				

小组成员素质评价单

学习情境 1	编制安全措施与应急方案		任务 1		编制安全措施与安全生产检查			
班级		第　组	成员姓名					
评分说明	每个小组成员评价分为自评和小组其他成员评价两部分,取平均值计算,作为该小组成员的任务评价个人分数。评价项目共设计 5 个,依据评分标准给予合理量化打分。小组成员自评分后,要找小组其他成员以不记名方式打分							
评分项目	评分标准		自评分	成员1评分	成员2评分	成员3评分	成员4评分	成员5评分
核心价值观(20分)	是否有违背社会主义核心价值观的思想及行动							
工作态度(20分)	是否按时完成负责的工作内容、遵守纪律,是否积极主动参与小组工作,是否全过程参与,是否吃苦耐劳,是否具有工匠精神							
交流沟通(20分)	是否能良好地表达自己的观点,是否能倾听他人的观点							
团队合作(20分)	是否能与小组成员合作完成任务,做到相互协作、互相帮助、听从指挥							
创新意识(20分)	看问题是否能独立思考,提出独到见解,是否能够利用创新思维解决遇到的问题							
最终小组成员得分								

【课后反思】

学习情境 1	编制安全措施与应急方案	任务 1	编制安全措施与安全生产检查
班级	第　　组	成员姓名	

	通过对本任务的学习和实训,你认为自己在社会主义核心价值观、职业素养、学习和工作态度等方面有哪些需要提高的部分?
情感反思	
知识反思	通过对本任务的学习,你掌握了哪些知识点? 请画出思维导图。
技能反思	在完成本任务的学习和实训过程中,你主要掌握了哪些技能?
方法反思	在完成本任务的学习和实训过程中,你主要掌握了哪些分析和解决问题的方法?

任务 2   制定应急方案

【任务工单】

学习情境1	编制安全措施与应急方案	任务2	制定应急方案		
任务学时			10学时		
布置任务					
任务目标	根据焊接生产的实际情况,分析潜在的安全风险,并制定相应的安全措施。同时,制定应急方案,以应对可能出现的突发情况				
任务描述	根据焊接实训室的实际情况,全面分析可能存在的安全风险,并据此制定一套科学、合理、实用的应急方案。应急方案应充分考虑各种突发情况,包括设备故障、火灾、气体泄漏等,确保在紧急情况下能够迅速、有效地进行应对,保障人员安全和实训室的正常运行				
学时安排	资讯 4学时	计划 1学时	决策 1学时	实施 3学时	检查 0.5学时	评价 0.5学时
提供资源	1.实训室构造图。 2.焊接设备安全使用要求及规则。 3.相关法律法规文件				
对学生的要求	1.掌握焊接专业基础知识,经历了专业实习,对焊接企业的产品及行业领域有一定的了解。 2.具有独立思考、善于发现问题的良好习惯。能对任务书进行分析,能正确理解和描述目标要求。 3.具有查询资料和市场调研能力,具备严谨求实和开拓创新的学习态度				

【课前自学】

知识点1   安全生产管理的应急救援与事故处理

在安全生产管理中,应急救援与事故处理是至关重要的环节。无论是工厂、企业,还是学校、医院等场所,都可能发生意外事故。因此,建立有效的应急救援机制,加强事故处理工作,对于预防事故发生和减少事故损失具有重要意义。为了科学有效地应对重大、特别重大生产安全事故,最大限度减少人员伤亡和财产损失,切实维护公共安全和社会稳定,生产单位应急救援与事故处理应依据《中华人民共和国突发事件应对法》《中华人民共和国安全生产法》《生产安全事故应急条例》《生产安全事故报告和调查处理条例》等有关法律、法规。

根据国务院相关规定,生产安全事故具体可分为特别重大事故、重大事故、较大事故和一般事故四个等级。

对于每一起生产安全事故,我们都必须严肃对待,迅速启动应急预案,组织抢救伤员,保护现场,防止事故扩大。同时,要立即报告有关部门,配合事故调查组进行事故原因的调查,以便总结经验教训,防止类似事故再次发生。

加强安全生产教育和培训也是预防生产安全事故的重要手段。通过培训,提高员工的安全意识和操作技能,使他们能够在日常工作中自觉遵守安全规程,减少人为因素引发的事故。

注重安全生产设施的建设和维护,确保设备处于良好的运行状态,减少因设备故障引发的事故。对于存在安全隐患的设备和场所,要及时进行整改,消除安全隐患。

一、特别重大事故与重大事故的应急响应

通常特别重大事故与重大事故的应急响应一般分别为Ⅰ级、Ⅱ级。发生特别重大事故,由政府部门安全生产应急指挥部指挥长决定启动Ⅰ级应急响应。发生重大事故,由政府部门安全生产应急指挥部副指挥长决定启动Ⅱ级应急响应。

1. 工作原则

(1)以人为本,生命至上。坚持把保障人民群众的生命安全和身体健康、最大限度预防和减少人员伤亡作为出发点和落脚点,最大限度减少事故造成的人员伤亡、财产损失。

(2)统一领导,分工协作。在政府部门统一领导下,各级政府、有关部门和生产经营单位认真履行职责、协调联动,共同做好生产安全事故应对工作。

(3)分级负责,属地为主。生产经营单位由董事长统筹指导,协调资源支持生产安全事故应对工作,组织自救。经由事发地政府全面负责组织应对工作,统一调度使用应急资源,组织动员社会力量广泛参与。

(4)快速反应,高效处置。依靠以国家综合性消防救援队伍为主力、军队应急救援力量为突击、专业应急救援队伍为骨干、社会应急救援力量为辅助的应急救援队伍体系,健全快速反应、联动协调的工作机制,高效有序地处置生产安全事故。

(5)依法依规,科技支撑。依据有关法律、法规,推进生产安全事故应对工作规范化、制度化、法治化。加强科学研究和技术开发,充分发挥专家队伍和专业人员作用,提高生产安全事故应对的科技支撑能力。应急管理准备如图1-27所示。

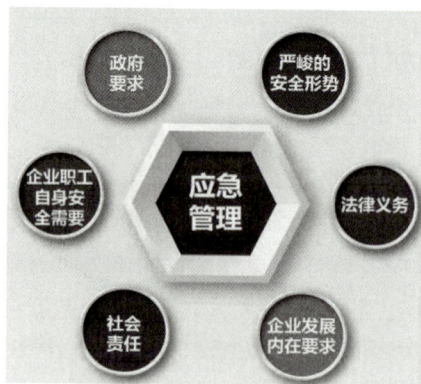

图1-27　应急管理准备

2. 应对原则

生产安全事故发生后,事发单位要立即报警,向上级主管部门汇报并组织开展应急处置工作。

初判发生特别重大、重大生产安全事故,原则上由政府安全生产应急指挥部负责应对。

初判发生较大、一般生产安全事故,分别由省辖市、县(市、区)政府相关机构负责应对。

超出省辖市政府应急处置能力的生产安全事故、跨省辖市的生产安全事故、可能造成严重影响的生产安全事故,需要省安全生产委员会处理生产安全事故灾难,省政府协调处置生产安全事故。

3. 应急救援指挥部

应急救援是在事故突发时进行的紧急行动,旨在减少人员伤亡和财产损失。一个完善的应急救援体系包括预案制定、演练和应急资源准备等方面。

安全生产应急指挥部启动Ⅰ、Ⅱ级应急响应时,视情况组成综合协调组、抢险救援组、医疗救治组、治安保卫组、信息舆情组、善后处置组、技术资料组、后勤保障组、专家组等9个工作组,如表1-3所示。

表1-3　工作组及其工作内容

工作组	负责内容
综合协调组	负责事故信息报告、救援队伍调集、较大事项协调等
抢险救援组	负责制定抢险救援方案、组织开展抢险救援等
医疗救治组	负责调集医疗队伍、救治伤员等
治安保卫组	负责事故现场秩序维护、交通管制、人员疏散、社会治安等
信息舆情组	负责新闻发布和舆情监测、预警、报告处置等
善后处置组	负责伤亡人员家属接待、伤亡抚恤、经济补偿协调等
技术资料组	负责协调应急救援所需的专家、技术人员等,调用相关资料等
后勤保障组	负责应急救援中电力、能源、交通、装备、物资等的支持保障工作
专家组	负责对抢险救援进行指导,参与制定抢险救援方案,解决抢险救援中出现的重大技术难题

4. 预案制定

制定应急救援预案是应对事故的关键步骤。预案需要根据具体场所和行业特点进行个性化设计,并明确各岗位责任和应急程序。通过现场处置安排多个方案。预案安排如图1-28所示。

预案应包括以下内容:

(1)事故类型和等级划分:根据不同事故类型和等级,制定相应的应急预案。

(2)应急救援组织机构:明确各级救援组织的职责和人员编制。

(3)应急资源储备:保障足够的救援设备、药品、医疗器械等应急资源。

(4)通信与联络:确保通信设备正常运行,并建立相关联系渠道。

（5）应急演练:定期进行应急演练,提高救援人员的应急反应能力。

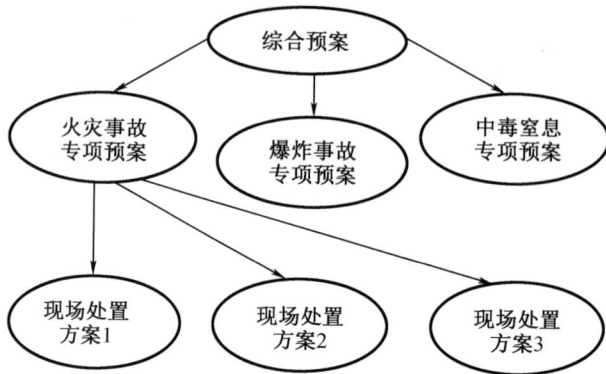

图 1-28　预案安排示意图

预案要及时组织预案评估,并适时修改完善。有下列情形之一的,要及时修订应急预案:

（1）法律、法规、规章、标准、上位预案中的有关规定发生变化的;

（2）指挥机构及其职责发生重大调整的;

（3）面临的风险发生重大变化的;

（4）重要应急资源发生重大变化的;

（5）预案中的其他重要信息发生变化的;

（6）在生产安全事故实际应对和应急演练中发现问题需要做出重大调整的;

（7）应急预案制定单位认为应当修订的其他情况。

应急救援与事故处理是安全生产管理的重要环节,通过制定完善的应急预案、定期进行演练与培训、准备应急资源,可以提高应对突发事件的能力。同时,在事故处理方面,要迅速启动应急响应机制,进行事故调查与分析,并做好善后工作。只有不断完善应急救援与事故处理机制,才能最大限度地避免事故的发生和减少损失。事故应急预案处理流程如图 1-29 所示。

5. 预防

生产经营单位针对本单位生产安全事故的特点和危害进行风险辨识和评估,制定生产安全事故应急预案,并向本单位从业人员公布。

安全生产监督管理部门要组织对厂区内重大危险源进行辨识、监测,对重大危险源、重大隐患进行分级监控,及时汇总分析事故隐患和预警信息,必要时组织会商评估,对重大隐患立即采取处置措施。

6. 预警

按照生产安全事故发生的紧急程度、发展势态和可能造成的危害程度,事故预警级别从高到低划分为Ⅰ级、Ⅱ级、Ⅲ级和Ⅳ级,分别用红色、橙色、黄色和蓝色标示。

预警信息包括预警区域场所、险情类别、预警级别、预警期起始时间、可能影响范围、受灾情况、预防预警措施、工作要求、发布机关等。进入预警期后,要采取有效措施,做好防范和应对工作。

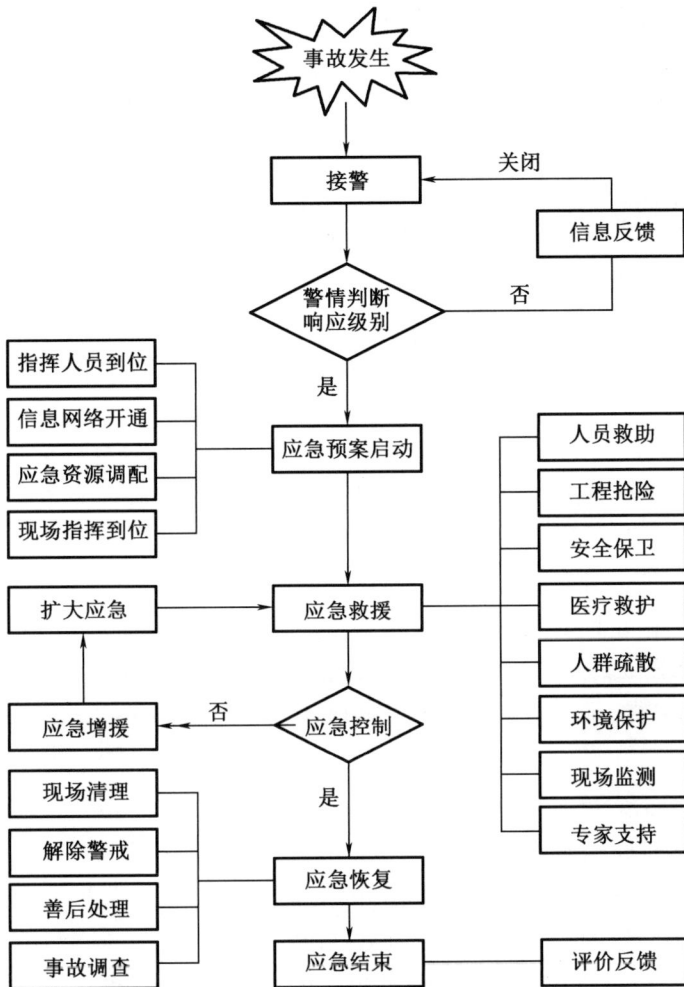

图 1-29 事故应急预案处理流程图

7. 演练与培训

预案制定只是第一步,演练与培训才能真正提高应对突发事件的能力。通过不定期的应急演练和培训,可以检验预案的有效性,并及时修正和改进。

应急演练要注意以下几个方面:

(1)演练目标明确:根据不同的场景和风险,确定演练的目标和重点。

(2)真实模拟:尽可能真实地模拟事故场景,提高参与者的应急反应和处置能力。

(3)评估与总结:对演练结果进行评估,并总结经验教训,及时调整和完善预案。

8. 保障措施

(1)队伍装备保障

生产经营单位要针对可能发生的生产安全事故,依法组建和完善应急救援组织。公共应急救援队伍和生产经营单位要根据实际需要,配备必要的应急救援物资、装备等。

(2)专家技术保障

根据需要聘请有关专家,充分发挥专家作用,为事故处置决策提供咨询、指导。

（3）物资资金保障

生产安全事故救援相关费用由事故责任单位承担。事故责任单位无力承担的,由事故责任单位所在地县级以上政府负责解决。生产经营单位要按规定建立应急救援物资储备制度,储备应急救援物资。

（4）通信信息保障

完善生产安全事故应急通信网络、重大危险源和专业应急救援力量信息数据库,规范信息报送、发布等格式和程序。

（5）医疗救护保障

生产经营单位组织配备相应的救治配合人员、药物、设备,配合医疗卫生机构处理生产安全事故。

（6）交通运输保障

发生事故时需要交通运输保障,必要时须开设特别通道,确保应急救援物资和人员及时运送到位。应急救援所需的资源包括设备、药品、医护人员等。

在应急救援中,资源准备要做到以下几点:

①设备维护保养:定期对设备进行检查和维护,确保其正常运行。

②药品和医疗器械储备:按照预案要求,储备足够的常用药品和医疗器械。

③人员培训与备勤:加强应急救援人员的培训,保持备勤状态,随时应对突发情况。

9. 应急响应

在事故发生后的第一时间,需要迅速启动应急响应机制,采取措施保障人员安全和事故场所的控制。应急响应包括以下几个方面:

（1）组织指挥:确定应急指挥部,并做好组织协调工作。

（2）救援措施:采取必要的救援措施,确保人员安全。

（3）现场封控:对事故现场进行封控,以防扩散和次生事故的发生。

事故发生后,事故现场人员要立即向本单位负责人报告;单位负责人接到报告后,要于1 h内向事发地县级以上政府应急管理部门和负有安全生产监督管理职责的部门报告;情况紧急时,事故现场人员可以直接向事故发生地县级以上人民政府应急管理部门和负有安全生产监督管理职责的部门报告。应急管理部门和负有安全生产监督管理职责的部门接到报告后要及时向本级政府报告事故情况,并同时向上级主管部门报告。

10. 先期处置

事故发生后,事发单位要立即启动应急预案,组织人员自救互救,迅速开展应急处置。事发地政府及有关部门在及时上报事故情况的同时,要立即启动相应的应急响应,对事故进行先期处置。政府部门、事发单位相关部门主要负责人立即赶赴现场,经指挥长同意成立前方指挥部,按照预案设立工作组,组织指挥应急处置工作。

（1）抢险救援

前方指挥部（工作组）协调指导事发地省辖市或县（市、区）政府及时组织事发单位和应急救援队伍迅速有效地进行应急处置,控制事故态势,防止发生次生、衍生事故。

（2）紧急医学救援

前方指挥部（工作组）组织开展事故伤员医疗救治、心理干预等工作,并根据实际情况,及时协调卫生健康部门组织派遣医疗卫生专家和应急队伍。

（3）治安管理及公众安全防护

前方指挥部（工作组）现场治安警戒，实施交通管制，维持现场秩序；做好受威胁人员的安全防护工作，组织疏散、转移和安置受威胁人员。

（4）救援人员安全防护

前方指挥部（工作组）与政府相关部门，对现场情况进行科学评估。各有关单位要为现场救援人员配备相应防护装备，采取防护措施，保障现场救援人员的人身安全。

（5）信息发布

重大、特别重大生产安全事故发生后，负责处置的部门要快速反应，根据职责做好信息发布工作，按照"快讲事实、重讲态度、慎讲原因、多讲措施"的原则，统一、准确、及时发布有关事故态势和处置工作信息，积极引导舆论。

（6）应急结束

当遇险人员获救、事故现场得到控制、污染物得到妥善处置、环境符合有关标准和导致次生、衍生事故的风险消除后，经前方指挥部（工作组）确认，报请省安全生产应急指挥部同意后，现场应急处置工作结束。

（7）调查评估

事故处理的核心是对事故原因进行调查与分析。通过调查与分析，可以找出事故的根本原因，对造成的损失进行评估，为以后的安全管理提供依据。调查与分析的步骤如下：

①事故现场勘察：详细了解事故现场的情况，收集相关的证据。

②事故过程还原：根据现场勘察的结果，还原事故发生的过程。

③原因分析：结合事故过程，分析事故的直接原因和根本原因。

④提出改进建议：根据分析结果，提出相应的改进建议，防止类似事故再次发生。

11. 善后工作

事故处理的最后一步是善后工作。善后工作包括人员安置、征用物资补偿，污染物收集、清理与处理，资金和物资调拨，保险理赔等。

（1）事故记录：对事故的发生、处理过程和结果进行详细记录。

（2）赔偿与补偿：根据事故的性质和责任，及时启动赔偿与补偿程序。

（3）宣传和警示：通过事故处理的宣传和警示，进一步提高安全意识。

前方指挥部（工作组）要总结救援经验教训，提出救援工作改进建议，完成救援总结报告。

12. 表彰与责任追究

对在生产安全事故应急处置工作中表现突出的单位和个人，有关部门及相关单位要依照有关规定给予表彰。对不按照有关规定履行安全生产应急处置职责的单位及个人，依据《中华人民共和国突发事件应对法》《中华人民共和国安全生产法》《生产安全事故报告和调查处理条例》等有关法律、法规规定追究责任。

二、较大事故和一般事故的应急响应

生产安全事故主要有电火事故、触电事故、机械伤害事故、爆炸事故、危险化学品泄漏事故、危险化学品火灾事故、压缩气体和液化气体火灾事故、易燃液体火灾事故等。事故的成因不同,应急处置措施也不同。

1. 电火事故现场处置措施

员工发现事故征兆,如电源线产生火花,某个部位有烟气、异味等,立即报告领导,现场人员在保证自身安全条件下,立即进行自救、灭火,防止火情扩大。事故现场继续蔓延扩大,现场指挥人员通知各救援小组快速集结,快速反应履行各自职责投入灭火行动。联络组拨打 119 火警电话,并及时向当地应急办报告,派人接应消防车辆,并随时与救援领导小组联系。

灭火组在消防人员到达事故现场之前,在保证自身安全前提下,根据不同类型的火灾,采取不同的方法进行灭火。如电气设备着火,首先切断供电线路及电气设备电源,再利用灭火器进行灭火。

疏散组接到警报后,立即按负责区域进入指定位置,用镇定的语气呼喊,消除员工恐惧心理,稳定情绪,防止发生拥挤,以最快的速度引导人员按指示方向有序疏散。

抢救组及时抢救受伤人员,拨打 120 急救电话或将受伤人员送往医院进行治疗。救援队伍到事故现场后,迅速报告未疏散人员的方位、数量以及疏散路线。火灾现场指挥人员随时保持与各小组的通信联络,根据情况可互相调配人员。进行自救灭火,疏导人员,抢救物资、伤员等救援行动时,应注意自身安全,无能力自救时各组人员应尽快撤离火灾现场,等待专业队伍救援。火灾报告流程如图 1-30 所示。

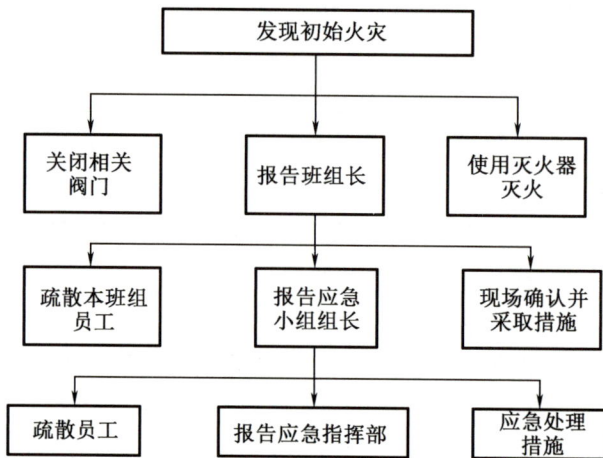

图 1-30　火灾报告流程图

2. 触电事故现场处置

发现触电事故,应立刻切断电源,关闭插座上的开关或拔除插头。切勿触摸电器用具的开关。若无法关上开关,可站在绝缘物上,如一叠厚报纸、塑料布、木板之类,用扫帚或木椅等将伤者拨离电源,或用绳子、裤子或任何干布条绕过伤者腋下或腿部,把伤者拖离电源。切勿用手触及伤者,也不要用潮湿的工具或金属物把伤者拨开,也不要使用潮湿的物件拖动伤者。

如果伤者呼吸心跳停止,开始人工呼吸和胸外心脏按压。若伤者昏迷,则将其身体放置成卧式,打电话叫救护车,或立即送到医院急救。

3.机械伤害事故处置措施

发现有人受伤后,现场有关人员立即关闭设备电源,向周围人员呼救,迅速向领导报告。领导接报后,应立即到达现场,指挥对受伤人员的抢救工作。一般性外伤,迅速包扎止血,并将伤者送往医院。如果受伤人员伤势较重,现场指挥人员立即拨打120急救中心电话或将伤员送往医院治疗,并及时上报当地应急办。若发生断指,立即止血,尽可能做到将断指冲洗干净,用消毒敷料包裹,用塑料袋包好,放入装有冷饮的塑料袋内,将伤者连同断指一起送往医院。若肢体骨折,将伤肢固定,减少骨折断端对周围组织的进一步损伤,再送往医院。如果肢体、头发卷入设备内,立即切断电源停止机器转动,不可用倒转机器的方法,妥善的方法是拆除机器取出肢体,无法拆除时拨打119请求支援。

4.爆炸事故应急处置措施

当爆炸事故发生后,现场发现人应立即报告给项目部负责人,同时,拨打119请求支援,并对事故现场进行警戒。根据事故现场情况,判断是否可能发生再次爆炸,撤离所有人员至安全地带。当爆炸引起建筑物发生坍塌,造成人员被埋、被压的情况时,应在确认不会再次发生同类事故的前提下,立即组织人员抢救被困人员,当发现有人受伤时,拨打120同当地急救中心取得联系,详细说明事故地点、严重程度、联系电话,并派人到路口接应。备齐必要的应急救援物资,如车辆、吊车、担架、氧气袋、止血带、通信设备等。

当核实所有人员获救后,应保护好事故现场,等待事故调查组进行调查处理。

5.危险化学品泄漏事故处置措施

进入泄漏现场处理时,必须注意安全防护:进入现场救援人员必须配备必要的个人防护用具。应急处理时严禁单独行动,要有监护人,必要时用水枪、水炮掩护,若泄漏物属易燃易爆的,事故中心区域应严禁火种,切断电源,并立即在边界设置警戒线,禁止车辆进入;根据事故情况和事态发展,确定事故波及区域,及时组织职员撤离;若泄漏物有毒,事故中心区域边界应立即设置警戒线,救援人员应穿着专用防护服、隔离式空气面具,根据事故情况和事态发展,确定事故波及区域,及时组织职员撤离。为了适应现场抢救,救援人员平时应进行严格的适应性练习。

泄漏源控制:采取封闭阀门、停止作业或改变工艺流程、物料走副线、局部停车、打循环、减负荷运行等措施。

泄漏物处理:①围堤切断。筑堤切断泄漏液体或者引流到安全地点。贮罐区发生液体泄漏时,要及时封闭雨水阀,防止物料沿明沟外流。②稀释与覆盖。向有害物蒸气云喷射雾状水,加速气体向高空扩散。对于可燃物,也可以在现场施放大量水蒸气或氮气,破坏燃烧条件。对泄漏的液体,可用泡沫或其他覆盖物覆盖外泄的物料,在其表面形成覆盖层,抑制其蒸发。③收集。对于大规模泄漏,可选择用隔膜泵将泄漏出的物料抽进容器内或槽车内;当泄漏物少时,可用沙子吸附、中和材料。④废弃。将收集的泄漏物运至废物处理场所处置,用消防水冲洗剩下的少量物料,冲洗水排进污水系统处理。

6.危险化学品火灾事故处置措施

发生危险化学品火灾事故时,应先控制,后扑灭。针对危险化学品火灾发展蔓延快和燃烧面积大的特点,积极采取统一指挥、以快制快,切断火势、防止蔓延,重点突破、排除险情,分割包围、速战速决的灭火战术。

扑救人员应占领上风或侧风阵地进行火情侦察、火灾扑救、火场疏散,应有针对性地采取自我防护措施,如佩戴防护面具、穿着专用防护服等,同时拨打 119 请求支援。

要迅速查明燃烧范围、燃烧物品及其四周物品的品名和主要危险特性,火势蔓延的主要途径,燃烧的危险化学品及燃烧物是否有毒等情况。选择最合适的灭火剂和灭火方法。火势较大时,应先切断火势蔓延途径,控制燃烧范围,然后逐步扑灭火势。

对有可能发生爆炸、爆裂、喷溅等特别危险的情况,需要紧急撤退的,应按照统一的撤退信号和撤退方法及时撤退。撤退信号应格外醒目,能使现场所有人员都看得到、听得到。

火灾扑灭后,要继续派人监护现场,消灭余火。起火单位应当保护现场,接受事故调查,协助公安消防和安全生产监视治理部门调查火灾原因,核定火灾损失,查明火灾责任,未经公安消防和安全生产监视治理部门同意,不得擅自清理火灾现场。

7. 压缩气体和液化气体火灾事故处置措施

扑救气体火灾时切忌盲目灭火,在没有采取堵漏措施的情况下,即使在扑救四周火势以及冷却过程中不小心把泄漏处的火焰扑灭了,也必须立即用长点火棒将气体点燃,使其恢复稳定燃烧,以免可燃气体大量泄漏出来与空气混合,发生爆炸事故。

应先扑灭外围被火源引燃的可燃物火势,切断火势蔓延途径,控制燃烧范围,并积极抢救受伤和被困职员。

对火势中的压力容器或受到火焰热辐射威胁的压力容器,能移动的应尽量在水枪的掩护下转移到安全地带,不能移动的应部署足够的水枪进行冷却保护。为防止容器爆裂伤人,进行冷却的职员应尽量采用低姿射水或利用现场坚实的掩蔽体防护。对卧式贮罐,冷却职员应选择贮罐四侧角作为射水阵地。

假如输气管道泄漏着火,应先想办法找到气源阀门。阀门完好时,只须封闭阀门。贮罐或管道泄漏关阀无效时,应根据火势大小判定气体压力和泄漏口的大小及其外形,预备好相应的堵漏材料,如软木塞、橡皮塞、气囊塞、黏合剂、弯管工具等。

堵漏工作预备停当后,即可用水或干粉、二氧化碳灭火,但烧烫的罐或管壁仍须用水冷却。火被扑灭后,应立即用堵漏材料堵漏,同时用雾状水稀释和驱散泄漏出来的气体。

一般情况下完成了堵漏也就完成了灭火工作。假如一次堵漏失败,再次堵漏需一段时间,应立即用长点火棒将泄漏处气体点燃,使其恢复稳定燃烧,防止泄漏出来的大量可燃气体与空气混合后形成爆炸性混合物发生爆炸事故,同时,预备再次灭火堵漏。

假如确认泄漏口很大,根本无法堵漏,只能采取冷却着火容器及其四周容器和可燃物品,控制着火范围,直到燃气燃尽。

现场指挥应密切留意各种危险征兆,碰到火势熄灭后较长时间未能恢复稳定燃烧或受热辐射的容器安全阀火焰变亮刺眼、尖叫、晃动等爆裂征兆时,指挥员必须适时做出正确判定,及时下达撤退命令。现场职员看到或听到事先规定的撤退信号后,应迅速撤退至安全地带。

气体贮罐或管道阀门处泄漏着火时,应先封闭阀门,在特殊情况下,也可先扑灭火势,再封闭阀门。一旦发现阀门无效,一时又无法堵漏时,应迅即点燃气体,恢复稳定燃烧。

8. 易燃液体火灾事故处置措施

应先切断火势蔓延的途径,冷却和疏散受火势威胁的密闭容器和可燃物,控制燃烧范围,并积极抢救受伤和被困职员。如有液体流淌时,应筑堤或用围油栏拦截漂散流淌的易燃液体或挖沟导流。

及时了解和把握着火液体的品名、相对密度、水溶性以及有无毒害、腐蚀、沸溢、喷溅等危险性,以便采取相应的灭火和防护措施。

对较大的贮罐或流淌火灾,应正确判定着火面积。面积大于 50 m² 的液体火灾则必须根据其相对密度、水溶性和燃烧面积大小,选择正确的灭火剂扑救。比水轻又不溶于水的液体(如汽油、苯等)起火时可用普通蛋白泡沫或轻水泡沫扑灭。用干粉扑救时灭火效果要视燃烧面积大小和燃烧条件而定。同时,用水冷却罐壁。比水重又不溶于水的液体(如二硫化碳)起火时可用水或泡沫扑救。

扑救毒害性、腐蚀性或燃烧物毒害性较强的易燃液体火灾时,扑救人员必须采取防护措施,佩戴防护面具。对特殊物品的火灾,应使用专用防护服。在扑救毒害品火灾时应尽量使用隔离式空气面具。

扑救原油和重油等具有沸溢和喷溅危险的液体火灾时,必须留意计算可能发生沸溢、喷溅的时间和观察是否有沸溢、喷溅的征兆。一旦出现危险征兆时,指挥员应迅即做出正确判定,及时下达撤退命令,避免造成职员伤亡和装备损失。扑救人员看到或听到同一撤退信号后,应立即撤至安全地带。

管道或贮罐泄漏的易燃液体着火时,在切断蔓延途径并把火势限制在限定范围内的同时,应想办法封闭输送管道进出阀门;假如管道阀门已损坏或贮罐泄漏,应迅速预备好堵漏材料,同时用泡沫、干粉、二氧化碳或雾状水等扑灭地上的火焰,再扑灭泄漏口的火焰,然后迅速采取堵漏措施。

【练习与思考】

一、填空题

1.重大、特别重大生产安全事故发生后,信息发布工作遵循"_____、_____、_____、_____"的原则。

2.事故处理的最后一步是善后工作。善后处置工作,包括 _____、_____、_____、_____、_____、_____等。

3.发生生产安全事故后,依据《_____》《_____》《_____》,对不按照有关规定履行安全生产应急处置职责的单位及个人进行处罚。

二、选择题

1.根据事故预警级颜色用红色标示事故预警_____级别。　　　　　　(　　)

A. Ⅰ级　　　　　B. Ⅱ级　　　　　C. Ⅲ级　　　　　D. Ⅳ级

2.应急演练时要注意以下哪几个方面　　　　　　　　　　　　　　(　　)

A.演练目标明确:根据不同的场景和风险,确定演练的目标和重点。

B.真实模拟:尽可能真实地模拟事故场景,提高参与者的应急反应和处置能力。

C.评估与总结:对演练结果进行评估,并总结经验教训,及时调整和完善预案。

D.以上方面都涉及。

【任务实施】

一、工作准备

1.设备与工具

焊接实训室灭火器、安全护具、通风设施、电路保护、气路保护装置、用水保护装置、卷尺。

2.其他

库房清点清单、库房结构图、实训室结构图。

二、工作程序

1.检查安全设备

检查灭火器、通风设施、除尘设施,以及用水、用电、用气的保护装置,是否为在役状态,检查相关设备安检、年检状态,并记录。

2.检查焊接及其他生产设备

检查电焊机、切割机、砂轮等生产设备,主机是否完好,配件是否齐全,运行是否正常,接地是否良好,通电线路是否有裸露,并记录。

3.制定应急方案

(1)对焊接实训室进行全面的安全风险评估,识别潜在的安全隐患和可能发生的突发情况。

(2)针对每种潜在风险,制定相应的应对措施和预案,包括紧急停机、疏散、报警等流程。

(3)确定应急响应小组,明确各成员的职责和分工,确保在紧急情况下能够迅速响应、协调配合。

(4)制定应急演练计划,组织师生应对突发情况的演练。

【制定应急方案任务工单】

计划单

学习情境1	编制安全措施与应急方案		任务2	制定应急方案
工作方式	组内讨论、团结协作共同制定计划,小组成员进行工作讨论,确定工作步骤		学时	1
完成人	1.　　　2.　　　3.　　　4.　　　5.　　　6.			

计划依据:1.《中华人民共和国突发事件应对法》《中华人民共和国安全生产法》《生产安全事故应急条例》《生产安全事故报告和调查处理条例》等有关法律、法规;2.小组分配的工作任务

序号	计划步骤	具体工作内容描述
1	准备工作(准备电焊机、配件、说明书,谁去做?)	
2	组织分工(成立组织,人员具体都完成什么工作?)	
3	设备检查(都检查什么内容?)	
4	焊接生产应急方案(如何编写?)	
5	设备状态记录(谁去记录?都记录什么内容?)	
6	应急演习(谁负责?演习什么内容?)	
制定计划说明	(写出制定应急方案中人员为完成焊接设备检查任务的分工或可以执行的步骤,以及重点需要完成的步骤)	
计划评价	评语:	

班级		第　　组	组长签字	
教师签字			日期	

决策单

学习情境 1	编制安全措施与应急方案		任务 2			制定应急方案	
决策目的	对焊接实训室进行全面的安全风险评估,识别潜在的安全隐患和可能发生的突发情况。针对每种潜在风险,制定相应的应对措施和预案		学时			0.5	
	方案讨论			组号			
方案决策	组别	步骤顺序性	步骤合理性	实施可操作性	选用工具合理性	方案综合评价	
	1						
	2						
	3						
	4						
	5						
	1						
	2						
	3						
	4						
	5						
	1						
	2						
	3						
	4						
	5						
方案评价	评语:						
班级		组长签字		教师签字		日期	

工具单

场地准备	教学仪器(工具)准备	资料准备
一体化焊接生产车间	不同品牌或型号的电焊机若干、焊接配件若干、安全防护用品若干、电流表1块	焊接设备的使用说明书、班级学生名单

作业单

学习情境1	编制安全措施与应急方案	任务2	制定应急方案
参加编制安全措施与应急方案人员	第 组	学时	
			1
作业方式	小组分析,个人解答,现场批阅,集体评判		

序号	工作内容记录 (电焊设备检查的实际工作)	分工 (负责人)
小结	主要描述完成的成果及是否达到目标	存在的问题

班级		组别		组长签字	
学号		姓名		教师签字	
教师评分		日期			

检查单

学习情境 1	编制安全措施与应急方案	学时	20
任务 2	制定应急方案	学时	10

序号	检查项目	检查标准	学生自查	教师检查
1	准备工作	任务书阅读与分析能力,正确理解及描述目标要求		
2	分工情况	与同组同学协商,确定人员分工		
3	工作态度	查阅资料能力,市场调研能力		
4	纪律出勤	资料的阅读、分析和归纳能力		
5	团队合作	应急方案编写		
6	创新意识	安全生产理念与环保理念		
7	完成效率	事故应急安置能力		
8	完成质量	任务书阅读与分析能力,正确理解及描述目标要求		

检查评价

评语:

班级		组别		组长签字	
教师签字				日期	

评价单

学习情境 1	编制安全措施与应急方案		任务 2		制定应急方案	
评价学时			课内 0.5 学时			
班级			第 组			
考核情境	考核内容及要求	分值	学生自评分（10%）	小组评分（20%）	教师评分（70%）	实际得分
计划编制（20 分）	资源利用率	4				
	工作程序的完整性	6				
	步骤内容描述	8				
	计划的规范性	2				
工作过程（40 分）	保持焊接设备及配件的完整性	10				
	焊接质量及安全作业的管理	20				
	质检分析的准确性	10				
团队情感（25 分）	核心价值观	5				
	创新性	5				
	参与率	5				
	合作性	5				
	劳动态度	5				
安全文明（10 分）	工作过程中的安全保障情况	5				
	工具正确使用和保养、放置规范	5				
工作效率（5 分）	能够在要求的时间内完成，每超时 5 min 扣 1 分	5				
总分		100				

小组成员素质评价单

学习情境 1	编制安全措施与应急方案		任务 2		制定应急方案			
班级		第　组			成员姓名			
评分说明	每个小组成员评价分为自评和小组其他成员评价两部分,取平均值计算,作为该小组成员的任务评价个人分数。评价项目共设计 5 个,依据评分标准给予合理量化打分。小组成员自评分后,要找小组其他成员以不记名方式打分							
评分项目	评分标准	自评分	成员 1 评分	成员 2 评分	成员 3 评分	成员 4 评分	成员 5 评分
核心价值观 (20分)	是否有违背社会主义核心价值观的思想及行动						
工作态度 (20分)	是否按时完成负责的工作内容、遵守纪律,是否积极主动参与小组工作,是否全过程参与,是否吃苦耐劳,是否具有工匠精神						
交流沟通 (20分)	是否能良好地表达自己的观点,是否能倾听他人的观点						
团队合作 (20分)	是否能与小组成员合作完成任务,做到相互协作、互相帮助、听从指挥						
创新意识 (20分)	看问题是否能独立思考,提出独到见解,是否能够利用创新思维解决遇到的问题						
最终小组成员得分							

【课后反思】

学习情境 1	编制安全措施与应急方案	任务 2	制定应急方案
班级	第　　组	成员姓名	

情感反思	通过对本任务的学习和实训,你认为自己在社会主义核心价值观、职业素养、学习和工作态度等方面有哪些需要提高的部分?
知识反思	通过对本任务的学习,你掌握了哪些知识点? 请画出思维导图。
技能反思	在完成本任务的学习和实训过程中,你主要掌握了哪些技能?
方法反思	在完成本任务的学习和实训过程中,你主要掌握了哪些分析和解决问题的方法?

学习情境 2　焊接生产过程管理

【学习指南】

【情境导入】

　　为了确保焊接作业的质量、效率和安全性,必须采取一系列有效的控制措施:从生产计划、工艺流程、材料设备、作业监控、质量检验、人员培训以及环境安全等多个方面入手,全面加强焊接生产过程控制,可以显著提升焊接作业的质量、效率和安全性。采用先进制造模式——智能制造、敏捷制造、数字化工厂、精益生产,企业可以根据自身的实际情况和市场需求选择适合自己的制造模式,以实现更高效、更灵活、更可持续的生产方式,有助于企业实现可持续发展,还能为客户提供更优质的产品和服务,增强市场竞争力。

【学习目标】

知识目标:

1. 能说出焊接生产过程控制主要控制的关键点及关键点具体控制内容;
2. 能够阐述从人员、设备、材料、工艺、环境、检测等方面加以控制的具体要求;
3. 能够说出先进制造生产模式管理理念。

技能目标:

1. 学会制定生产计划,掌握生产进度的监控和调整方法,以及应对生产异常的策略;
2. 学会优化生产流程的基本方法,合理配置资源,设置焊接质量控制点;
3. 具备使用智能制造系统进行分析、设计、实施和优化制造流程的能力;
4. 能够掌握生产流程优化理论和工具,能够选择适合的先进的管理方法。

素质目标:

1. 通过小组学习,强化学生的安全操作意识,确保在焊接过程中严格遵守安全操作规程,熟悉焊接作业中可能存在的安全隐患,并掌握预防和应对措施;
2. 通过案例分析,学生深入了解先进制造技术在企业中的实际应用,将理论知识与实际操作相结合,提高学生的实践能力;
3. 培养学生具备一定的项目管理能力,能够协调资源、组织生产,确保生产进度和产品质量,提高学生解决问题的能力。

任务1　焊接生产过程控制

【任务工单】

学习情境 2	焊接生产过程管理			任务 1	焊接生产过程控制	
任务学时				4 学时(课外 2 学时)		
布置任务						
任务目标	完成企业的焊接工艺制定,并结合工艺,培养生产计划制定、材料设备选择与维护、作业监控与质量检测等技能。根据实际生产需求,制定合理的生产计划					
任务描述	根据任务要求,以对接板焊接为例,根据焊接经验,设定五组可实施的工艺参数,完成焊接过程并焊后分析,评定质量、速度、电压、电流等参数最合理的工艺流程,完成工艺方案,提高生产质量和效率,并监控生产进度,及时调整生产策略					
学时安排	资讯 1 学时	计划 0.5 学时	决策 0.5 学时	实施 1 学时	检查 0.5 学时	评价 0.5 学时
提供资源	焊接实训室相关设备及说明书等资料					
对学生学习及成果的要求	1. 掌握焊接专业基础知识(焊接方法、工艺、生产),经历了专业实习,对焊接企业的产品及行业领域有一定的了解。 2. 具有独立思考、善于发现问题的良好习惯。能对任务书进行分析,能正确理解和描述目标要求。 3. 具有查询资料和市场调研的能力,具备严谨求实和开拓创新的学习态度。 4. 每组必须完成任务工单,并提请教师进行小组评价,小组成员分享小组评价分数或等级。 5. 每名同学均须完成任务反思,以小组为单位提交					

【课前自学】

知识点1　生产计划和调度管理

一、生产计划

1. 什么是生产计划

生产计划是企业对生产任务做出统筹安排,具体拟定生产产品的品种、数量、质量和进度的计划。它是企业经营计划的重要组成部分,是企业进行生产管理的重要依据。生产计划既是实现企业经营目标的重要手段,也是组织和指导企业生产活动有计划进行的依据。

生产计划是指一方面为满足客户要求的三要素“交期、品质、成本”而计划;另一方面又使企业获得适当利益,而对生产的三要素“材料、人员、机器设备”的确切准备、分配及使用的计划。

2. 生产计划的特征

一个优秀的生产计划必须具备以下三个特征：

(1)有利于充分利用销售机会,满足市场需求;

(2)有利于充分利用盈利机会,实现生产成本最低化;

(3)有利于充分利用生产资源,最大限度地减少生产资源的闲置和浪费。

3. 生产计划的内容

(1)生产什么东西,包括产品名称和零件名称。

例:生产汽配行业的一种凸轮,名称代号为 kj908。

(2)生产多少,包括数量或质量。

例:因客人订单需要 10 000 只,那实际生产应考虑到报废的产生,我们需要投产 10 500 只,方能保证 10 000 只的交货量。

(3)在哪里生产,包括部门和单位。

因生产制造行业的特性,显然我们主要是在生产部门完成指标,细化是在生产的各个工序班组间加工,包括铸造、锻压、车床、铣床、高频淬火、磨床、清洗等。

(4)要求什么时候完成,包括期间和交期。

图 2-1 所示为企业各种计划之间的关系。

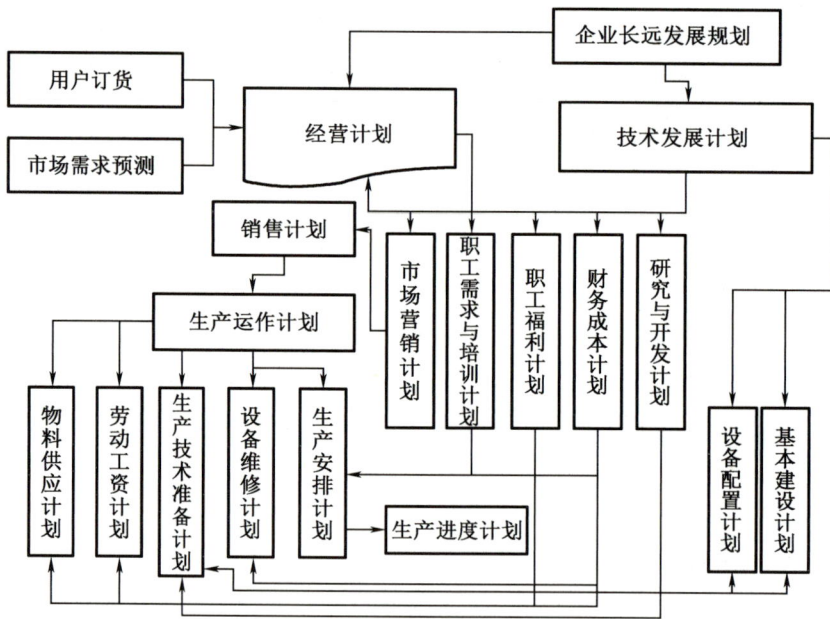

图 2-1 企业各种计划之间的关系

4. 生产计划的要求

生产计划应满足下列要求:

(1)计划应综合考虑各有关因素的结果;

(2)必须是有能力基础的生产计划;

（3）计划的详略必须符合活动的内容；

（4）计划的下达必须在必要的时期。

5. 生产计划的种类

（1）长期计划（战略层计划）：这是具有决定性意义的战略性规划，计划期通常为3~5年甚至更长。它是根据企业经营发展战略的要求，对有关产品发展方向、生产发展规模、技术发展水平、生产能力水平、新设施的建造和生产组织机构的改革等方面所做出的规划与决策。有时长期计划也被称作设备计划，因为它涉及长期内（通常超过1年）生产设备的规划，如建筑、设备、设施等，这需要大规模的资本投入，并且需要最高经营层的参与和同意。

（2）中期计划（综合计划/战术层计划）：这是在计划期内（通常为1年）应达到的生产目标，包括品种、产量、质量、产值和利润等，并以此编制的生产计划。中期计划也被称为综合计划或年度生产计划大纲，它在平衡销售、资金、设备、人力等整个企业资源方面的基础上，按生产产品的大类进行制定。中期计划起着承上启下的作用，上接长期计划，下启短期计划以及车间生产作业计划、物料需求计划、采购计划等。

（3）短期计划（作业层计划/生产作业计划）：这是企业根据中期计划规定的年度生产计划，在计划期内（季、月、旬、周或日等）应完成的具体产品品种、数量、质量、产值等生产进度计划以及车间的日常生产作业计划。短期计划也被称为日程计划或车间作业计划，它主要关注在今后几个月内每周或每日所需的资源、活动、作业计划以及如何有效地满足顾客需求。

以上三种生产计划相互关联，长期计划为中期计划提供指导，中期计划为短期计划设定目标，而短期计划则负责实施并达成这些目标。在企业运营过程中，这三种计划需要相互协调，以确保生产活动的顺利进行。

6. 生产计划的指标

制定生产计划指标是生产计划的重要内容。为了有效地和全面地指导企业生产计划期的生产活动，生产计划应建立包括产品品种、产品质量、产品产量和产品产值的四类指标为主要内容的生产指标体系。

（1）产品品种指标

产品品种指标是指企业在报告期内规定生产产品的名称、型号、规格和种类。它不仅反映了企业对社会需求的满足能力，还反映了企业的专业化水平和管理水平。

产品品种指标的确定首先要考虑市场需求和企业实力，按产品品种系列平衡法来确定。

（2）产品质量指标

产品质量指标是衡量企业经济状况和技术发展水平的重要指标之一。产品质量受若干个质量控制参数控制。对质量参数的统一规定形成了质量技术标准，包括国际标准、国家标准、部颁标准、企业标准、企业内部标准等。

（3）产品产量指标

产品产量指标是指企业在一定时期内生产的，并符合产品质量要求的实物数量。以实物数量计算的产品产量，反映企业生产的发展水平，是制定和检查产量完成情况，分析各种产品质检比例关系和进行产品平衡分配，计算实物数量生产指数的依据。

确定产品产量指标主要采用盈亏平衡法、线性规划法等。

（4）产品产值指标

产品产值指标是用货币表示的产量指标，能综合反映企业生产经营活动成果，以便进行不同行业间的比较。产品产值根据具体内容和作用不同分为工业总产值、工业商品产值和工业增加值三种形式。

7. 生产计划拟订

生产计划的拟订是一个系统工程，需要从多个维度进行综合考虑和规划。通过科学的需求分析与预测、合理的资源评估与配置、明确的生产目标设定、精细的任务分解与排程、优化的工艺流程规划、精准的物料需求计划、严格的质量与成本控制以及全面的风险评估与应对措施，企业可以制定出高效、可行的生产计划，为企业的持续发展和市场竞争力提供有力保障。

8. 编制生产计划前的准备事宜

（1）物料是否齐备；

（2）熟悉公司产品、了解产品加工工序；

（3）材料使用途径；

（4）了解市场需求；

（5）了解员工动态、机器的正常运作以及物料齐套状况；

（6）生产进度的有效跟踪与控制；

（7）下达生产指令需仔细、准确，不能少下、漏下；

（8）信息需及时反馈与跟进；

（9）适当考虑异常情况；

（10）了解车间产能；

（11）管理好独立需求；

（12）质量情况及品质控制；

（13）正常情况下不能排期太紧，以考虑插入急单的情况；

（14）了解产品、制造产品的相关工艺流程及瓶颈工序；

（15）了解物料的性能；

（16）物料的采购周期及到料情况跟进；

（17）合理地调配人员；

（18）跟供应仓储部门、人员联系以保证物料的供给；

（19）与工程、技术部门联系以取得技术支持；

（20）制定和查看相应的系列计划，如产品开发计划、生产作业排序计划、人员计划、产能计划与负荷计划、库存计划、出货计划、物料计划、外协计划等。

二、生产计划的编制

生产计划对合理均衡地组织生产，提高企业经济效益有着极其重要的作用。

1. 生产计划编制步骤

生产计划的编制必须遵循四个步骤：

（1）收集资料，分项研究。所收集的资料包括编制生产计划所需的资源信息和生产信息。

（2）拟定优化计划方案统筹安排。初步确定各项生产计划指标，包括产量指标的优选和确定、质量指标的确定、产品品种的合理搭配、产品出产进度的合理安排。

（3）编制计划草案做好生产计划的平衡工作。主要是生产指标与生产能力的平衡；测算企业主要生产设备和生产面积对生产任务的保证程度；生产任务与劳动力、物资供应、能源、生产技术准备能力之间的平衡；生产指标与资金、成本、利润等指标之间的平衡。

（4）讨论修正与定稿报批。通过综合平衡，对计划做适当调整，正确制定各项生产指标。报请总经理或上级主管部门批准。

同时，生产计划的编制要注意全局性、效益性、平衡性、群众性、应变性。

2. 生产计划排程原则

（1）交货期先后原则：交货期越短，交货时间越紧急的产品，越应安排在最早时间生产。

（2）客户分类原则：客户有重点客户、一般客户之分，越重点的客户，其排程应越受到重视。如有的公司根据销售额按 ABC 法对客户进行分类，A 类客户应受到最优先的待遇，B 类次之，C 类更次。

（3）产能平衡原则：各生产线生产应顺畅，半成品生产线与成品生产线的生产速度应相同，机器负荷应考虑，不能产生生产瓶颈，出现停线待料事件。

（4）工艺流程原则：工序越多的产品，制造时间越长，应重点予以关注。

3. 生产计划常见问题

生产计划是非常重要的一项内容，如果一个生产型企业的生产计划没有做好，那么企业的发展也会受到很大的影响，就比如企业对生产现场没有管理好，会造成资源的浪费，也就会增加企业的生产成本，高成本的产品在市场竞争中也就没有了优势。要解决企业在生产计划中的一些问题，为企业的发展创造良好的环境，企业的发展才能顺利进行。企业也要加强生产培训，这也能增强管理者和员工的能力，这对企业的发展是非常重要的，我们要解决企业在生产中及管理中遇到的各种问题。

首先企业要提高对加强班组生产现场管理重要性的认识，生产现场管理是企业管理的重要组成部分，是企业管理素质的集中表现。通过现场管理的好坏，即可判断出企业的广大职员的素质和管理水平、产品质量的可信赖程度、企业的可协作程度。而班组又是企业生产现场管理的前沿阵地，所以提高企业的班组生产现场管理水平，是企业自身发展的需要。企业的现场如果管理不好，会导致企业资源的浪费，我们要想办法解决企业生产现场的浪费问题，这样企业的成本才能降低，要加强班组对生产现场管理重要性的认识，要做好企业的生产计划，这样企业的发展才会更加顺利。

另外我们也要发挥班组长的带领作用。班组长通过合理运用手中的权力，可调动每个员工的工作积极性，使班组充满活力，为此必须做好班组长的选拔、培训、考核、激励等工作。班组长要做好表率。在班组建设中"表率"是指班组长的"自治"行为，在班组做好表率不仅是让组员效仿，还是衡量班组长是否合格的基本标准。同时企业也要强化教育培训，提高员工的素质。加强教育培训，主要是指对班组进行技能、安全生产、岗位职责和工作标准等方面的教育培训，同时将培训成绩记入个人档案，与个人的工资、奖金、晋级、提拔挂钩。只有员工的能力提升了,我们企业的整体综合素质才会提升,企业的发展才会更好。

三、生产计划管理

1.生产计划的主要目标

(1)提高生产效率:通过合理安排生产计划,优化生产资源利用,提高生产效率和产出量,降低生产成本。

(2)保证交货期:通过合理的生产计划安排,确保按时交付客户订单,提高客户满意度。

(3)调整生产能力:根据市场需求和资源情况,及时调整生产计划,保持生产能力的平衡和灵活性。

(4)控制生产成本:通过合理的生产计划和物料控制,降低库存成本和废品损失,实现生产成本的控制和节约。

(5)优化生产流程:通过生产计划管理,优化生产流程,减少生产中的浪费和瓶颈,提高生产效率和质量。

2.生产计划管理工作内容

(1)制定生产计划

分析市场需求、销售预测和生产能力,确定生产目标和任务。制定详细的生产计划,包括产品种类、数量、生产时间等。定期评估生产计划与市场需求的匹配度,进行必要的调整。

(2)生产资源调配

根据生产计划,评估所需的人力、设备、原材料和能源等资源。制定资源调配计划,确保资源的合理利用和分配。实时监控资源使用情况,进行必要的调整和优化。

(3)生产进度跟踪

建立生产进度监控机制,实时应了解生产进度。定期与相关部门沟通,确保生产按计划进行。对生产中产生的风险和问题应及时发现和解决。

(4)生产成本控制

分析生产过程中的各项费用,找出成本优化的空间。制定成本控制措施,如降低原材料消耗、提高设备利用率等。定期评估成本控制效果,进行必要的调整。

(5)生产质量管理

制定生产质量控制标准和流程。对生产过程进行监控,确保产品质量符合要求。对不合格产品进行及时处理和整改。

(6)库存管理

根据生产计划和市场需求,制定原材料和成品库存控制策略。实时监控库存情况,进行必要的补充和调整。防止库存过多或不足,确保生产顺利进行。

(7)生产报表分析

收集生产数据和报表,进行分析和评估。发现生产中的问题,提出改进建议。定期向管理层报告生产情况,为决策提供支持。

(8)生产技术改进

关注行业动态和新技术,引入适合企业的生产工艺和技术。对现有生产工艺和技术进行持续改进和优化。提高生产效率和产品质量,降低生产成本。

（9）与其他部门协调合作

与销售部门沟通，了解市场需求和销售预测。与采购部门合作，确保原材料供应的及时性和稳定性。与物流部门配合，确保产品按时交付给客户。

（10）生产安全管理

制定生产现场安全管理制度和流程。对员工进行安全培训和教育，提高安全意识。定期检查生产现场的安全设施和设备，确保其正常运行。对生产中的安全事故进行及时处理和整改，防止类似事故再次发生。

企业要有效地进行生产计划管理，确保生产过程的顺利进行和产品的高质量产出。同时，企业还需要根据实际情况不断调整和优化生产计划管理策略，以适应不断变化的市场需求和生产环境。

3. 生产计划管理战略

生产计划管理战略的内容一般包括以下内容：

（1）产品选择：目标市场确定以后，需要考虑选择什么产品，怎样的产品才能占领市场。

（2）生产能力需求计划：需要在战略计划期内，对生产能力数量上的需求、时间上的需求以及种类的需求做计划。

（3）工厂设施：包括确定工厂规模、选厂址、确定专业化水平等。

（4）技术水平：选择技术合适的设备，确定自动化程度与设备布置。

（5）协作化水平：确定自治与外购的比例，以及协作厂的数量。

（6）劳动力计划：确定所需劳动力的技能水平、工资政策以及稳定劳动力的措施等。

（7）质量管理：包括对不良品的预防、质量监督与控制等。

（8）生产计划与物料控制：包括资源利用政策、计划集中程度和计划方法等。

（9）生产组织：包括确定生产系统结构、职务设计、职位职责等。

四、生产调度管理

生产调度管理是指对生产调度的计划、实施、检查、总结（PDCA）循环活动的管理。

生产调度管理（图 2-2）是企业生产经营管理的中心环节，生产管理部作为生产调度管理的职能部门，是公司生产的指挥中心。

图 2-2 生产调度管理

生产调度工作狭义上是指生产调度管理方面的技术性工作,其内容是指生产调度对生产经营动态的了解、掌握、预防、处理,以及对关键部位的控制和部门间的协调配合。概括地说,生产调度工作是生产调度管理的具体表现,它的完成是生产调度管理在实际上完成的具体表现。

1. 职能与作用

生产调度管理具有组织、指挥、控制、协调的职能,称之为系统性、综合性职能。

(1)组织职能与作用

建立合理的调度管理组织体系,把生产经营活动的各个要素和各个环节有机地组织起来,按照确定的生产经营计划组织工作,使生产经营活动有效进行。

(2)指挥职能与作用

在生产经营活动中随时收集信息和掌握进度与情况的基础上,及时有效地处理各种问题,同时,在组织实施生产经营活动中进行有效交流,从而使各级各类人员按照生产经营目标协调配合。

(3)控制职能与作用

按照既定目标和标准对生产经营活动进行监督和检查,掌握信息,发现偏差,找出原因,采取措施,加以调整纠正,保证预期目标和标准。

(4)协调职能与作用

协调是调度的四大基本职能之一。生产经营系统化管理过程中,动态平衡是规律,协调就是维护动态平衡,保证生产经营系统内部各个环节的畅通,保证所有生产经营组成部分同步运行。这就是调度所发挥的中心作用。协调分为内部协调和外部协调。

2. 生产调度管理工作内容与步骤

召开生产调度会议是生产调度管理的重要工作内容,也是一种有效的工作方法。管理者应安排好调度部门的例行会议,有些重要会议更是要自己亲身组织参加。

(1)召开班前会

①班前会是接班者在接班和上岗前的例行会议,有的又叫班前碰头会和交接班会。

②班前会主要是听取上一班调度长的工作介绍,以及重要问题的调度情况,尤其是上级领导部门的有关指示精神及要求等。同时听取接班调度长对本班工作的安排和分工,传达上级领导的有关意图和本班调度的工作重点等。

(2)召开生产碰头会(图2-3)

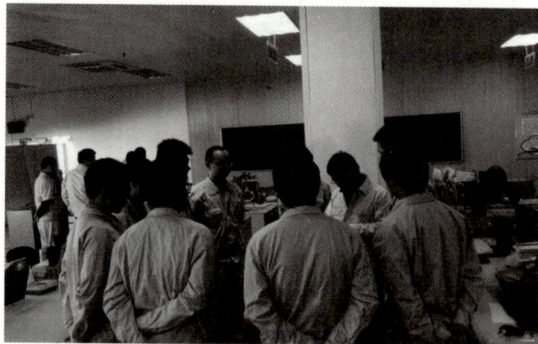

图2-3 生产碰头会

①每天接班后,各部门的生产负责人都到调度会议室碰头,同当班调度长做简单的情况介绍和提出要求,听取基层的一些反映,并做简单的生产平衡。

②会议有话则长,无话则短,力争简洁精炼,一般不超过半个小时。会议大多在白班进行。

(3)召开生产调度会

①生产调度会常由生产调度长主持,参加者有厂长、副厂长、三总师和企业其他主要领导,各基层主管生产的负责人和各职能科室的负责人。

②会议内容:

a. 主要听取生产调度长对有关生产活动的汇报,一周或一旬的生产作业进度,各生产技术经济指标的完成情况;存在的问题和所要采取的措施;对某些部门或基层的要求等。

b. 同时听取各基层负责人的情况反映、提出的问题和要求,并针对这些问题的性质和对生产活动的影响,经过协商和平衡,责成有关部门或单位限期解决。

c. 会议还要听取厂领导的信息通报和指导性意见,以及新的生产指令和某些决定。并对领导的指令和决定要记录在案,并作为本周(旬)或指定时期内的调度工作重点,严格执行,并监督、检查落实情况。

③生产调度会的召开可以不定期,可以一天一次,类似每天的生产碰头会;也可以每周一次。

(4)召开生产平衡会

①在落实计划安排时,就要召开会议进行平衡。

②月生产作业计划平衡会大多在上个月末或下个月初举行,经过平衡后的生产作业计划就可以下发执行,并成为下个月调度工作的主要依据,成为各生产环节组织生产的依据。

③在正常生产的情况下,在月中或中旬末,应对生产计划的完成情况进行一次全面检查,找出计划指标和实际完成指标的偏差。如偏差较大,就要对计划进行修正,与实有生产能力进行新的平衡。修正后的计划作为原生产作业计划的补充,指导后期的生产活动,以保证整体计划的完成。

(5)召开事故分析会

①事故分析会由调度长或事故发生时轮班的调度人员主持。会议的主要目的是查清事故原因,明确事故责任,确认事故性质,估算损失,吸取教训,制定预防措施等。

②参加事故分析会的应有事故发生单位的有关人员、调度指定人员和有关管理者。

③分析会要写出摘要或简报,上报和通报到各有关单位和部门,达到教育全厂员工的目的。

④事故分析会要尊重科学,决不可凭主观臆断,要掌握大量的第一手资料,如实物、各种记录、照片、现场有关人员的录证等。

(6)召开调度专业会

①调度专业会议由调度系统负责人主持,内容主要是政治、业务学习,工作总结、经验介绍,检查劳动竞赛情况等。目的是要不断地提高调度人员的政治素质、业务水平和工作质量。

②由于调度工作的轮班制,人员难以集中,调度专业会议以每季度或半年召开一次为宜,或根据企业生产松紧程度而定,也可以采取分别召开的方法,每次至少有两个轮班的调度人员参加。

总之,生产调度会议会涉及各方面的内容和从企业最高管理层到基层调度人员的各个方面的关系,在召开生产调度会议前要做好充分的准备工作,而且要把握会议的发展方向,充分发挥生产调度会议的作用。

五、生产计划控制管理

1. 产能规划与预测

产能规划与生产预测是企业生产管理的首要环节。企业应通过分析当前及未来的产能需求，确定生产线的布局、设备投入及人员配置；同时，预测市场需求，以确定未来的生产计划。这要求企业不仅要了解自身的生产能力，还要密切关注市场动态，以便及时调整生产策略。

2. 生产流程安排

合理的生产流程安排可以提高生产效率，确保产品质量。企业应制定详细的生产工艺流程图，明确各个环节的工作内容和责任人员，保证生产过程的顺畅进行；同时，对生产流程进行定期评估和优化，以适应市场变化和客户需求。

3. 材料与供应链管理

材料与供应链的稳定供应是生产顺利进行的关键。企业应建立稳定的供应商合作关系，确保原材料的质量和供应稳定性；同时，通过有效的库存管理，减少库存积压和浪费，降低生产成本。

4. 生产进度跟踪

实时跟踪生产进度，可以确保生产计划的按时完成。企业应通过制定详细的生产进度表，定期与实际生产情况进行对比，及时发现问题并采取相应措施；同时，加强生产现场的监督和管理，确保生产过程的顺利进行。图 2-4 为生产进度跟踪表。

										批号		
产品名称规格					生产数量					生产部门		
原订生产日程		月 日至 月 日			预计交货日期		月 日					
物资供应状况	材料名称	单位	单位用量	需要量	已有库存	采购日期	预交日期	已交	备注	人力设备	前一批号完成日期	日时
											设备调整时间	
											人力是否充足	
											预计生产日数	
											每日生产	
										其他考虑因素		
										模具、量具	名称编号	完成日期
安排进度												

图 2-4　生产进度跟踪表

5. 生产资源调度

生产资源调度是生产计划管理的另一个重要方面。企业应根据生产计划和生产进度，对生产资源进行合理的调度，包括人力资源、设备资源、原材料等。企业通过对生产资源的合理调度，可以提高生产效率，降低生产成本，提高产品质量。图2-5所示为生产计划表。

序号	工序名称	周期(天)	10月 11月 12月 2014年1月（下旬 上旬 中旬 下旬 上旬 中旬 下旬 上旬 中旬 下旬）	责任人	重点和备注
1	主梁主腹板与H钢对接	12+10			材料宽度H钢质量
2	主梁大隔板制作	15+12			加强圈制作
3	主梁副腹板接板下料	7+7			材料宽度
4	主梁上翼板下料接板	6+6			埋弧焊 场地
5	主梁下翼板下料接板	5+5			埋弧焊 场地
6	主梁两件装配焊接	25+23			车间高度专职焊工
7	带马鞍端梁两组	40			含均衡架及外协
8	桥架结合及焊接	8	低漆面漆		轨道和压板
9	大车运行机构装配	10			装配工艺
10	主梁内电器安装布线	15			内部除锈涂漆后
11	小车架各梁制作	25			含马鞍、均衡量底漆 后外协加工
12	小车架结合+焊接	5+5			
13	涂漆后小车装配	20			含与马鞍配钻 关键配套产品
14	小车布线	5			
15	产品包装箱	5			装箱单
16	现场轨道清线安装	15			提前联系用户安装爬梯提供动力
17	涂漆后装车发运	6	小车 其它		吊装方案、汽吊、重物、索具
18	现场安装调试	10	小车		
19	试验验收交付	5			联系形式试验单位
说明	1.10月25日之前为技术准备、突击产品清理场地和材料采购阶段。未注明的焊接、除锈、涂漆及司机室、检修吊笼、梯子平台等附件按进度要求穿插进行。 2.落实本计划的前提为人员、场地、图纸、材料、辅料、外协加工和配套件、设备、工具(含锁具)、计量器具准备充分供应及时、责任明确。设计差错较				

图2-5　生产计划表

6. 生产异常处理

生产异常处理是生产计划管理中的一个重要环节。制造企业生产过程执行系统（manufacturing execution system，MES）可以实时监控生产过程中的异常情况，如设备故障、原材料短缺等，使工作人员可以及时发现问题并进行处理。企业通过对生产异常的及时处理，可以避免生产延误，保证生产计划的顺利进行。

7. 质量管理与控制

质量是企业的生命线。企业应建立完善的质量管理体系，明确质量标准和检验流程，通过严格的质量控制手段，确保产品质量的稳定性和可靠性；同时，加强员工的质量意识培训，提高全员参与质量管理的积极性。

8. 成本控制与预算

成本控制是企业实现经济效益的重要手段。企业应制定合理的生产成本预算，通过精细化管理，减少浪费和损失；同时，加强对各项生产费用的监控和分析，及时发现和解决成本异常问题。

9. 风险识别与应对

面对复杂多变的市场环境，企业需要加强对生产风险的识别和应对，通过建立完善的风险管理机制，及时发现潜在风险并采取相应的预防措施；同时，加强应急预案的制定和演练，提高企业对突发事件的应对能力。

10. 持续改进与优化

持续改进与优化是企业保持竞争力的关键。企业应通过定期评估生产管理的各个方面,发现存在的问题和不足,并采取相应的改进措施;同时,积极引进先进的管理理念和技术手段,不断提高生产管理的水平和效率。

【练习与思考】

一、填空题

1. 生产计划是指一方面为满足客户要求的三要素"＿＿＿＿＿＿＿"而计划;另一方面又使企业获得适当利益,而对生产的三要素"＿＿＿＿＿＿＿"的确切准备、分配及使用的计划。

2. 产品品种指标是指企业在报告期内规定生产产品的＿＿＿＿、型号、规格和＿＿＿＿。

3. 生产调度管理具有组织、指挥、控制、协调的职能,称之为系统性、＿＿＿＿职能。

4. 持续改进与优化是企业保持＿＿＿＿的关键。

二、判断题

1. 生产计划是实现企业经营目标的重要手段,不是组织和指导企业生产活动有计划进行的依据。　　　　　　　　　　　　　　　　　　　　　　（　　）

2. 对生产中的安全事故进行及时处理和整改,防止类似事故再次发生。（　　）

3. 合理的生产流程安排可以提高生产效率,确保产品质量。（　　）

4. 面对复杂多变的市场环境,企业不需要加强对生产风险的识别和应对。（　　）

三、简答题

1. 生产计划包括哪些内容?如何能编制出合理的生产计划?

2. 生产调度管理的职能和作用是什么?

3. 如何进行生产计划控制管理?

知识点2　焊接工艺管理

焊接工艺管理是焊接生产管理的核心环节,它涉及焊接工艺的制定、实施和改进等方面。企业在进行焊接工艺管理时,应根据产品要求、材料特性以及设备条件等因素,选择合适的焊接工艺,并制定相应的工艺流程和操作规程;同时,应对焊接工艺的实施进行监督和控制,确保工艺执行的准确性和稳定性;此外,应定期对焊接工艺进行评估和改进,以提高焊接质量和生产效率。

一、焊接工艺制定与评定

1. 焊接方法选择

焊接方法的选择应基于母材的种类、厚度、接头形式以及产品质量要求等因素。常见的焊接方法包括气体保护焊、埋弧焊等,每种焊接方法都有其特定的应用范围和优缺点。工人在选择焊接方法时,应综合考虑焊接效率、焊接质量、经济性及操作可行性。

2.母材与焊接材料匹配

母材与焊接材料的匹配是保证焊接质量的关键因素。工人应根据母材的种类、化学成分、力学性能等选择合适的焊接材料,以保证焊接接头的质量、强度和耐久性;同时,还需考虑焊接材料的可获得性、经济性及工艺性。

3.焊接设备选择

焊接设备的选择应根据焊接方法、母材种类、焊接材料等因素综合考虑。企业应选择能提供稳定、合适的焊接参数的焊接设备,以保证焊接过程的稳定性和焊接质量的可靠性;同时,还需考虑设备的安全性、易用性及维护成本。

4.焊接参数确定

焊接参数的确定是保证焊接质量的重要环节,包括焊接电流、焊接电压、焊接速度等参数的选择,应根据母材的种类、厚度、焊接材料等因素综合考虑。合适的焊接参数可以获得优质的焊接接头,提高产品的可靠性和安全性。

5.焊接工艺评定试验

焊接工艺评定试验是对所选择的焊接工艺进行验证和评估的过程,应按照相关标准和规范进行试验,以检验焊接接头的质量是否符合要求。试验内容包括拉伸试验、弯曲试验、冲击试验等,以便对焊接工艺进行改进和优化。

二、焊接工艺实施

1.焊接工艺文件编制

为了确保焊接工艺的有效实施和管理,应编制完整的焊接工艺文件。文件应包括焊接工艺流程图、焊接工艺卡、焊接操作规程及焊接作业指导书等内容,详细描述焊接过程的各种参数和技术要求。同时,文件还应明确操作人员的资质要求和安全防护措施,以便对焊接过程进行规范化和标准化管理。图2-6所示为焊接钢管生产工艺流程,图2-7所示为焊接钢管生产流程图,图2-8所示为焊接工艺卡,图2-9所示为焊接作业指导书。

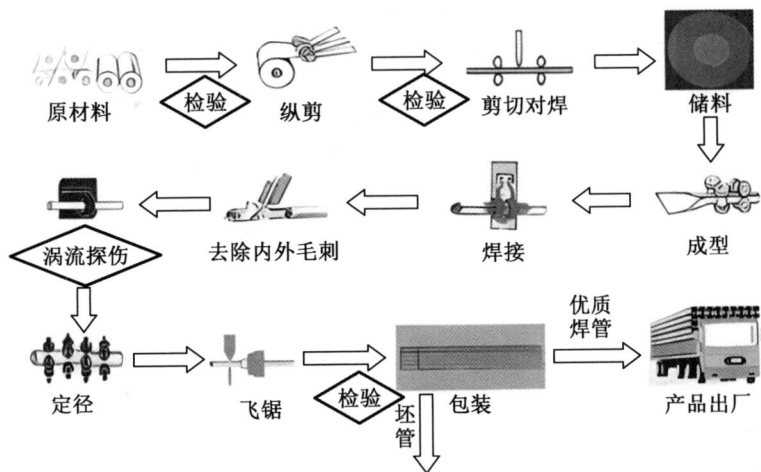

图2-6 焊接钢管生产工艺流程

图 2-7　焊接钢管生产流程图

（流程：开料 uncoiling → 切边 edge cutting → 刨边 eddge conditioning → 卷管 rolling to shape → 扣压点焊 spot welding → 成型 forming → 扣压校管 colibrating → 平头 end facing → 抛磨 polishing → 水压测试 hydro static → X射线测试 X-ray testing → 酸洗 pickling → 检验标识入库 inspection marking and put in storage）

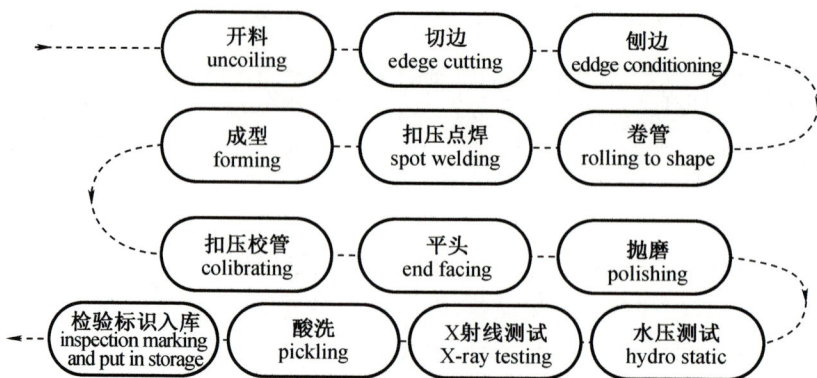

图 2-8　焊接工艺卡

通用焊接工艺卡　编号：FHTH01-2005

焊接工艺评定编号	FHPR0501、FHPR0507、FHPR0508

焊接层次、顺序示意图：

焊接层次(正/反)：3/0
坡口角度：60°
钝边：0~2
组队间隙：2~3
背面清根：/

适用范围

材料牌号	Q235-B、10、Q235-C、20、20g、20R		
接头种类	全焊透对接		
坡口型式	V型		
焊接方法	氩弧焊+焊条电弧焊		
焊接电源 种类	直流		
焊接电源 极性	正接(氩弧焊)+反接(焊条电弧焊)		
焊接位置	平焊		
厚度范围/mm 母材	1.5≤δ≤12		
焊缝金属 氩弧焊	不限≤δ≤6		
焊缝金属 焊条电弧焊	不限≤δ≤6		

焊前预热

预热方式	/	预热温度	/
层间温度		测温方式	

焊后热处理

种类		加热方式	
温度范围		保温时间	
冷却方式		测温方式	

焊　接　工　艺　参　数

焊层	焊条牌号	焊材直径/mm	焊接电流/A	电弧电压/V	焊接速度/(cm/min)	保护气体流量/(L/min)	极性
1	H08Mn2Si	Φ2.0	130~140	12~14	10~12	9~12	正接
2	J427	Φ3.2	120~140	22~24	10~12	/	反接
3	J427	Φ3.2	120~140	22~24	10~12	/	反接

备　注：其它焊接工艺要求按本单位《通用焊接工艺守则》执行。
施焊要点：清理焊件坡口及近焊缝两侧20mm范围内油污、水分、氧化物并打磨见金属光泽。
焊后应清理飞溅、熔渣。

编制		审批		日期	

2. 焊接工艺的实施和监督

为了确保工艺执行的准确性和稳定性,应对焊接工艺的实施进行严格的监督和控制。这包括以下几个方面：

（1）工艺流程控制

确保每个步骤都按照预定的工艺流程执行,不允许随意更改或跳过任何步骤。任何偏离工艺流程的行为都应记录并调查原因。

(2)工艺参数监控

在焊接过程中,加强质量巡查,及时发现并处理质量问题。实时监控和调整焊接电流、电压、速度等关键参数,确保它们在设定的范围内波动。任何参数的异常变化都应立即处理并记录。

文件名称	焊接作业指导书		编制部门	生产部
文件编号	版本/版次	B/1	页码	1/5

1.0 目的:
  1.1 为本公司的焊接作业员提供操作指引。

2.0 适用范围:
  适用于本公司焊接岗位操作的工作人员。

3.0 权责:
  3.1 作业员:严格执行作业规范,遵守作业章程;
  3.2 焊接技师:督导培训作业员以公司的要求而实现作业过程;
  3.2 组长:协助技师完成各项管理工作。

4.0 内容:
  4.1 开机前检查
    4.1.1 依据设备点检表,对设备进行全面点检。
    4.1.1 检查机器周围及工作台面是否有人或有碍工作之物。
    4.1.2 检查空气压力是否达到机器所需求压力(不低于0.5 MPa)
    4.1.3 检查机床电源是否正常、手线、地线是否处于接地状态。
    4.1.4 检查机床所有部位是否有松动现象。
    4.1.5 起动机床马达,检查机器运行是否有异声,核对电流、电压,并检查
        水箱工作是否正常。
    4.1.6 检查各按钮是否正常起合,并采用试片进行测试。(具体参数见4.4参数控制)

  4.2 加工前的准备
    4.2.1 半成品准备好,加工所需产品的SOP, SIP准备好。
    4.2.2 检验图纸与物料员提供之零件是否一致、料号和版本是否为需求。
    4.2.3 根据工艺结构及材质选择相应的焊材,并进行电流、电压、气
        压等参数的调整。
    A.钣金件TIG焊接参数(铝焊)

木材厚度 MM	焊接电流 /A	钨极直径 /mm	焊丝直径 /mm	气体流量 /(L/min)
0.5~1.2	50~80	2.4	1.6	6~8
1.5~2.0	70~110	2.4	1.6	6~10
2.5~3.0	100~130	2.4	1.6	8~12
4.0~5.0	120~150	2.4	1.6	8~14
6.0~8.0	140~180	3.2	3.0	8~15

编制:		审核:		批准:	
日期:		日期:		日期:	

图 2-9 焊接作业指导书

(3)过程检验

定期或不定期地对正在进行的焊接过程进行检查,以确认是否符合预定的工艺要求。这包括观察焊缝外观、检测气体保护效果等。根据产品标准和客户要求,制定相应的焊接质量标准和检测方法。

(4)设备校准和维护

定期对焊接设备进行性能校准和维护,确保其运行状态良好。任何设备的故障或性能

下降都应立即处理并记录。

（5）环境控制

确保焊接环境（如温度、湿度）满足工艺要求，防止环境因素对焊接质量造成影响。

（6）操作人员培训和资质管理

确保操作人员经过充分培训并熟悉正确的工艺操作。定期对操作人员进行技能评估和再培训，确保他们始终能够按照预定的工艺要求进行操作。

（7）记录与分析

对所有与焊接工艺实施相关的活动进行详细记录，包括但不限于设备运行数据、操作人员行为、产品质量检测结果等。定期对这些记录进行分析，以发现潜在的问题和改进点。

（8）预防性维护

根据设备和工艺的特点，制定并执行预防性维护计划，以减少突发的设备故障和工艺问题。

三、工艺评估与优化

根据监控数据和产品质量反馈，定期对现有工艺进行评估和优化，以提高生产效率和产品质量。

1. 焊接质量评估

焊接质量的评估是整个工艺的基础。质量评估应涵盖外观检查、无损检测以及焊缝的机械性能测试。外观检查可以初步判断焊缝的连续性和表面质量。无损检测，如超声波检测和射线检测，能够深入焊缝内部，探测可能存在的缺陷。机械性能测试则涉及对焊缝的拉伸、弯曲和冲击等试验，以确定其实际的承载能力。

2. 焊接缺陷分析

焊接缺陷的来源多种多样，可能是由焊接参数不当、材料选择不匹配或操作不当等因素导致。常见的焊接缺陷包括气孔、夹渣、未熔合和裂纹等。针对这些缺陷，需要深入研究其形成机理，通过实验和模拟分析，找出缺陷产生的根本原因。图 2-10 所示为常见焊接缺陷。

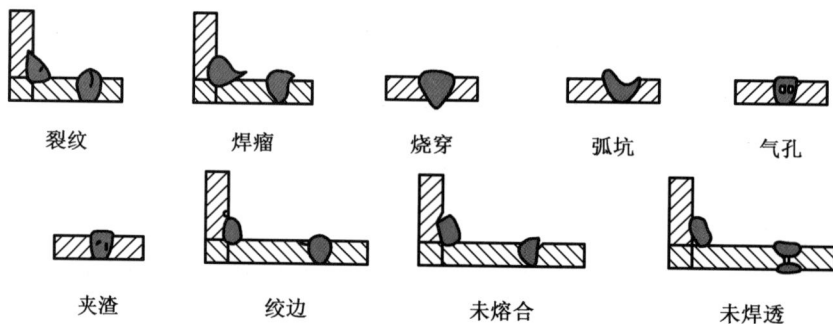

| 裂纹 | 焊瘤 | 烧穿 | 弧坑 | 气孔 |

| 夹渣 | 绞边 | 未熔合 | 未焊透 |

图 2-10 常见焊接缺陷

3. 焊接材料选择与优化

不同的材料对焊接工艺的要求各不相同。优化焊接材料的选择，首先要确保材料具有良好的可焊性,同时还要考虑其机械性能、耐腐蚀性等要求。此外,还应开展材料的匹配性研究,以找到最佳的焊接材料组合。

4.焊接工艺参数优化

焊接工艺参数的优化是提高焊接质量和效率的关键。通过实验和模拟,可以确定最佳的焊接电流、电压和焊接速度等参数组合。此外,对于特殊的焊接需求,还可以考虑采用先进的焊接方法和技术,如激光焊接、摩擦焊接等。

5.焊接设备评估与改进

焊接设备的性能直接影响到焊接工艺的实施效果。对现有设备进行评估,识别其优缺点是设备改进的前提。在此基础上,可以考虑引入更先进的设备或对现有设备进行改造升级,提高设备的稳定性和可靠性,进一步满足工艺要求。同时,加强设备的维护和保养也是确保设备性能的重要措施。

为了提升焊接工艺水平,需要综合考虑上述各个方面。通过持续改进和优化,不仅能够提高产品的质量和可靠性,还能降低生产成本,增强企业的市场竞争力。

四、工艺纪律控制

工艺纪律是生产过程中,有关人员应遵守的公共秩序。制定工艺纪律是为了保证工艺规程、工艺守则以及工艺文件在生产实践过程中得到贯彻和执行,是各项目车间的设备工具、材料准备、加工操作、计划调度、技术检查的依据,是为了确保产品质量,实现优质、高效、低耗产品的重要保证。因此,必须严格执行工艺纪律,不断采用先进工艺技术,提高工艺技术水平,以求获得最后的经济效果。

加强工艺管理是企业管理的重要组成部分,因此必须切实加强工艺管理的组织结构,建立健全工艺管理制度,明确责任人,公司应经常进行工艺纪律教育,严格执行工艺纪律,切实加强对产品的生产过程质量因素的控制。

技术部门必须对各项目车间的工艺文件、工艺装备图纸的正确性、完整性、可行性负责,以保证生产按正常的秩序进行,确保产品的进度和产品质量。

1.工艺纪律的内容

(1)工艺纪律技术文件的质量要求

①技术文件的种类

技术文件的质量是工艺纪律检查和管理的一项重要内容。根据机械工业的生产特点,与工艺纪律检查有关的技术文件种类包括:

a.产品图样和技术标准

为了使工艺纪律检查和管理的内容重点突出,设计部门应确定关键件和重要零件,编制关键件、重要零件明细表,并在产品图样上用规定的符号标出,作为工艺纪律检查和管理的重点。

b.工艺文件

工艺文件包括产品设计工艺性分析资料,工艺方案、工艺路线卡(或分车间零件明细表)、工艺过程卡、关键件加工或成品装配工艺流程图、工序质量表、工序操作卡(或作业指导书)、典型零件工序操作卡、工艺守则、自检表、工艺装备明细表、材料和工时定额表等。

这些文件有的供计划调度和管理工作之用,有的供操作人员操作和检验产品之用。

②对技术文件的要求。

企业生产使用的技术文件(包括图样、技术标准和工艺文件)应达到正确、完整、统一。

(2)工艺纪律对设备和工艺装备的技术状况的要求

设备和工艺装备技术状况的好坏,直接影响产品质量,因而,它们也是严格贯彻工艺纪律的重要内容。工艺纪律对设备和工艺装备的要求如下:

①设备型号或工艺装备编号应符合工艺文件规定。

②所有生产设备和工艺装备均应保持精度和良好的技术状态,以满足生产技术要求。

③量具、检具与仪表应坚持周期检定,保证量值统一,精度合格。

④不合格的工、夹、模、量、辅、检具等,不得在生产中流通、使用。

⑤调整好的处于使用状态下的工、夹、模、量、辅、检具等,不得任意拆卸、移动。

(3)工艺纪律对材料、在制品的要求

①材料规格符合工艺要求。

在制品包括已投产的材料、毛坯、半成品和成品件。它们是贯彻工艺,形成产品过程中的加工对象。

②防止在装卸、搬运和转序中损坏在制品。

对装卸、搬运和转序的要求:

a.关键件、大型零件,应规定运送路线、搬运工具及装卸方法。

b.所有材料、毛坯、半成品等,应逐步制定在线储备定额,作为在制品限额,并规定存放区;特殊形状的零件还应按文件规定的码放方法放置。

③当材料或在制品不合格时,如需代用或回用,必须按有关制度办理代用或回用手续。

(4)工艺纪律对环境文明卫生的要求

①设备清洁无油污、锈蚀、设备附件齐全,擦洗干净,并按规定的放置区存放,设备无渗漏油,或有防止渗漏油污染环境的措施。

②工艺装备清洁,无切屑,无锈蚀,按定置区规定点存放。

③通道有标志并畅通,生产现场无油污、积水和工业垃圾等。

④工位器具齐全、适用,在制品不落地、不相撞。

⑤生产现场在制品量不超过限额、码放整齐,按规定的放置区存放。

⑥工具箱内外整洁。

(5)工艺纪律对操作者的要求

操作者处于贯彻工艺、遵守工艺纪律、保证稳定生产优质产品的支配地位(起支配作用的工艺因素)。操作者的工艺是一项尤为重要的内容。

工艺纪律对操作者的要求如下:

①操作者的技术等级应符合工艺文件的规定,实际技术水平与评定的技术等级相吻合,确已达到本工序对操作者的技术要求。

②单件小批和成批轮番生产,关键和重要的工艺实行定人、定机、定工种;大批大量生产,全部工序实行定人、定机、定工种。精、大、稀设备的操作者,应经考试合格并获得设备操作证。

③特殊工序的操作者,例如锅炉、压力容器的焊工和无损检测人员等,应经过专门培

训,并经考试合格,具有工艺操作证,在证书有效期内才可以从事证书规定的生产操作。

④操作者应熟记工艺文件内容,掌握该工序所加工工件的工艺要求、装夹方法、加工工步、操作要点、检测方法等,以及工序控制的有关要求,坚持"三按"(按图样、按技术标准和按工艺文件)操作。

⑤生产前认真做好准备工作;生产中集中精力,不得擅离工作岗位,保持图样、工艺文件整洁,零部件和量检具应在规定的放置点存放,防止磕碰、划伤与锈蚀;保持工作场所整洁。

⑥认真执行"三自一控"或其他形式的自检活动,对技术文件中规定的有关时间、温度、压力、真空度、清洁度、电流、电压、材料配方等工艺参数,严格贯彻执行,并做好记录,实行质量跟踪。

(6)工艺纪律对检验的要求

①正确性:检验人员应努力做到不错检、漏检,以减少不合格的在制品或成品件流入下道工序。

②及时性:实行首检、巡检和终检,及时发现生产中可能发生的违纪问题,保证工艺纪律的贯彻执行。加工完成后在制品应及时检验、及时转序,避免在制品积压,影响定置管理。

③不损坏在制品:防止在检验过程中损坏在制品,造成废品或影响下道工序的加工。

④质量跟踪:要建立质量跟踪卡,做好记录,发现质量问题,能及时找到并剔除不合格品。

⑤不合格品管理:对不合格品应及时标示并抽出,不准将不合格品混入合格品内。

(7)均衡生产

均衡生产也是工艺纪律的一项重要内容。企业生产部门应按工艺流程合理安排作业计划,加强生产准备和调度工作,实现均衡生产。

2.工艺违纪因素的控制

企业违反工艺纪律(以下简称违纪)的因素虽然很多,但归纳起来不外乎两类:一类是由于管理问题而造成违纪,称管理者可控违纪因素;另一类是由于操作问题而造成违纪,称操作者可控违纪因素。

(1)管理者可控违纪因素的控制

①管理者可控违纪是指因管理问题造成违纪的现象。因管理问题造成违纪的现象主要有以下几个方面,见表2-1。

表 2-1　因管理问题造成违纪的现象

违纪方面	原因或表现
工艺准备 不充分	在进行生产技术准备时,由于准备周期短,工艺准备做得不够充分,造成图样、工艺文件种类不齐全,内容不完整,图纸有错误、不清晰等
图样和工艺文件 的日常管理不善	1.打印或复印分发的文件较乱,时多时少,修改时常有遗漏。 2.操作者借用技术文件的方法不当,借错文件。 3.技术文件未及时一次性修改完,文件不统一

表 2-1（续）

违纪方面	原因或表现
设备方面	1. 设备技术状况差,不能满足工艺要求。 2. 关键工序设有建立点检卡,影响设备性能和加工精度。 3. 设备及其附件脏、乱、差
工艺装备方面	1. 未按工艺文件规定使用工艺装备。 2. 关键工序的工艺装备,影响工序加工质量的某些精度超过允许界限值。 3. 模具或其他较复杂的工艺装备,未进行首件验证并挂"首件"标志,下班前未检查"末件"标志
计量器具方面	1. 在用计量器具超过检定周期。 2. 计量器具不合格。 3. 在用计量器具的"检定卡片"丢失
材料或半成品方面	1. 材质或规格不符合工艺文件规定。 2. 毛坯、半成品的内在质量不合格,或加工余量过大或过小。 3. 半成品工艺基准碰坏
文明生产方面	1. 生产现场油水、垃圾遍地,切屑堆积,通道不通,脏乱差。 2. 缺少工位器具和转序搬运工具,零件落地相撞,码放不整齐,有磕碰、划伤、锈蚀
均衡生产方面	1. 均衡生产差,月末突击,为了赶任务违纪。 2. 装配突击,粗制滥造,零件、工具乱堆放,影响文明生产和定置管理

②造成违纪的根本原因

a. 企业某些管理职能划分不合理、不落实或漏项,造成工作责任不明确,有些违纪因素未落实责任部门,无人负责。

b. 对某些违纪因素如何进行有效管理,企业没有建立具体而切实可行的管理制度。

c. 对违纪因素未做好记录,违纪信息未能及时反馈给有关责任部门,因而未采取控制措施以防止违纪现象再发生。

d. 违纪责任未划分清楚,未实行严格奖惩或奖惩不明。

③对管理者违纪因素的控制方法

a. 管理者应充分认识到纪律考核不仅仅是操作者和生产车间的事。

b. 合理分配企业管理职能,建立责任制,使防止经常出现违纪现象的措施落实到有关部门或人员的工作责任制中去,消除违纪现象无人负责的局面。

c. 建立健全有关管理制度。制度内容应详细具体,具有指令性、系统性、可实施性、可检查性。把违纪因素的控制,从"人治"走向"法治"。

d. 建立工艺系统纪律检查考核办法,对违纪因素明确责任,做好记录,及时反馈,进行考核,奖惩分明,严格治理,重奖重罚。

(2)操作者可控违纪因素的控制

操作者可控违纪是指操作问题所造成的违纪,主要是操作者的责任。

违纪现象、违纪原因及控制方法见表 2-2。

表 2-2　违纪现象、违纪原因及控制方法

违纪现象	违纪原因	控制方法
无意差错造成违纪	1.工作地光线暗,照明不足,看不清楚,造成误操作或误测量而违纪。 2.工作时间长,操作者疲劳而引起误操作违纪。 3.环境噪声大,工作地脏乱,造成操作者情绪不佳,不可能持续集中自己的注意力,而误操作违纪	1.为操作者创造一个良好的工作环境,创造一个噪声小、工作场地文明卫生、照明充足的环境,尽可能地减少操作者疲劳和工作情绪不稳定,使他们能持续集中注意力。 2.提高所用设备的自动化程度,对一些岗位应安装预防无意差错系统,例如采用连锁、报警装置,以减少人的无意误操作
技术性差错造成违纪	1.设备陈旧,技术状况不佳,造成违纪。 2.检测手段落后,不可能得到准确的测量结果,造成误测违纪。 3.操作者的技能不熟练,水平低,误操作违纪	1.对陈旧设备进行更新,或安装数字显示和简易数控设备。 2.更新检测手段,尽可能采用综合性检查仪,或在线自动检测仪表,减少测量手段的误差。 3.培训操作人员,每项新产品或重大老产品投产之前,应对关键和重要工序操作者进行培训;组织工人苦练基本功,举行表演赛,提高操作者的技术水平。 4.制定内容详细、具体、能指导工人操作的工艺文件,并组织学习,通过工艺文件指导,提高操作者的技术水平
有意差错造成违纪	1.操作者责任心不强,干活马虎大意,误操作违纪。 2.操作者对管理干部工作作风等有意见,对奖金、工资等现状不满,有逆反心理,而故意违纪。 3.追求产量,多得报酬,违纪操作。 4.对某些工艺因素责任不清,标准不明确,操作者未去澄清而造成违纪。 5.领导和归口管理部门对工艺纪律未检查考核,违纪不违纪一个样,而造成操作者违纪	1.做好思想工作,领导以身作则,处理事情公正,领导与操作者直接对话,消除不满情绪,提高操作者责任心。 2.建立工艺纪律检查考核办法,开展工艺纪律检查;日常检查和抽查相结合,做好记录,对遵章守纪者奖,对违纪者罚,奖罚分明,重奖重罚,严格治理。 3.开展工艺纪律竞赛,对模范遵守工艺纪律的操作者,给予表彰奖励,提高操作者遵守工艺纪律的自觉性。 4.宣传违纪对质量及企业信誉可能造成的后果,提高操作者的责任心

【练习与思考】

一、填空题

1.母材与焊接材料的匹配是保证焊接质量的_____因素。

2.焊接参数的确定是保证焊接质量的_____。

3._____是生产过程中,有关人员应遵守的公共秩序。

4.无损检测,如_____和射线检测,能够深入焊缝内部,探测可能存在的缺陷。

二、选择题

1. 焊接方法的选择应基于母材的（　　　）以及产品质量要求等因素。（多选）

A. 种类　　　　　B. 厚度　　　　　C. 接头形式　　　　　D. 电流

2. 焊接工艺参数的优化是提高焊接质量和效率的关键。通过实验和模拟,可以确定最佳的（　　　）等参数组合。（多选）

A. 焊接电流　　　B. 电压　　　　　C. 焊接速度　　　　　D. 焊枪

3. 企业生产使用的技术文件（包括图样、技术标准和工艺文件）应达到（　　　）。（多选）

A. 正确　　　　　B. 完整　　　　　C. 统一　　　　　D. 美观

4. 操作者应熟记工艺文件内容,掌握该工序所加工工件的工艺要求、装夹方法、加工步骤、操作要点、检测方法等,以及工序控制的有关要求,坚持（　　　）操作。（单选）

A. "一按"　　　　B. "二按"　　　　C. "三按"　　　　D. "四按"

三、判断题

1. 在选择焊接方法时,应综合考虑焊接效率、焊接质量、经济性及操作可行性。（　　　）

2. 焊接设备的选择应根据焊接方法、母材种类等因素考虑。（　　　）

3. 焊接缺陷的来源多种多样,可能是由于焊接参数不当、材料选择不匹配或操作不当等因素导致。（　　　）

4. 生产过程中,必须严格执行工艺纪律,不断采用先进工艺技术,提高工艺技术水平,以求获得最后的经济效果。（　　　）

知识点3　焊接材料和设备管理

一、焊接材料管理

焊接材料管理是确保焊接过程顺利进行、提高焊接质量、降低生产成本的重要环节。焊接材料管理主要涉及材料入库、材料存储、材料出库、材料使用、质量检测、废料处理、库存盘点、人员培训、安全防护以及记录管理等方面。

1. 材料入库

在焊接材料入库时,应进行严格的质量检验,确保材料的规格、型号、质量符合要求,存放焊材库内可根据需要划分为"待检""合格""不合格"等区域,各区域要有明显的标记。同时,应记录材料的入库日期、数量、批次等信息,验收合格的焊材应进行入库登记,以便后续的库存管理和质量追溯。表2-3为材料入库单。

表 2-3 材料入库单

材料类别:　　　　记账日期:　　　年　　月　　日　　　　凭证编号:　　　　　　附件　　张

序号	摘要	材料名称	规格型号	单位	数量	单价	金额
1							
2							
3							
4							
5							
6							
7							
8							
9							
10							
11							
12							

合计(金额大写):

审核:　　　　保管员:　　　　填表:　　　五联单(存银/工队/工区/项目部物资/项目部财务)

2. 材料存储

焊接材料的存储应遵循干燥、通风、防潮、防锈的原则,避免材料受潮、锈蚀或损坏。对于易燃易爆材料,应按照相关规定进行存储,并采取相应的安全措施。图 2-11 所示为焊条存储要求。

AWS焊条分类代号	开包前的储存条件温度 相对湿度	开包后的恒温条件	影响焊接质量的再次烘干温度及时间	
			再次烘干第1阶段	再次烘干第2阶段
EXX10,EXX11,EXX12,EXX13 (注:纤维素焊条)	保持室内温度4~49 ℃ 相对湿度50%~70%	24~52 ℃	不需要 禁止储存温度大于54 ℃,储存湿度低于50%	不需要
EXX20,EXX30 铁粉焊条 EXX14,EXX24,EXX27	21~43 ℃ 最大相对湿度50%	66~93 ℃	121~149 ℃,1 h	163~191 ℃,1 h
			总共2 h	
铁粉-低氢焊条 EXX18,EXX28 低氢焊条 EXX15,EXX16	21~43 ℃ 最大相对湿度50%	121~177 ℃	260~316 ℃,1 h	343~371 ℃,1 h
			总共1+1.5 h	
低氢-高强钢焊条 EXXX15,EXXX16,EXXX18	21~43 ℃ 最大相对湿度50%	121~177 ℃	260~316 ℃,1 h	343~371 ℃,1 h
			总共1+1.5 h	

图 2-11 焊条存储要求

3. 材料出库

在焊接材料出库时,应按照生产计划和领料单进行发放,并核对材料的规格、型号、数量等信息,确保发出的材料符合生产要求。同时,应记录材料的出库日期、数量、批次等信息,以便后续的库存管理和质量追溯。表 2-4 为材料出库单。

表 2-4 材料出库单

出库单号：　　　　　　部门：　　　　　　出库日期：
出库类别：　　　　　　仓库：　　　　　　备注：
可用量　　　　安全库存量　　　　最高库存量　　　　最低库存量

序号	材料编码	材料名称	规格型号	计量单位	数量	单价	金额	备注
1	kI001	材料1	规格1	个	12	120.00	1 440.00	
2	kI002	材料2	规格2	个	12	150.00	1 800.00	
3	kI003	材料3	规格3	个	10	200.00	2 000.00	
4	kI004	材料4	规格4	个	8	300.00	2 400.00	
5	kI005	材料5	规格5	个	6	450.00	2 700.00	
6	kI006	材料6	规格6	个	8	120.00	960.00	
合计金额（大写）		壹万壹仟叁佰元整					11 300.00	

制单：　　　　　　记账人：　　　　　　审批人

4. 材料使用

在使用焊接材料时，应按照焊接工艺规程和操作规程进行，确保焊接工作的安全和质量。使用前应对焊接材料进行检查，确保其无损坏、无污染、无过期等问题。同时，应注意焊接材料的消耗情况，及时补充库存，避免影响生产进度。在焊接过程中，避免浪费和不良品的发生。同时，应做好材料的回收和再利用工作，降低生产成本。

焊接工作结束后，剩余焊接材料应回收。回收的焊接材料应标记清楚、整洁、无污染。焊剂（特别是含铬的烧结焊剂）一般不宜重复使用。表 2-5 为焊材发放回收记录。

5. 质量检测

焊接材料的质量检测是保证焊接质量的重要环节。在材料入库、存储、出库和使用过程中，应进行相应的质量检测，确保材料的质量符合要求。同时，应定期对焊接设备进行检查和维护，确保设备的正常运行和使用效果。图 2-12 所示为焊缝尺寸检测。

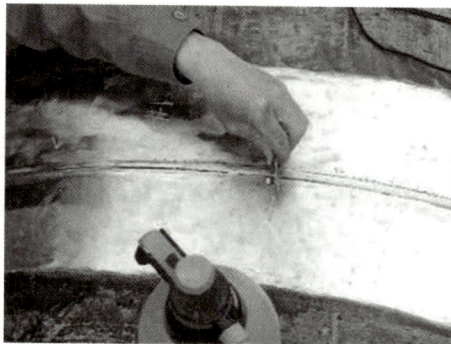

图 2-12 焊缝尺寸检测

表 2-5　焊材发放回收记录

Q/HSZ05.07 YJ-06

工程名称									
产品名称									
日期	施焊部位（名称、编号）	牌号	规格	批号	工程编号 产品编号 入库编号	发放		烘烤发放通知单编号	实际使用量
						数量	焊工签收	回收	
								数量	焊工签收

质量检验员：　　　　　　　　　　　　　　　　　　　　二级保管员：

6. 废料处理

焊接废料应按照相关规定进行处理,避免对环境和人体造成危害。对于可回收的废料,应进行回收再利用,降低生产成本。对于不可回收的废料,应按照相关规定进行处置。

7. 库存盘点

定期进行库存盘点是确保焊接材料管理规范化的重要手段。通过库存盘点,可以及时发现库存问题,避免材料积压和浪费。同时,应建立完善的库存管理制度,规范盘点流程和账目管理。表2-6为库存盘点表。

焊接材料管理涉及多个方面,需要建立完善的制度和流程,确保焊接材料的质量和使用安全。同时,需要加强人员培训和管理,提高员工的素质和技能水平,确保焊接工作的顺利进行。

二、设备管理体系

1. 设备选购与验收

设备选购是企业设备管理的起始环节,涉及对企业生产、技术、经济等方面的需求分析,以及对供应商的评价选择。在选购过程中,应充分考虑设备的性能、可靠性、经济性及维修性等因素,以选购到最适合企业需求的设备。

设备到货后,应进行严格的验收。验收过程中,应对设备的外观、规格、型号、性能等方面进行检查,确保设备符合采购合同和技术要求。同时,还应进行设备的安装调试和试运行,确保设备能够正常稳定地运行。

2. 设备使用与保养

设备使用是设备管理体系中的重要环节,涉及设备操作人员的培训、设备操作规程的制定和执行等方面。应保证设备操作人员具备相应的技能和知识,能够正确、安全地使用设备。同时,还应制定合理的设备操作规程,规范设备的操作和使用。

设备的保养旨在保证设备的正常运行和使用寿命。应定期对设备进行保养,包括日常保养、一级保养和二级保养等。保养过程中,应注重设备的清洁、润滑、紧固和检查等方面,确保设备的性能和精度。

3. 设备维护与修理

设备的维护和修理是设备管理体系中的重要组成部分。应定期对设备进行检查和维护,及时发现并处理设备存在的问题和故障。对于需要修理的设备,应进行合理的评估和决策,采取相应的修理措施,恢复设备的性能和精度。

在维护和修理过程中,应注重对零配件的管理和控制,防止过度维修和更换。同时,还应建立设备维修档案,记录设备的维修历史和状况,以便对设备的运行和维护进行跟踪和管理。

4. 设备更新与改造

随着技术的不断进步和企业发展的需要,设备的更新和改造是不可避免的。设备的更新是指用新设备替换旧设备的过程,而设备的改造则是指对现有设备进行技术升级或结构调整。

表 2-6　库存盘点表

库别：

盘点时间：

盘点限时：

品名	规格型号	单位	账面数量	实盘数量	盘盈亏	备注	品名	规格型号	单位	账面数量	实盘数量

财会盘点人：　　　　　　　盘点人：　　　　　　　制表：

注：本表一式四份，一份仓库留存，其余分报财务总监，财务会计部经理，材料成本会计。

在进行设备的更新和改造时,应充分考虑企业的实际需求和技术条件,制定合理的更新和改造计划。同时,还应评估新设备和改造后设备的性能、经济效益和技术参数,确保新设备和改造后的设备能够适应企业的生产需求和发展规划。

5.设备报废与处置

对于无法修复或无使用价值的设备,应进行报废处理。在报废过程中,应注重对报废设备的处理和管理,防止对环境造成不良影响。同时,还应建立报废设备的处理程序和管理制度,规范设备的报废和处置工作。

6.设备安全管理

设备安全管理是设备管理体系中的重要组成部分,涉及设备安全运行和操作人员的安全等方面。应建立完善的设备安全管理制度和操作规程,确保设备的安全运行和操作人员的安全操作。同时,还应加强设备安全宣传和教育,提高操作人员的安全意识和安全操作技能。

7.设备信息化管理

随着信息技术的发展和应用,设备信息化管理已成为企业设备管理的重要手段。通过信息化手段,可以实现对设备的远程监控、数据采集、故障诊断等功能,提高设备的运行效率和企业的生产效益。应建立完善的设备信息化管理系统,实现对设备的全面管理和监控。

8.设备效率管理

设备效率管理是提高企业生产效益的重要手段。应定期对设备的运行效率进行分析和评估,找出影响设备效率的因素并采取相应的措施进行改进。同时,还应加强设备的维护和保养,确保设备的正常运行和使用寿命。

9.设备经济性管理

设备经济性管理是降低企业生产成本的重要手段之一。应通过对设备的全生命周期成本进行分析和管理,降低设备的运行和维护成本。同时,还应注重设备的节能减排和环保等方面的工作,提高企业的经济效益和社会效益。

10.设备人员培训与管理

设备人员培训与管理是提高企业设备管理水平的重要手段之一。应建立完善的培训和管理制度,定期对设备管理人员和操作人员进行培训和教育。通过培训和管理制度的实施,可以提高相关人员的技能和素质,确保设备的正常运行和使用效果。

三、焊接设备使用与管理

1.焊接设备的选择原则

焊接设备的选用是制定焊接工艺的一项重要内容,涉及的因素很多,主要应注意以下几个方面的因素。

(1)被焊结构的技术要求

被焊结构的技术要求包括被焊结构的材料特性、结构特点、尺寸、精度要求和结构的使用条件等。

如果焊接结构材料为普通低碳钢,选用弧焊变压器即可;如果焊接结构要求较高,并且要求低氢型焊条焊接,则要选用直流弧焊机。

如果是厚大件焊接,则可使用电渣焊机;如果是棒材对接,可选用冷压焊机和电阻对焊机。对活性金属或合金、耐热合金和耐腐蚀合金,根据具体情况,可选用惰性气体保护焊机、等离子弧焊机、电子束焊机等。

对于大批量结构形式和尺寸固定的焊接结构,可以选用专用焊机。

(2)实际使用情况

不同的焊接设备,可以焊接同一焊件,这就要根据实际使用情况,选择较为合适的焊接设备。

如在野外焊接时缺乏电源和气源,则只能选择柴(汽)油直流弧焊发电机等弧焊发电机作为焊接设备。

对焊后不允许再加工或热处理的精密焊件,应选用能量集中、不需添加填充金属材料、热影响区较少、精密度较高的电子束焊机。

(3)经济效益

焊接时,焊接设备的能源消耗是相当可观的。选用焊接设备时,应考虑在满足工艺要求的前提下,尽可能选用耗电少、功率因素高的焊接设备。

2.焊接设备的使用

焊接是现代工业生产中一项重要的连接技术,它广泛应用于航空航天、汽车制造、建筑、能源等领域。为了确保焊接质量和高效完成工作,使用适当的设备和掌握一些技巧是必不可少的。以下介绍焊接中常用的设备以及使用技巧。

(1)常用设备

①焊接机器人

随着自动化技术的发展,焊接机器人越来越广泛地应用于工业生产中的焊接工艺。它具有高效、精确的特点,可以完成大批量的焊接任务。焊接机器人可以根据预先设定的程序自动进行焊接操作,减少了人工操作的误差,并提高了焊接质量和生产效率。图2-13所示为焊接机器人,图2-14所示为厚板焊接机器人。

图2-13　焊接机器人

图 2-14　厚板焊接机器人

②焊接电源

焊接电源是焊接工艺中必不可少的设备之一。常见的焊接电源有直流焊接电源和交流焊接电源。直流焊接电源适用于焊接不锈钢、铝合金等材料,具有稳定的焊接电流和较好的控制性能。而交流焊接电源适用于焊接碳钢等材料,具有较高的焊接速度和较低的能耗。

③焊接钳工具

图 2-15 所示为电焊钳。焊接钳是焊接工作中常用的辅助工具,用于夹持焊接材料,保持稳定的焊接位置。焊接钳根据焊接需求的不同,有多种不同类型的设计,如长手柄钳、圆嘴钳等。选择合适的焊接钳工具可以提高焊接的精度和效率。

④焊接面罩

图 2-16 所示为焊接面罩。焊接过程中产生的强光和紫外线会对人眼造成伤害,因此使用焊接面罩是必要的。焊接面罩能够有效地阻挡强光和紫外线,保护工人的眼睛免受损伤。在选择焊接面罩时,要注重面罩的透明度和舒适度,以确保焊接过程的安全和舒适。

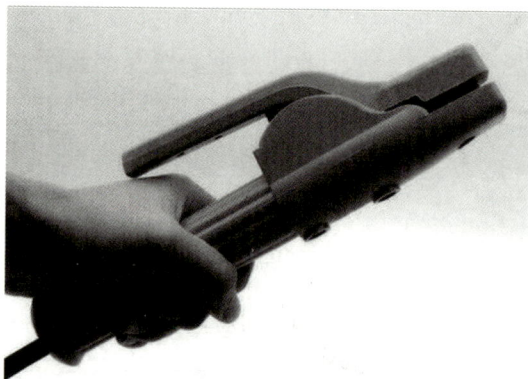

图 2-15　电焊钳

图 2-16　焊接面罩

(2)使用技巧

①清洁焊接材料

在进行焊接工作之前,应确保焊接材料的表面干净无油污。因为焊接时,杂质和油污可能会阻碍焊接区域的热传导,导致焊接质量下降。因此,使用溶剂或其他清洁剂对焊接材料进行清洗是非常必要的。

②控制电流和电压

焊接电流和电压的选择对焊接接头的质量有很大的影响。通常情况下,焊接材料越薄,所需的电流和电压越低。在进行焊接操作时,应根据焊接材料的厚度和类型来调整电流和电压,以确保焊接接头的质量和稳定性。

③注意焊接速度

焊接速度对焊接接头的质量同样至关重要。焊接速度过快可能导致焊接接头不牢固,焊缝出现明显的瑕疵。相反,焊接速度过慢可能会产生过多的热量,导致焊接区域过热,影响焊接质量。因此,应根据焊接材料的特性和要求,控制适当的焊接速度。

④熟练掌握焊接姿势

焊接姿势的正确选择和熟练掌握对焊接工艺至关重要。焊接姿势包括手部和身体的位置、焊枪的握持方式等。正确的焊接姿势可以提高焊接的稳定性和控制性,减少焊接时的疲劳感,并提高工作效率。图 2-17 所示为 CO_2 气体保护焊常用操作姿势。

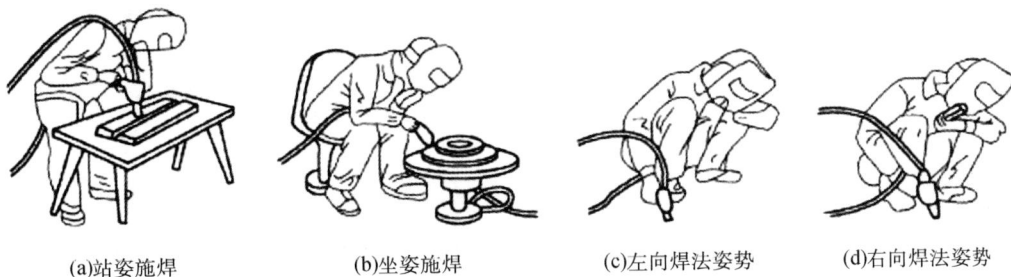

(a)站姿施焊　　　(b)坐姿施焊　　　(c)左向焊法姿势　　　(d)右向焊法姿势

图 2-17　CO_2 气体保护焊常用操作姿势

焊接是一项复杂而重要的技术,正确选择和使用焊接设备以及掌握一些焊接技巧对焊接质量和工作效率具有重要的影响。通过熟练掌握焊接机器人、焊接电源、焊接钳工具和焊接面罩等常用设备,以及正确选择焊接姿势,控制电流、电压和焊接速度等技巧,可以提高焊接工作的质量和效率,确保焊接结构的牢固性和可靠性。

3.焊接设备管理

焊接设备是制作金属结构件的重要资源,良好的焊接设备运行状态,是保证焊接质量、提高工作效率、降低生产成本的主要途径之一。因此,焊接设备的管理极为重要。

(1)设备管理的原则

我国设备管理要"坚持设计、制造与使用相结合,维护与计划检修相结合,修理、改造与更新相结合,技术管理与经济管理相结合的原则"。图 2-18 所示为设备管理示意图,图 2-19 所示为设备管理流程。

①为了认真贯彻"全员管理设备"的指导思想和推行标准化作业,提高生产技术装备水平和经济效益,保证安全生产和设备正常运行。设备管理不仅是检修维护部门的工作,更是生产使用部门的工作。

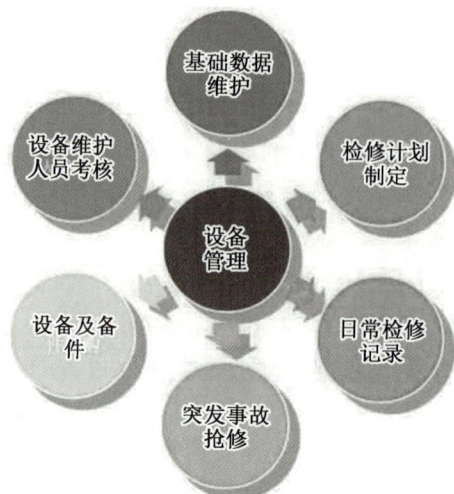

图 2-18　设备管理示意图

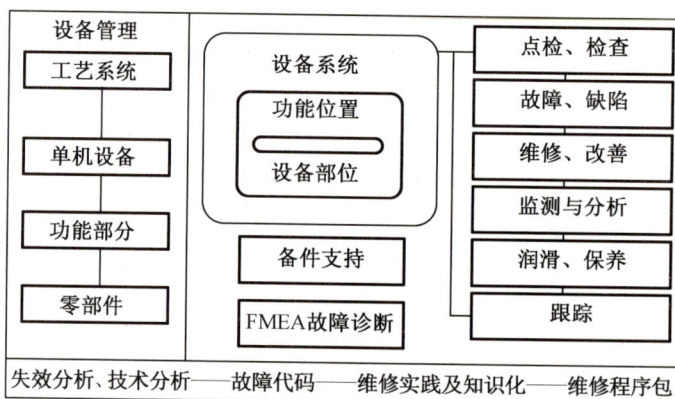

图 2-19　设备管理流程

②凡新入厂的职工或者调动工作岗位的职工均需认真学习规程,进行培训,并经过考核后方可上岗工作。生产岗位必须做到操作好、使用好、维护好设备。

③设备工作要坚持技术进步,促进生产发展和预防为主的方针;坚持设计、制造与使用相结合;维护、检修相结合;修理、改造与更新相结合;专业管理与群众管理相结合;技术管理与经济管理相结合的原则,结合实际逐步推行现代化管理方法。图 2-20 描述的是设备的一生。

④设备操作、使用规程是根据设备特性和结构特点,对使用设备做出的规定,是操作人员正确掌握操作技术的技术性规范。岗位工人应明确设备使用的工作范围和工艺要求;使用者的岗位责任;使用者应掌握的技术标准;使用者操作、检查和维护必备工器具的方法;使用者必须遵守的各种制度和规程;使用者应遵守的纪律和安全注意事项;操作设备前对现场清理和设备状态检查的内容和要求;设备运行的主要工艺参数;常见故障的原因及排除方法;开车的操作程序和注意事项;润滑方式和要求;点检部位及时限、标准要求;停车的程序和注意事项;安全防护装置的使用和调整要求;交接班的具体工作和记录内容;达到岗位标准要求。图 2-21 所示为设备管理流程图。

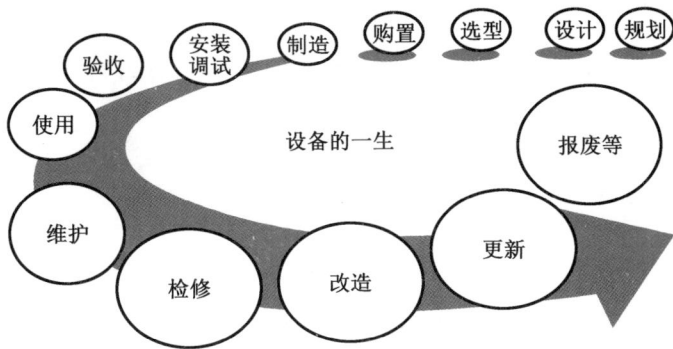

图 2-20　设备的一生

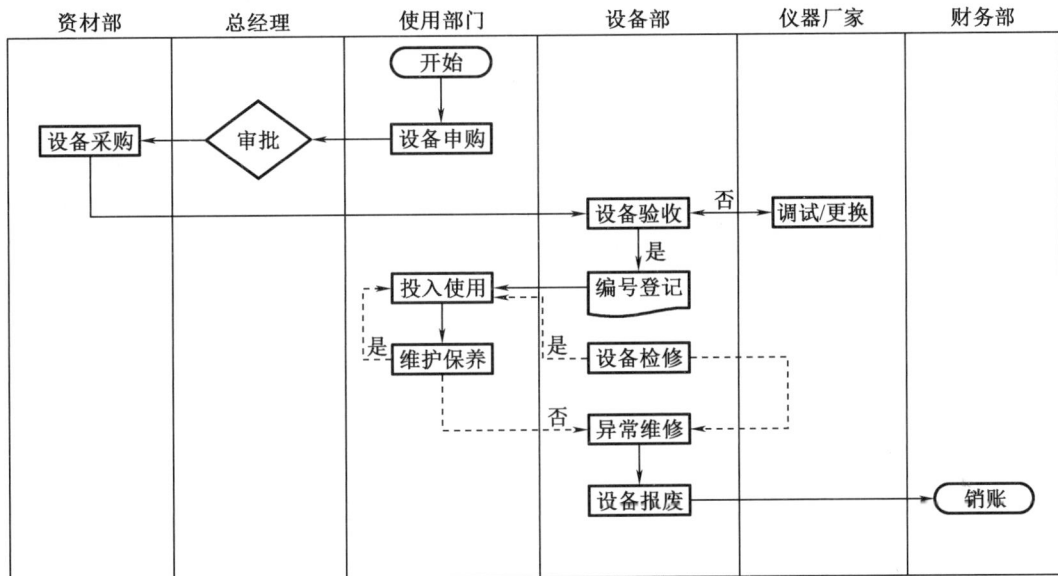

图 2-21　设备管理流程图

（2）设备管理的要点

①设备总要求：部件全、声音正、动力足、仪表灵、资料全。

②设备使用保养的"十字功课"：清洁、润滑、调整、紧固、防腐。

③操纵职员应具备的"四懂三会"：四懂即懂原理、懂结构、懂机能、懂用途；三会即会使用、会保养、会排除故障。

④设备使用的"四定"：定人、定机、定岗位、定机制。

⑤设备维护保养的四项要求：整洁、清洁、润滑、安全。

⑥设备管理的"三好"：管好、用好、修好设备。

⑦设备管理过程中的"两不见天、三不落地"：两不见天即油料加注不见天；清洗过的精密机件不见天。三不落地即指油料、机件、工具不落地。

⑧设备检验的"三检制"：自检、互检、专职检。

⑨流动设备使用的"三检制"：自检、互检、专职检。

⑩设备事故：设备因非正常损坏，造成精度、机能、出力降低或停产，以及表面未损伤而

内部结构损伤严重。

⑪设备事故处理的"三不放过":事故原因分析不清不放过;事故责任者及群众未受教育不放过;没有防范措施不放过。

⑫设备用油的"五定":定人、定点、按期、定制、定量。

⑬润滑油的"三过滤":放出油罐前进行第一次过滤;盛油桶、油壶进口要装第二道过滤装置;机器加注油口上要设第三道过滤装置。

⑭润滑油(脂)的"四密闭":密闭过滤、密闭输送、密闭加注、密闭存放。

⑮记录填写要求:及时、正确、齐全、清洁、工整。

(3)设备资料的管理

设备资料是设备一生最基本的记录文件,记录了一台设备从规划、设计、制造到使用、维护、改造、更新、报废的全过程。它包括设备说明书、图纸图册、技术标准、档案以及原始记录等。它的记录和使用,对帮助设备管理人员更详细地综合评价管理费用,更准确地制定维护和维修工艺标准,以及选购备品备件都有很大的现实意义。

作为设备管理人员,一方面要通过它获取设备的管理资料,另一方面,要对它进行不断完善和完整。完整是指对新的设备运行状况和维护维修情况及时做详细记录,以备后查。而完善有两层含义:第一,是指设备在一生的运行过程中,随着磨损的加剧,原有性能和精度会发生变化,即开始老化。第二,老化之后的设备,原有部位故障发生性质和发生率会发生变化,维修维护的频率应该随之改变。

①设备技术档案

设备技术档案内容包括:

a. 目录。

b. 安装使用说明书。设备制造合格证及压力容器质量证明书、设备调试记录等。

c. 设备履历卡片。设备编号、名称、主要规格、安装地点、投产日期、附属设备的名称与规格,操作运行条件、设备变动记录等。

d. 设备结构及易损件图纸。

e. 设备运行时间累计。

f. 设备检修、试验与鉴定记录。

g. 历年设备缺陷及设备事故记录。

h. 设备评级记录。

i. 设备润滑记录。

技术档案必须齐全、整洁、规格化,及时整理填写。

②设备技术台账

设备技术台账是设备的综合技术资料,主要包括以下技术内容:

a. 设备主要技术状况汇总表(设备完好率、泄漏率和主要设备缺陷)。

b. 主要设备运转状况汇总表(设备运转时间、停机时间(包括计划检修停机、事故停机、备用停机、停机待料))。

c. 设备检修状况汇总表(大修项目、实际完成项目、计划外项目、计划检修工时、维修费用支出)。

d. 设备事故汇总表(事故次数、停机累计时间、停机损失等)。

e. 备品配件、材料消耗汇总表。

f. 主要设备技术革新成果汇总表。

设备技术台账应设专人负责其汇总工作,并负责按国家有关规定填报设备动力工作季报。

(4)设备定置定位管理

①设备定置定位管理的定义

设备定置定位管理(device provisioning,positioning and management)是指通过对设备进行配置、定位和监管,实现对设备的全生命周期的管理。设备管理包括设备的注册、授权、调度、升级和维护等一系列操作,旨在确保设备安全、高效地运行,提高系统可靠性和可用性,以满足各种应用场景的需求。

②设备定置定位管理机制

a. 设备定置

设备定置是指在设备出厂时,通过编写一些初步配置信息或在设备注册后变更一些必要配置信息,以便适应具体应用需求,从而快速地完成设备上线操作。设备定置一般采用自动化、批量化、有策略的方式进行。

b. 设备定位

设备定位是指通过采集物理位置信息或其他相关数据,对设备的空间位置进行精确描述,以方便管理和监测。设备定位一般采用 GPS 技术、基站定位技术、Wi-Fi 定位技术等方式实现。

(3)设备检测管理

设备检测管理是指对设备进行统一的、中心化的管理和监管,包括设备注册、设备状态监视、设备升级、设备故障诊断与处理等。

设备管理需要建立设备统一管理平台,并对设备状态和性能进行监控和分析,及时发现问题并解决。

四、焊接设备维护与保养

1. 日常检查

日常检查是保持焊接设备良好运行状态的关键,主要包括以下几个方面。

(1)外观检查:检查焊接设备外观是否完好,有无严重磨损、变形或裂纹。图 2-22 所示为焊接设备检查。

(2)紧固件检查:检查并紧固所有紧固件,确保无松动或脱落现象。

(3)电源和电缆检查:检查电源和电缆是否完好,无破损或老化现象。

(4)气路检查:检查气路系统是否漏气,气路元件是否正常工作。

(5)冷却系统检查:检查冷却水路是否畅通,有无堵塞或泄漏现象。

(6)操作功能检查:检查焊接设备操作功能是否正常,有无异常声音或振动。

图 2-22 焊接设备检查

焊接设备台账及状态调查见表 2-7。

表 2-7 焊接设备台账及状态调查表

主管部门： 　　　　　　　　　 使用劳务队或班组： 　　　　　　　　 编号：

序号	设备名称	设备编号	设备型号	制造厂家	投入使用年月	资产原值	设备现状

现场检查人/日期： 　　　　　　　　 使用劳务队或班组代表/日期：

主管部门代表/日期： 　　　　　　　 设备部代表/日期：

2. 定期保养

定期保养是对焊接设备进行全面检查和维护的重要环节,应根据设备的使用情况和制造商的推荐进行。保养项目可能包括:

(1)润滑:按照制造商的推荐对需要润滑的部位进行润滑。

(2)清洁:清洁设备表面和内部,去除灰尘和杂物。

(3)检查和更换易损件:如电极、喷嘴等,确保其性能良好。

(4)检查和调整设备参数:如电流、电压、气压等,确保其在正常范围内。

(5)检查电气连接:确保所有电气连接牢固可靠,无松动或老化现象。

(6)性能测试:对焊接设备进行性能测试,确保其满足使用要求。

图 2-23 所示为焊接机器人系统维护。

3. 清洁与润滑

保持焊接设备的清洁和润滑是维护保养的重要一环,可以有效减少设备的磨损和故障。清洁主要针对焊接设备表面和内部的灰尘、污垢和其他杂物,应定期进行,防止杂物对设备造成损害。同时,应根据制造商的推荐对焊接设备的运动部位和机械装置加注润滑油或润滑脂,以减少摩擦和磨损。在润滑过程中,应注意油或脂的种类和加注量,防止过多或过少影响设备的正常运行。

4. 易损件更换

焊接设备中的一些部件,如电极、喷嘴等,由于长时间的高温、高压和摩擦,容易磨损或损坏。因此,应定期检查这些易损件的状况,如发现有磨损或损坏应及时更换。更换易损件时,应使用制造商提供的原装部件,避免使用非原装部件可能导致的问题。同时,在更换易损件后,应对焊接设备进行性能测试,确保其正常运行。图 2-24 所示为自动焊接机器人易损件更换。

图 2-23　焊接机器人系统维护

图 2-24　自动焊接机器人易损件更换

5. 性能检测

性能检测是确保焊接设备正常运行的关键措施之一。通过性能检测,可以了解设备的运行状态和工作能力,及时发现并解决潜在的问题。性能检测应定期进行,检测项目应包括焊接设备的电气性能、机械性能和工艺性能等。在检测过程中,应按照制造商提供的标准和技术要求进行,如发现设备性能下降或不符合标准,应及时进行调整或维修。图 2-25 所示为焊缝性能检测。

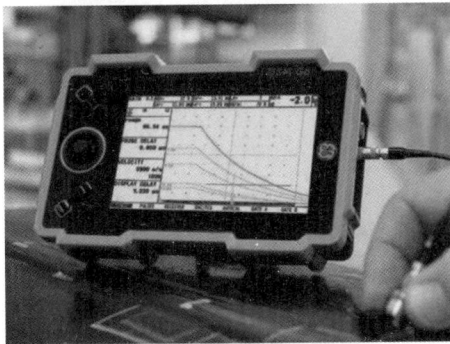

图 2-25　焊缝性能检测

6.安全检查

安全检查是确保焊接设备安全运行的重要环节,应定期对焊接设备进行安全检查,包括电气安全、机械安全和工艺安全等方面。检查项目可能包括电气绝缘、设备接地、紧急停止装置、防护装置、安全标识等。在安全检查过程中,应重点关注设备的安全隐患和问题,及时采取措施进行整改和完善。同时,操作人员也应对焊接设备进行日常安全检查,确保其符合安全要求。图2-26所示为焊接安全检查。

图2-26　焊接安全检查

7.电气安全

焊接设备作为一种电气设备,其电气安全至关重要。在维护保养过程中,应重点关注电气系统的检查和维护。具体包括以下几个方面:一是电气绝缘的检查,确保所有带电部分对地、相之间的绝缘良好;二是接地系统的检查。图2-27所示为电气安全检查。

图2-27　电气安全检查

【练习与思考】

一、判断题

1. 焊接材料管理是确保焊接过程顺利进行、提高焊接质量、降低生产成本的重要环节。
（　　）

2. 在焊接材料入库时,存放焊材库内不需要要有明显的标记。（　　）

3. 在焊接过程中,应避免浪费和不良品的发生。同时,应做好材料的回收和再利用工作,降低生产成本。（　　）

4. 焊接材料管理涉及多个方面,需要建立完善的制度和流程,确保焊接材料的质量和使用安全。（　　）

二、填空题

1. 焊接材料的存储应遵循_____、通风、_____、防锈的原则,避免材料受潮、锈蚀或损坏。

2. 在材料入库、存储、出库和使用过程中,应进行相应的_____检测,确保材料的_____符合要求。

3. 我 国 设 备 管 理 要 "坚 持 _____ 相 结 合, 维 护 与 计 划 检 修 相 结 合, _____相结合,技术管理与经济管理相结合的原则"。

4. _____是指对设备进行统一的、中心化的管理和监管,包括设备注册、设备状态监视、设备升级、设备故障诊断与处理等。

三、简答题

1. 如何进行焊接材料管理?
2. 如何进行焊接设备维护与保养?

知识点 4　焊接生产环境管理

一、焊接生产环境

焊接生产环境问题是伴随着焊接技术的发展而提出的,并逐渐被重视。20 世纪 70 年代以来,一些发达国家对焊接环境保护问题进行了大量的工作。美国 1950 年即开始制定了焊接环境卫生方面的国家标准。近年来,很多发达国家十分重视焊接环境卫生方面的问题,已制定了水平较高、要求严格的法规和标准。我国也制定了《焊接安全与卫生》《车间空气中电焊烟尘卫生标准》《职业健康安全管理体系规范》等国家标准。

1. 焊接作业环境及分类

图 2-28 所示为焊接生产管理操作。焊接作业环境直接关系到作业者的健康与生命。焊接作业环境按可能发生触电的危险性大小,可分为普通、危险和特别危险三大类。

（1）普通环境触电的危险性较小。

普通环境需具备下列条件:

①焊接作业现场干燥,相对湿度小于 70%。

②焊接作业现场不存在导电粉尘。

③焊接作业现场为木材、沥青等非导电物质铺设,其中金属导电体占有系数小于20%。

图2-28　焊接生产管理操作

（2）危险环境。具备下列条件之一者均属危险环境范围:

①焊接作业现场潮湿,相对湿度大于75%。

②焊接作业现场存在导电粉尘。

③焊接作业现场地面金属导电物质占有系数大于20%。

④焊接作业现场温度高,平均气温大于30 ℃。

⑤焊接作业现场,人体可同时接触到地面导体和设备外壳。

（3）特别危险环境。同时具备危险环境条件中的两条者,即可划分到特别危险环境范围。

另外,具备下列条件之一者亦属特别危险环境范围:

①特别潮湿,相对湿度达100%（如下雨天）。

②焊接作业现场存在腐蚀性气体、煤气、蒸气或导电粉尘（如化工厂的多数车间、铸造车间、电镀车间、锅炉房等）。

③在金属管道、容器内和金属结构内焊接时。

图2-29所示为焊接生产环境。

图2-29　焊接生产环境

2. 焊接作业对环境要求

焊接作业对环境的要求十分严格。只有确保上述条件都得到满足,才能保证焊接作业的安全、质量和效率。

(1)空气流通良好

焊接作业过程中会产生大量的烟雾、粉尘和有害气体,因此必须确保作业区域的空气流通良好。适当的通风可以有助于稀释并快速排出这些有害物质,保证工人的健康与安全。

(2)无易燃易爆物品

在焊接作业现场,必须确保无易燃易爆物品的存在。这类物品包括但不限于易燃气体、液体、粉尘等。任何火源或高温都可能导致火灾或爆炸,造成严重的后果。

(3)湿度适中

湿度过高或过低都可能对焊接作业产生不利影响。过高的湿度可能导致焊接电弧不稳定,影响焊接质量;而过低的湿度则可能导致焊接过程中产生过多的静电,增加火灾风险。

(4)温度适宜

适宜的温度是焊接作业顺利进行的重要条件。过高的温度可能导致工人疲劳、中暑等问题,影响工作效率和安全;而过低的温度则可能导致焊接材料脆化,增加焊接难度。

(5)光照充足

充足的光照可以保证工人清楚地看到焊接区域,确保操作的准确性和精度。在光线不足的环境中,工人可能会因为视觉障碍而引发操作失误,进而影响焊接质量。

(6)无强烈风源

强烈的风源可能导致焊接电弧不稳定,影响焊接效果。此外,强风还可能加速焊接过程中产生的烟雾和粉尘的扩散,增加环境污染和对工人健康的危害。

(7)无强烈震动

强烈的震动可能会影响焊接设备的稳定性和精度,导致焊接质量下降。因此,在焊接作业现场,应尽量避免强烈的震动源。

(8)无有害气体

焊接过程中会产生一些有害气体,如一氧化碳、氮氧化物等。这些气体对人体有害,长期吸入可能导致各种健康问题。因此,必须确保作业现场无有害气体聚集,并采取相应的通风和防护措施。

3. 焊接生产环境因素分析与控制措施

焊接作业时,产生的影响人体健康的有害因素可分为两大类,一类是物理有害因素,另一类是化学有害因素。它们在焊接条件下,长期作用于人体,对人体健康造成危害。在焊接环境中可能存在的物理有害因素有明弧焊时的弧光辐射、高频电磁波、热辐射、噪声和射线等,可能存在的化学有害因素有焊接烟尘和有害气体等。常见焊接、切割方法在工作过程中产生的有害因素见表2-8。

表 2-8　常见焊接、切割方法在工作过程中产生的有害因素表

序号	作业活动	危害因素	主要后果	风险等级	控制或消减措施
1	切割作业	火灾、爆炸	人员伤亡、财产损失	重大	1.焊割场地周围应清除易燃易爆物品,或进行覆盖、隔离;2.氧气瓶、氧气表及焊割工具上严禁沾染油脂;3.氧气阀、乙炔阀及各连接接头不得漏气,氧气瓶应配齐防胶圈及瓶嘴帽,搬运时防止撞击和剧烈震动;4.氧气瓶、乙炔瓶禁止接触明火,不得在烈日下曝晒或受高温热源辐射。冬季工作时氧气胶管、乙炔胶管等冻结时,可用不含油脂的蒸汽或热水暖化,不能用火烤;5.金属焊割作业时氧气瓶与乙炔瓶间距不得小于 5 m,氧气瓶与乙炔瓶距动火点应不小于 10 m
2	切割作业	烫伤	人身伤害	一般	1.点火时,焊、割炬枪口不准对人,正在燃烧的焊、割炬不得放在工件或地面上;2.作业人员佩戴整齐劳保用品
3	焊接作业	触电	人身伤害	重大	1.电焊机电源线、漏电保护器、启动开关、接地线必须由专业电工安装和拆卸,所有接线要牢固有效;2.电焊机要做到一机一闸,焊接设备和电源柜要有良好的防雨措施,拉合开关时应戴防护手套采取侧向护脸操作;3.电焊机外壳、工作台及焊件均需接地良好,焊钳与把线必须绝缘良好,连接牢固,更换焊条应戴电焊手套。4.雨天禁止露天焊接作业。在有水或潮湿环境下进行焊接时,焊工必须穿戴绝缘胶鞋和手套或加垫绝缘胶板或干燥木板;5.更换施工场地移动把线时,应切断电源;6.焊接带电的设备必须切断电源;7.一旦发生事故首先切断电源并同时启动应急预案
4	焊接作业	电焊弧光	人员伤亡	轻微	1.焊接、切割作业时要佩戴合格的劳保用品,特别是要戴好防护面罩、防护眼镜等;2.多名焊工集中施焊时,应有隔光板防止弧光互射
5	焊接、切割作业	高温熔渣	光伤害	一般	1.作业人员要佩戴合格的劳保用品;2.高处焊接作业处下方应设警戒区,不许有人在警戒区逗留,防止火花、焊渣等物落下烫人,必要时应采用挡板遮挡
6	焊接、切割作业	烟尘	尘肺	一般	1.焊接切割作业时,要佩戴合格的防护面罩;2.清除焊渣或采用碳弧气刨清根时,应戴防护面罩和防尘口罩;3.焊接、切割铝、锌、锡、铜及其合金,或其他有色金属时,应在通风良好的环境下进行且焊工应戴防护面罩和口罩

表 2-8(续)

序号	作业活动	危害因素	主要后果	风险等级	控制或消减措施
7	焊接、切割作业	火灾、爆炸	人员伤亡、财产损失	重大	1. 焊接、切割施工前应除焊接、切割地点下方的易燃、易爆物,搬不开的要采取遮盖措施,并设专人监护;2. 高处焊接切割作业时应注意风向,以免火花及熔渣随风飘落而引起火灾;3. 严禁在有压力、装有易燃、易爆物质的容器或管道上施焊;4. 贮存过易燃、易爆、有毒物品的容器或管道必须首先把容器或管道内的残存物清除干净,且应加隔离挡板,并经检测取样分析合格后方可施焊;5. 电源线、电焊把线、二次线严禁与氧气瓶、乙炔瓶等接触;6. 电线、电焊把线、二次线等不应与氧气胶管、乙炔胶管交叉缠绕在一起
8	焊接、切割作业	电焊机、电源线、把线等摆放混乱,作业区域不整洁	人员绊倒、滑倒	一般	加强文明施工管理,提高安全意识

三、环境管理体系

ISO14000 系列标准是国际标准化组织 ISO/TC 207 制定的环境管理标准,旨在规范企业和社会团体等所有组织的活动、产品和服务的环境行为,支持全球的环境保护工作。通过企业的"自我决策、自我控制、自我管理"方式,把环境管理融于企业全面管理之中。

焊工职业病的发生与焊接烟尘和气体的浓度、性质及其污染程度、焊工接触有害污染的机会和持续时间、焊工个体体质与个人防护状况、焊工所处生产环境的优劣以及各种有害因素的相互作用等因素有关。焊工职业病包括焊工尘肺、锰中毒、氟中毒、金属烟热及电光性眼炎等。焊工只有在作业环境很差或缺乏劳动保护情况下长期作业,才有可能引起职业病,因此加强焊接环境保护极为重要。

焊接环境保护需对焊接烟尘、气体、金属蒸气和弧光等各种危害焊工的因素和不同的焊接环境采取有效的措施,保护焊工的身体健康,防止职业病的发生。

环境管理体系(EMS)是企业或其他组织的管理体系的一部分,用来制定和实施其环境方针,并管理其环境因素,包括为制定、实施、实现、评定和保持环境方针所需的组织结构、计划活动、职责、惯例、程序、过程和资源。

环境管理体系是一个组织内全面管理体系的组成部分,它包括为制定、实施、实现、评审和保持环境方针所需的组织机构、规划活动、机构职责、惯例、程序、过程和资源,还包括组织的环境方针、目标和指标等管理方面的内容。图 2-30 所示为环境管理体系标志。

图 2-30　环境管理体系标志

1. 体系认证的指导原则

ISO14000 环境管理体系标准是创建绿色企业的有效工具,而且它是一个国际通用的标准,可以通过标准的认证,对企业持续地开展环境管理工作及对企业的可持续发展起到有效地推动作用。ISO14000 是一个适用于任何组织的标准,由于行业之间、组织之间具体情况的差异,使许多组织不能理解标准的这一特点。标准的这一广泛适用性正反映了该标准是一个基本标准,是一个管理的框架。每个组织首先要理解标准的精要,才能在此基础上实施标准。尤其 ISO14000 是一个有关环境管理的标准,如何把握环境效益、社会效益和企业效益是一个难题。

2. 环境管理体系认证流程

第一阶段,建立并实施 ISO14001 环境管理体系阶段。

第二阶段,认证取证阶段。

认证证书有效期三年,三年内,组织要多次接受机构的监督审核;三年后,组织要申请复审,重新注册获得证书,此过程同第一次认证取证。

3. 提交材料

除了必须要提供的最基本的营业执照、组织机构代码证外,一般还需提供 ISO14001(环境管理体系)企业需提供的资料。

(1)技术标准/强制性标准清单(企业标准,国家标准,行业标准)

(2)使用设备清单。

(3)人员情况(有无倒班,有无分包,有无季节性用工,以及分场所人员情况,在建项目人员情况)。

(4)生产/加工或服务工艺流程图。

(5)管理手册,程序文件(包括 Q、E、S、F 体系)。

(6)组织机构图。

(7)厂区平面图(尤其是污染物排放点分布图)。

(8)环境因素及重大环境因素清单(应对应至各部门、各生产区域的具体设备及工序点)。

(9)国家、行业及地方适用的法律、法规和强制性标准清单。

(10)环境评估监测报告。

(11)环境守法证明。

4. 环境管理体系认证意义

ISO14000 系列标准归根结底是一套管理性质的标准。它是工业发达国家环境管理经验的结晶,在制定国家标准时又考虑了不同国家的情况,尽量使标准能普遍适用。

ISO14001 标准对企业的积极影响主要体现在以下几个方面：

· 树立企业形象，提高企业的知名度。

· 促使企业自觉遵守环境法律、法规。

· 促使企业在其生产、经营、服务及其他活动中考虑其对环境的影响，减少环境负荷。

· 使企业获得进入国际市场的"绿色通行证"。

· 增强企业员工的环境意识。

· 促使企业节约能源，再生利用废弃物，降低经营成本。

· 促使企业加强环境管理。

1996 年，ISO 首批颁布了与环境管理体系及其审核有关的 5 个标准，引起了各国政府和产业界的高度重视。到 1997 年底，标准颁布仅一年时间，全世界就有 1 491 家企业通过 ISO14001 标准的认证；到 1998 年底，这一数字达到 5 017 家；到 1999 年底，通过认证的企业已超过一万家。

我国政府对环境管理工作十分重视，已经颁布的 5 个标准，均已等同转化为国家标准，它们分别是：

GB/T 24002—1996 idt ISO14001 环境管理体系规范及使用指南

GB/T 24004—1996 idt ISO14004 环境管理体系原则、体系和支持技术指南

GB/T 24010—1996 idt ISO14010 环境审核体系通用原则

GB/T 24012—1996 idt ISO14011 环境审核体系审核程序环境管理体系审核

GB/T 24012—1996 idt ISO14012 环境审核体系环境审核员资格要求

其中，ISO14001 是这一系列标准的核心，它不仅是对环境管理体系的建立和对环境管理体系进行审核或评审的依据，也是制定 ISO14000 系列其他标准的依据。

ISO14000 系列标准的重要特点是，首先，该标准不是强制的，而是自愿采用的。ISO14000 系列标准借鉴了 ISO9000 标准的成功经验，使其具有广泛适用性和灵活性，它可适用于任何类型与规模，包括处于不同地理、文化和社会条件下的组织。ISO14000 系列标准同 ISO9000 标准有很好的兼容性，使企业在采用 ISO14000 系列标准时，能与原有的管理体系有效协调。"预防为主"是贯穿 ISO14000 系列标准的主导思想，它要求企业必须承诺污染预防，并在体系中加以落实。持续改进是 ISO14000 系列标准的灵魂，组织通过实施标准，建立起不断改进的机制，在持续改进中，实现自己对社会的承诺，最终达到改善环境绩效的目的。

推行 ISO14000 系列标准，有利于提高全民族的环境意识，树立可持续发展的思想；有利于提高人民的遵法、守法意识和环境法规的贯彻实施；有利于调动企业防治环境污染的主动性，促进企业不断改进环境管理工作；有利于推动资源和能源的节约，实现其合理利用；有利于实现各国间环境认证的双边和多边认证，消除技术性贸易壁垒。

四、洁净车间焊接环境管理

洁净车间焊接环境管理制度是为了确保焊接过程的质量和安全，以及减少焊接烟尘和污染物的排放而制定的一系列规定和措施。

1. 空气洁净度控制

洁净车间的空气洁净度对于保证焊接质量和操作人员的健康具有重要意义。为确保

空气洁净度,应定期检查车间内的空气过滤器,确保其功能正常。同时,应限制进入洁净车间的人数,并要求所有人员在进入车间前必须经过适当的净化程序。图 2-31 所示为大型装备制造"焊接车间"环境空气净化系统。

图 2-31　大型装备制造"焊接车间"环境空气净化系统

2. 温度和湿度调节

适宜的温度和湿度对于焊接过程和产品质量至关重要。车间应配备温度和湿度调节设备,并定期检查其运行状况。操作人员应关注环境变化,及时调整设备以维持适宜的温度和湿度。

3. 焊接烟尘处理

焊接过程中会产生烟尘,对操作人员的健康产生威胁。因此,应采用有效的烟尘处理设备,如局部排风罩和过滤器,以减少烟尘的散发。同时,应定期检查和维护烟尘处理设备,确保其正常运行。图 2-32 所示为焊接车间除尘设备。

图 2-32　焊接车间除尘设备

4. 噪声和震动控制

噪声和震动不仅影响操作人员的健康,还可能对焊接质量产生不良影响。应选用低噪声、低震动的焊接设备和工具,并采取隔音、减震措施。对于高噪声设备,应安装消音器或采取其他降低噪声的措施。

5. 光线照明管理

良好的照明是保证焊接质量和操作安全的重要因素。车间应采用高亮度、无眩光的照明系统,以确保焊接区域的光线充足、均匀。同时,应定期检查和维护照明设备,确保其正常运行。

6. 防尘和防静电措施

焊接过程中产生的金属粉尘可能对操作人员的呼吸系统产生危害,而静电可能引发火灾或爆炸。因此,应采取有效的防尘和防静电措施。例如,在车间内设置除尘器、铺设防静电地板等。

7. 设备和工具清洁维护

设备和工具的清洁维护是保证焊接质量和生产安全的基础。应定期检查设备和工具的磨损和清洁状况,及时进行维修和更换。在每次使用后,应对设备和工具进行清洁,防止污垢和锈蚀的产生。

8. 作业人员卫生健康管理

作业人员的卫生健康是洁净车间管理的重要内容。应定期对操作人员进行体检,了解其健康状况。对于有呼吸道、皮肤等职业病隐患的操作人员,应采取相应的保护措施。同时,应定期对作业人员进行培训,提高其安全意识和操作技能。

9. 环境监控和记录

为了确保洁净车间的环境质量,应设置环境监控系统,实时监测车间的空气洁净度、温度、湿度等指标。同时,应建立健全记录制度,对监测结果进行记录和分析,以便及时发现和解决问题。图2-33所示为焊接过程中熔池监控相机与环境监控相机的完美融合。

图2-33　焊接过程中熔池监控相机与环境监控相机的完美融合

10. 应急处理和安全防护

在洁净车间内应设置应急处理设施,如灭火器、急救箱等,并定期检查其有效性。同时,应制定应急预案,对火灾、爆炸等突发事件进行及时处理,保障操作人员的安全。对于可能产生危险的操作,应在醒目位置设置警示标识,提醒操作人员注意安全。

【练习与思考】

一、判断题

1. 作业环境直接关系到作业者的健康与生命。 （　　）
2. 在焊接作业现场，可以有易燃易爆物品的存在。 （　　）
3. 湿度过高或过低都不可能对焊接作业产生影响。 （　　）
4. ISO 14000 环境管理体系标准是创建绿色企业的有效工具，而且它是一个国际通用的标准，可以通过标准的认证，对企业持续地开展环境管理工作及对企业的可持续发展起到有效地推动作用。 （　　）

二、选择题

1. 在焊接环境中可能存在的物理有害因素有明弧焊时的（　　）等，可能存在的化学有害因素有焊接烟尘和有害气体等。（多选）

A. 弧光辐射　　　　B. 高频电磁波　　　C. 热辐射　　　　　D. 噪声和射线

2. （　　）可能导致焊接电弧不稳定，影响焊接效果。（单选）

A. 强烈的光源　　　B. 强烈的风源　　　C. 强烈的噪声　　　D. 焊接烟尘

3. ISO14000 是一个适用于（　　）的标准。（单选）

A. 任何组织　　　　B. 焊接行业　　　　C. 汽车行业　　　　D. 锅炉行业

4. （　　）是贯穿 ISO14000 系列标准的主导思想。（单选）

A."质量第一"　　　B."全力以赴"　　　C."人员安全"　　　D."预防为主"

三、简答题

1. 环境管理体系认证的意义？
2. 洁净车间焊接环境如何管理？

知识点 5　检验和质量控制

在焊接生产管理中，焊接检验和质量控制是两个至关重要的环节，它们相互关联、相互促进，共同确保焊接生产过程的稳定性和产品质量的可靠性。

一、焊接检验控制

焊接检验是对焊接生产过程中的各个环节进行质量检查的过程，旨在发现和纠正焊接缺陷，保证焊接质量符合相关标准和要求。焊接检验应该贯穿于整个焊接生产过程，包括焊接前的材料检验、坡口准备和装配检验，焊接过程中的工艺参数监控和焊缝外观检查，以及焊接后的无损检测和综合性能评估。通过焊接检验，可以及时发现和纠正焊接缺陷，避免缺陷的积累和扩大，从而保证焊接接头的质量和性能。

1. 焊接检验的内容

焊接检验是对焊接接头或焊接结构进行质量检查的过程，以确保焊接质量符合相关标准和要求。焊接检验的内容非常丰富，主要包括以下几个方面：

（1）外观检查：这是最直接也是最基本的检验方法。通过目视或放大镜观察焊接接头的外观质量，检查焊缝是否均匀、有无气孔、裂纹、夹渣等缺陷。常见焊缝外观缺陷如图

2-34 所示。

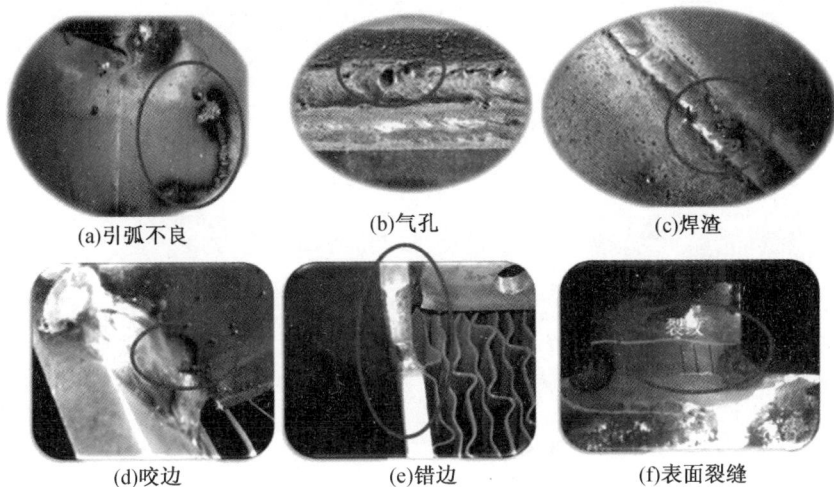

(a)引弧不良　　(b)气孔　　(c)焊渣

(d)咬边　　(e)错边　　(f)表面裂缝

图 2-34　常见焊缝外观缺陷图

（2）尺寸检查：检查焊缝的尺寸是否符合设计要求，如焊缝的高度、宽度、余高等，如图 2-35 所示。

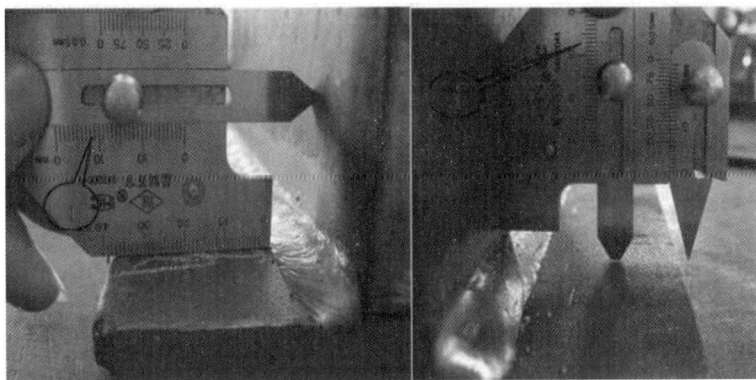

图 2-35　焊缝尺寸检查

（3）无损检测：无损检测是焊接检验中非常重要的一部分，主要包括射线照相、超声波探伤、磁粉检验等方法。这些方法可以对焊接接头进行内部质量检查，发现隐蔽的缺陷，如气孔、夹渣、未熔合等。无损检测如图 2-36 所示。

（4）破坏性检验：破坏性检验是对焊接接头进行切割、拉伸、冲击等试验，验证焊接接头的强度和韧性是否符合标准要求。这种方法虽然会破坏焊接接头，但可以更准确地评估焊接接头的质量。破坏性检验如图 2-37 所示。

（5）焊接材料检验：检查焊接材料的质量是否符合要求，如焊丝、焊条、焊剂等。

（6）焊接工艺参数检查：检查焊接过程中的电流、电压、速度、角度等参数是否符合工艺要求。

（7）焊接设备检查：检查焊接设备的运行是否正常，如焊机、焊接机器人等。

图 2-36　无损检测

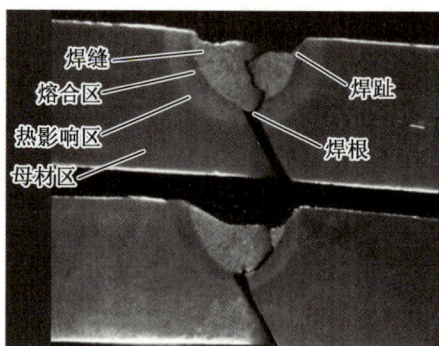

图 2-37　破坏性检验

　　焊接检验的内容非常丰富,涉及焊接接头的外观、尺寸、内部质量、材料、工艺参数、设备等多个方面。通过这些检验,可以全面评估焊接接头的质量,确保焊接质量符合相关标准和要求。

　　2.几种常用的焊缝检验方法

　　焊接检验不仅仅是对焊缝的检验,还包括对焊接材料、焊接设备、焊接工艺参数等方面的检查和控制。因此,焊接检验是一个综合性的过程,需要贯穿整个焊接生产过程,确保焊

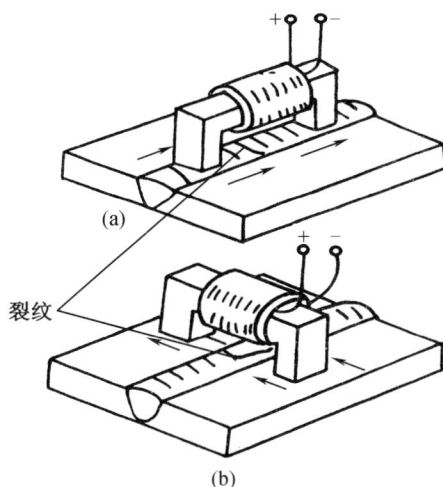

（a）纵向充磁；（b）横向充磁

图 2-39   磁粉检验时焊缝缺陷的显露

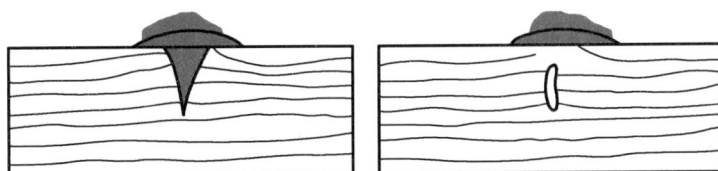

图 2-40   焊缝中有缺陷时产生漏磁的情况

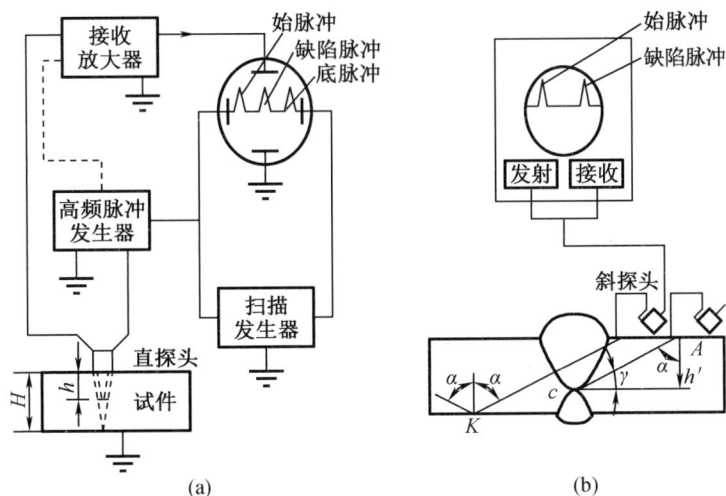

图 2-41   超声波探伤工作原理图

　　焊接检验时要求焊件表面平整光滑,并涂上一层油脂作为媒介。若焊缝高低不平,采用斜探头。

　　⑤射线检验

　　应用:检验焊件内部缺陷,可以显示出缺陷在焊缝内部的形状、位置和大小。

射线检验工作原理是利用 X 射线和 γ 射线等高能射线透过不透明物体,使照相底片得以感光,通过对底片上影像的观察、分析能发现焊缝内有无缺陷及缺陷的种类、大小与分布。图 2-42 所示为 X 射线与 γ 射线检验示意图。

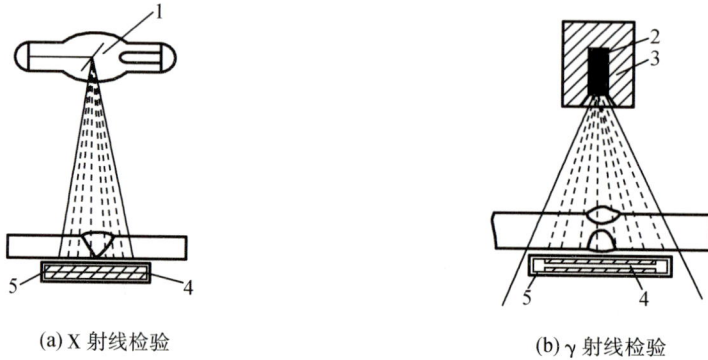

(a) X 射线检验   (b) γ 射线检验

1—X 射线管;2—γ 射线源;3—铅盒;4—底片;5—底片夹。

图 2-42 X 射线与 γ 射线检验示意图

(2)破坏性检验

破坏性检验是从焊件或试件上切取试样,或将产品的整体破坏后做试验,检查其力学性能、抗腐蚀性能等的检验方法,包括力学性能试验、化学分析及腐蚀试验、金相组织检验、焊接性试验。

①力学性能试验

力学性能试验是用于焊接接头的试验,一般进行拉伸、弯曲、冲击以及硬度和疲劳强度等试验。

②化学分析及腐蚀试验

a. 化学分析

检查焊缝金属的化学成分。试验方法通常用直径为 6 mm 的钻头,从焊缝中钻取试样,常规分析需试样 50~60 g。取样时应把焊缝起始端和终止处各 15 mm 长排除在外,取样钻取的屑末中不得有油、锈等污物,以免影响化学分析结果的正确性。常规分析的元素有碳、锰、硅、硫、磷等,对于合金钢和不锈钢焊缝,尚需分析相应的合金元素成分,如钼、铬、钒、钛、镍、铝、铜等。

b. 腐蚀试验

为保证不锈钢焊接结构在使用时具有很好的抗晶间腐蚀性能,应对焊丝、焊条、不锈钢板以及焊接接头进行晶间腐蚀倾向试验。常用的方法有不锈钢晶间腐蚀倾向试验、应力腐蚀试验、疲劳腐蚀试验、大气腐蚀试验、高温腐蚀试验。

对不锈耐酸钢晶间腐蚀倾向试验,常用的方法是将试样放在硫酸铜和硫酸水溶液中煮沸,沸腾时间一般为 72 h。取出弯曲 90°,用放大倍数不大于 10 倍的放大镜检查。如表面出现横向裂纹,则认为材料的抗晶间腐蚀性能不合格。

c. 金相组织检验

金相组织检验用于检查焊缝金属、热影响区及母材的金相组织情况以及确定内部缺陷等。

金相组织检验分宏观检验和微观检验两大类。宏观检验是直接用肉眼或用5~10倍放大镜来检查焊缝表面和断面缺陷。微观检验是在焊接试板上截取试样,经过打磨、抛光、侵蚀等步骤,然后在金相显微镜下进行观察,可以观察到焊缝金属中各种夹杂物的数量及其分布、晶粒的大小以及热影响区的组织状况。必要时,可把典型的金相组织摄制成金相照片,为改进焊接工艺、选择焊条、制定热处理规范提供必要的资料。图2-43所示为焊缝力学性能和金相组织分析。

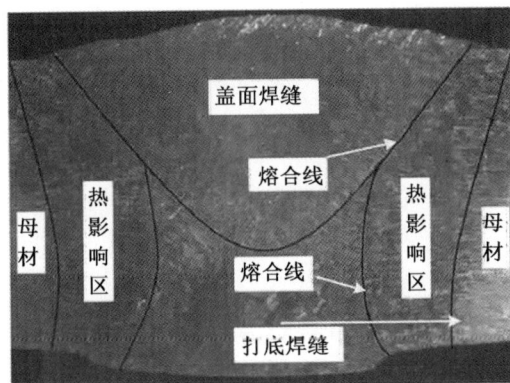

图 2-43　焊缝力学性能和金相组织分析

3. 焊接检验控制

(1)焊前检验

焊接检验是焊接检验的第一个阶段,包括检验焊接产品图样和焊接工艺规程等技术文件是否齐备;检验焊接基本金属、焊丝、焊条型号和材质是否符合设计或规定的要求;检验焊接坡口的加工质量和焊接接头的装配质量是否符合图样要求;检验焊接设备及其辅助工具是否完好,接线和管道连接是否合乎要求;检验焊接材料是否按照工艺要求去进行去锈、烘干、预热等,焊前检验还是对焊工操作水平的鉴定。

焊前检验的目的是预先防止和减少焊接时产生缺陷的可能性。

(2)焊接过程中的检验

焊接过程中的检验是焊接检验的第二个阶段,主要是依靠焊工在整个操作过程中来完成,它包括检验在焊接过程中焊接设备的运行情况是否正常、焊接工艺参数是否正确;焊接夹具在焊接过程中的夹紧情况是否牢固;在施行埋弧自动焊时的焊剂衬垫效果,以及电渣焊冷却成型滑块在移动时是否出现漏渣;在操作过程中可能出现的未焊透、夹渣、气孔、烧穿等焊接缺陷。

焊接过程中检验的目的是防止由于操作原因或其他特殊因素的影响而产生的焊接缺陷,且便于及时发现并加以去除。

(3)焊接成品的检验

焊接成品的检验是根据产品的使用要求和图样的技术条件进行检验。

(4)记录和报告

对检验结果进行记录,包括外观检验、无损检测和破坏性检验的结果。编写检验报告,详细描述检验的过程、方法、结果和结论。将检验报告提交给相关部门和人员,以便对焊接质量进行评估和改进。

（5）不合格品处理

对于不符合质量要求的焊接接头或产品，进行标识和记录。

采取适当的措施进行修复或报废，确保不合格品不进入下一道工序或最终产品。

（6）持续改进

根据检验结果和反馈，分析焊接过程中可能存在的问题和原因。

制定改进措施和计划，提高焊接质量和效率。

定期对焊接检验程序进行审查和更新，确保其适应新的工艺要求和质量标准。

二、焊接质量控制点

1. 焊接质量控制点的概念和重要性

焊接质量控制点是指焊接过程中需要特别关注和控制的关键环节，包括焊接材料的选择、焊接参数的设定、焊接设备的使用、焊接工艺的控制等。通过对这些关键环节的控制，可以提高焊接接头的质量和可靠性，确保焊接结构的安全性和稳定性。

焊接质量控制点的重要性在于它直接影响焊接接头的质量和可靠性。如果焊接质量控制不到位，可能会导致焊接接头出现裂纹、气孔、夹渣等缺陷，从而降低焊接接头的强度和耐久性，甚至引发焊接结构的失效。

2. 焊接质量控制点的具体内容

（1）焊接材料的选择

焊接材料的选择是焊接质量控制的第一步。需要根据焊接材料的种类和要求，选择合适的焊接材料。常见的焊接材料包括焊条、焊丝、焊剂等。在制定应急方案时，需要考虑焊接接头的材料、焊接方法、焊接环境等因素，以确保焊接接头的质量和可靠性。

（2）焊接参数的设定

焊接参数的设定是焊接质量控制的关键环节之一。需要根据焊接材料的特性、焊接接头的要求等因素，合理设定焊接电流、焊接电压、焊接速度等参数。合理的焊接参数可以保证焊接接头的熔合质量和金属结构的稳定性。

（3）焊接设备的使用

焊接设备的使用也是焊接质量控制的重要环节。需要确保焊接设备的正常运行和维护，包括焊接机、电源、焊接枪等。在使用焊接设备时，需要注意安全操作规程，避免发生事故和设备故障。

（4）焊接工艺的控制

焊接工艺的控制是焊接质量控制的核心环节之一。需要根据焊接接头的要求，选择合适的焊接工艺，包括焊接方法、焊接顺序、预热温度等。在焊接过程中，需要严格按照焊接工艺规程进行操作，确保焊接接头的质量和可靠性。

（5）焊接接头的检验和评估

焊接接头的检验和评估是焊接质量控制的最后一步。需要使用合适的检验方法，如 X 射线检验、超声波检验、磁粉检验等，对焊接接头进行质量检验。同时，还需要对焊接接头进行评估，包括焊缝的形状、焊缝的强度、焊接接头的可靠性等方面。

3.焊接质量控制点的实施步骤

(1)确定焊接接头的要求和标准

在进行焊接质量控制前,需要明确焊接接头的要求和标准。这包括焊接接头的质量要求、焊接接头的强度要求、焊接接头的可靠性要求等。只有明确了焊接接头的要求和标准,才能有针对性地进行焊接质量控制。

(2)制定焊接质量控制计划

根据焊接接头的要求和标准,制定焊接质量控制计划。这包括焊接材料的选择计划、焊接参数的设定计划、焊接设备的使用计划、焊接工艺的控制计划等。制定焊接质量控制计划可以确保焊接质量控制的有序进行。

(3)实施焊接质量控制

根据焊接质量控制计划,进行焊接质量控制。这包括选择合适的焊接材料、设定合理的焊接参数、使用正常的焊接设备、控制焊接工艺等。在焊接过程中,需要严格按照焊接质量控制计划进行操作,确保焊接接头的质量和可靠性。

(4)进行焊接接头的检验和评估

在焊接完成后,进行焊接接头的检验和评估。这包括使用合适的检测方法对焊接接头进行质量检验,如 X 射线检验、超声波检验、磁粉检验等。同时,还需要对焊接接头进行评估,包括焊缝的形状、焊缝的强度、焊接接头的可靠性等方面。

(5)记录和分析焊接质量数据

在焊接质量控制过程中,需要记录和分析焊接质量数据。这包括焊接材料的使用情况、焊接参数的设定情况、焊接设备的使用情况、焊接工艺的控制情况等。通过记录和分析焊接质量数据,可以及时发现问题,并采取相应的措施进行改进。

焊接质量控制点是确保焊接接头质量和可靠性的关键环节。通过合理制定应急方案、设定焊接参数、使用正常的焊接设备、控制焊接工艺等措施,可以提高焊接接头的质量和可靠性。同时,还需要进行焊接接头的检验和评估,记录和分析焊接质量数据,以不断改进焊接质量控制。只有做好焊接质量控制,才能确保焊接结构的安全性和稳定性。

焊接质量控制则是一个系统的过程,旨在通过一系列控制措施,确保焊接生产过程始终符合质量要求。焊接质量控制应该包括焊接前、焊接过程和焊接后的质量控制。焊接前质量控制主要是对焊接材料、坡口准备、装配等工序进行检查和控制,确保焊接前的各项准备工作符合要求。焊接过程控制则是对焊接工艺参数、操作技能和设备状态等进行监控和调整,保持焊接过程的稳定性和可控性。焊接后质量控制则是对焊接接头进行质量检验和评估,确保焊接质量符合相关标准和要求,并及时处理和修复不符合要求的焊接接头。

三、质量管理体系

为实现有效的焊接检验和质量控制,需要采取一系列措施。首先,必须建立完善的质量管理体系,质量管理体系(quality management system,QMS)是指在质量方面指挥和控制组织的管理体系。QMS 是一种组织的方法,旨在确保其产品或服务的质量符合客户的期望和需求。

1.企业标准体系与质量管理体系的定义与内涵

《企业标准体系　要求》(GB/T 15496—2017)标准中给出"企业标准体系"的定义:企业

内的标准按其内在的联系形成的科学的有机整体。标准体系是建立在以技术标准为主体，包括管理标准和工作标准在内的企业标准化系统，以便使企业在产品、技术、生产、人事、财务、后勤等各个方面建立起以各自标准为依据的管理体系。技术标准是管理标准和工作标准制定的依据，而工作标准和管理标准又是技术标准得以实施的可靠保证，凡是企业范围内的生产、技术和经营管理的活动都应制定标准，并纳入企业标准体系。

《质量管理体系 基础和术语》（GB/T 19000—2016）标准中给出"质量管理体系"的定义：在质量方面指挥和控制组织的管理体系。质量管理体系是为实施质量管理和质量保证以及实现质量目标而建立的综合体。它是由若干要素组成的，这些要素是企业质量管理活动的主要内容，每个要素的实施都需要建立相应的规定或制定相关的标准作为支撑条件，其中大量的是管理标准（包括工作标准）。

由此可见，质量管理的标准化和标准化的质量管理是两个不同的概念，企业标准体系是企业内相关标准按其内在的联系形成的科学有机整体。企业标准体系系列标准为各种类型、不同规模的企业的生产（服务、技术、经营和管理活动全过程）提供了全面、系统的标准化管理的指导和要求，运用这些标准，可以帮助企业建立和实施一套适合企业需要的、持续有效的、协调统一的企业标准体系。

质量管理体系是组织内部建立的、为实现质量目标所必需的、系统的质量管理模式，是组织的一项战略决策。质量管理体系是一个全面的管理系统，旨在确保产品或服务的质量达到既定的标准。它涵盖了多个方面，以确保企业能够持续提供满足顾客需求的高质量产品或服务。

企业标准体系是以技术标准为主体，包括管理标准和工作标准在内的企业标准化体系。体系内的技术标准、管理标准、工作标准互相联系，互相制约。而企业所建立的质量管理体系则是实现质量管理的方针目标，可有效地开展各项质量管理活动，建立一个符合生产管理实际需要的质量管理体系。

2. 企业标准体系与质量管理体系的区别

在创建标准化良好行为企业活动的咨询过程中，企业管理者常常会有这样的疑惑："我们企业已经通过了质量管理体系、环境管理体系和职业健康安全管理体系（三体系）认证，再创建企业标准体系是否属于重复建设？这二者之间到底有什么关系呢？"

第一，企业标准体系与质量管理体系等"三体系"在概念上的区别。企业标准体系是指在企业范围内所执行的各类标准按其内在联系形成的科学有机整体，它既包括技术标准体系也包括保证技术标准得到实施的管理标准体系和工作标准体系，还包括标准体系中的标准子体系之间、标准之间的内在联系。而"三体系"是指企业为实施质量、职业健康安全、环境管理所需的组织结构、程序、过程和资源，要求建立文件化的管理体系，其文件主要包括管理手册（含方针目标）、程序文件、作业指导书以及提供证明的记录或报告等。

第二，企业标准体系与质量管理体系等"三体系"在企业管理中作用的差异。企业标准体系为企业管理提供了综合的基础平台，这个平台覆盖了企业生产经营和管理的方方面面。企业标准体系包括了围绕产品实现需要的设计、采购、设备、生产过程、检验、包装运输、生产后的服务等技术标准、管理标准和工作标准，也包括了企业在安全、环保、职业健康、能源、信息等责任方面的技术、管理和工作标准。而"三体系"则对企业规定了采用质量、职业健康与安全、环境管理体系的全部要素要求，对生产过程、安全管理、环境保护方面的技术要求,做出了较全面的规定。

3.质量管理体系的作用

质量管理体系标准将企业管理以程序制度化,实现"凡事有人负责、凡事有章可循、凡事有据可查、凡事有人监督"的科学管理模式。体系内各环节环环相扣,互相督导,互相促进,管理工作中排除人为因素的干扰,减少工作的盲目性,减少内部推诿、扯皮现象,减少出现质量事故和安全事故的概率。因此,实施质量管理体系对提高企业管理水平和质量保证能力有非常重要的作用。

(1)通过引入体系管理理念和管理方法,促进组织管理与市场标准接轨

质量体系管理理论给出任何一个组织应该遵循的八项质量管理原则,包括"以顾客为关注焦点、领导作用、全员参与、过程方法、管理的系统方法、持续改进、基于事实的决策方法、与供方互利的关系"。基于八项质量管理原则建立的质量管理体系,进一步提高了管理水平,提高了每一个环节的工作质量与工作效率;明确了各自的职责与权限,既分工负责,又相互协作和监督,使每一个工作环节都得到规范,从而有利于增强质量意识和服务意识,提高工作效率。

(2)建立自我发现问题、自我完善的机制

质量管理体系的重要要求是"说到要做到",只有在严格执行之后才能真正给组织活动带来增值。一方面,靠管理者通过培训、教育来增强组织自觉执行文件要求的积极性。另一方面,定期由组织内部审核机构对整个质量管理体系运行的符合性、有效性进行评价,找出不符合要求的事实,并举一反三,采取纠正措施防止再次发生。此外,通过国家认证机构每年的审核,对质量管理体系的符合性、有效性进行监督,对不符合程度较为严重的取消认证资格。从外部监督的角度促进组织规范质量管理,严格执行标准、相关法律法规和体系文件的要求。这样,通过建立了一个外部和内部相互呼应的管理体系,以发现内部存在的不足,采取纠正措施,并分析预防措施,从而实现整个组织的持续改进。

(3)培训一批高水平的管理骨干,奠定企业发展基础

通过质量管理体系标准的实施,可以培养大批既了解组织管理状况、又理解质量管理体系理论和要求、掌握质量管理体系与实际结合的技巧和方法的骨干队伍,从而潜移默化地促使全体人员形成标准化、制度化、流程化的管理思维。

(4)提高生产率和管理效率,降低生产经营成本

通过执行体系标准,把质量责任从质量控制人员转到生产、施工、技术等各层次人员共同控制,会激发各层级人员的积极性与创造性,使各部门各岗位都清楚地知道自己应该做什么、怎么做,使工作条理性得到加强,设备故障减少、利用率提高,生产和施工事故减少、生产率明显提高。

(5)提高"事前预防"而非"事后检验"的意识

"预防为主"的精神从始至终贯穿在质量管理体系中,通过预防不合格现象的发生,能够有效地保证产品和服务质量。质量管理体系认证要求不仅仅局限于依赖产品和服务的最终质量检验来控制,更注重影响产品和服务质量的各个过程的控制,包括通过设计开发、材料采购、工艺策划、生产制造、检验试验、包装贮存、销售运输、安装服务等各个环节进行整体控制。对于施工企业通过进场验收、技术交底、施工日志、安装记录、检验记录、验收等方式实施整体控制。获得了体系认证证书,就意味着质量过程经过认证机构的严格审核,

能够使产品和服务质量符合标准要求。

（6）提高知名度与影响力

获得质量管理体系认证证书说明组织的各个管理过程都能得到有效的控制，能够为客户提供满足客户和法律法规需求的服务，从而提高品牌度和美誉度，在国内外市场上树立了良好的形象，取得了产品和服务走向世界的"通行证"，成为企业进入国际市场的有效手段，为拓展企业的境外业务提供了有利的条件。

4. 质量管理体系的工作要求

（1）全员参与

贯彻实施质量管理体系标准是企业的重要管理决策，全体员工应该贯彻执行，必须充分意识到质量管理体系标准的推动是一项长期且艰巨的系统工作，必须全员参与，这既是工作的需要，也是质量管理体系标准的要求。

（2）做好学习与培训

对于首次接触此项工作的企业员工来说，质量管理体系标准是一个新鲜事物，培训和学习尤为重要。培训期间，全员务必认真学习，为做好文件的编制与修订、内部审核与纠正及预防措施的制定与实施等奠定基础。同时，质量手册、程序文件和作业文件编制完成之后，各部门要及时组织学习，充分领会文件要求，并坚决贯彻执行。

（3）注重科学性和实用性

实施质量管理体系的过程中，不仅要通过宣传、培训、指导等形式使员工对质量管理体系的标准做到知、懂、用，而且要利用经济的、市场的、行政的手段和措施，认真解决好生产经营过程中的服务、落实和有效管控等问题。此外，质量管理体系的实施应与企业内部管理相辅相成，互相促进，认真研究和整改优化原有的质量管理的好经验、好形式、好办法，使其与质量管理体系要求达到统一，得到提升。

（4）严格程序，抓好落实

体系建设的目标任务是将体系标准导入企业的日常管理工作，严格按照质量管理体系标准要求，认真界定和建立各部门及其岗位的管理程序。全体员工要进一步统一思想，克服形式主义，要做到流程清晰，职责明确，工作步骤和工作标准简约明了。在体系文件编写过程中，要做到岗位人员编流程写文件，部门领导议流程审文件，主管领导审流程批文件，确保体系建设工作不走形式、不摆花架子、不搞两张皮，做到所写即所做，所做即所写。

（5）建立长效机制

质量管理体系的实施运行是一项长期的系统工程，为保证体系的实施效果，企业必须立足长远，围绕体系的运作要求，对岗位设置、人员管理、效益分配和企业运作程序进行长期规划，建立起长久、有效的推行机制和管理机制，以加强对体系实施过程的有效控制。

【练习与思考】

一、填空题

1. 在焊接生产管理中，焊接检验和质量控制是两个至关重要的环节，它们_____、_____，共同确保焊接生产过程的稳定性和产品质量的可靠性。

2. _____查是最直接也是最基本的检验方法。

3.焊接检验是一个综合性的过程,需要贯穿整个焊接生产过程,确保焊接质量的_____和_____。

4.质量管理体系标准将企业管理以程序制度化,实现"_____、凡事有章可循、凡事有据可查、_____"的科学管理模式。

二、判断题

1.焊接检验是在焊接生产最后验收中进行的。　　　　　　　　　　　（　　　）

2.合理的焊接参数可以保证焊接接头的熔合质量和金属结构的稳定性。　（　　　）

3.质量管理体系是企业为实施质量管理所需的组织、结构、程序、过程和资源。（　　　）

4.质量管理体系的工作只是领导的参与即可。　　　　　　　　　　　（　　　）

三、选择题

1.焊接材料的选择是焊接质量控制的(　　　)。

A.第一步　　　　　B.第二步　　　　　C.第三步　　　　　D.第四步

2.在质量方面指挥和控制组织的协调活动,通常包括制定质量方针、目标以及质量策划、质量控制、质量保证和质量改进等活动。这个体系就叫(　　　)体系。

A.环境管理　　　B.生产管理　　　C.质量管理　　　D.设备管理

3.焊接参数的设定是焊接质量控制的关键环节之一。需要根据焊接材料的特性、焊接接头的要求等因素,合理设定(　　　)参数。

A.焊接电流　　　B.焊接电压　　　C.焊接速度　　　D.以上都是

4.非破坏性检验包括(　　　)。

A.外观检验　　　B.致密性检验　　　C.无损检验　　　D.以上都是

【任务实施】

一、工作准备

1.设备与工具

电弧焊机主机、电弧焊焊枪、电弧焊机说明书、安全护具(电焊帽、口罩、护目镜、焊接手套、焊接工作服)、辅助工具(通针、扳手、点火枪、钢丝刷、钢丝钳等)。

渗透探伤检验设备。

2.相关材料

J402焊条或者J507焊条等多种焊条、Q235钢板、渗透系统。

二、工作程序

1.焊接试件

根据焊接经验,取5组可实现焊接的工艺参数,焊接试件,并标记。

2.检测

观察焊接时焊条与母材熔化融合的情况。在合理的焊接参数范围内,选择几套焊接参数试焊,观察哪一组参数焊接时熔滴受力情况,以及焊缝成型效果最好,并记录下来。采用无损检测,检测五组试件的质量并对比,选取质量最优组,记录,编辑工艺文件。

3. 分析记录焊接过程

根据母材的特点,分析焊接质量影响因素。

4. 生产计划编辑

根据工艺文件,完成生产计划编制。

5. 作业完毕整理

关闭焊机设备,配件摆放指定位置,工件按规定堆放,清扫场地,保持整洁。最后要确认设备断电、高温试件附近是否有可燃物等有可能引起火灾、爆炸的隐患后,方可离开。

【焊接生产过程控制工作单】

计划单

学习情境 2	焊接生产过程管理		任务 1	焊接生产过程控制	
工作方式	组内讨论、团结协作共同制定计划,小组成员进行工作讨论,确定工作步骤			学时	1
完成人	1.　　　2.　　　3.　　　4.　　　5.　　　6.				
计划依据:1. 小组成员:　　　　　;2. 小组分配的工作任务					
序号	计划步骤			具体工作内容描述	
1	准备工作(准备电焊机、配件、说明书,谁去做?)				
2	组织分工(成立组织,人员具体都完成什么工作?)				
3	设备检查(都检查什么内容?)				
4	设备状态记录(谁去记录?都记录什么内容?)				
5	整理资料(谁负责?整理什么内容?)				
制定计划说明	(写出制定计划中人员完成工艺评定任务的分工或可以执行的步骤,以及根据工艺制定生产计划需要的重点步骤)				
计划评价	评语:				
班级		第　　　组		组长签字	
教师签字			日期		

决策单

学习情境 2	焊接生产过程管理	任务 1	焊接生产过程控制
决策目的	对焊接生产进行全面的计划,识别焊接生产计划中的各个部门的配合情况。针对每种产品,制定相应的应对计划安排	学时	0.5
方案讨论		组号	

	组别	步骤顺序性	步骤合理性	实施可操作性	选用工具合理性	方案综合评价
方案决策	1					
	2					
	3					
	4					
	5					
	1					
	2					
	3					
	4					
	5					
	1					
	2					
	3					
	4					
	5					

	评语:
方案评价	

班级		组长签字		教师签字		日期	

工具单

场地准备	教学仪器(工具)准备	资料准备
一体化焊接生产车间	不同品牌或型号的电焊机若干、焊接配件若干、安全防护用品若干、焊接检验设备、相关耗材	焊接设备的使用说明书、班级学生名单

作业单

学习情境 2	焊接生产过程管理		任务 1	焊接生产过程控制
参加焊接生产过程管理人员	第　　组			学时
				1
作业方式	小组分析,个人解答,现场批阅,集体评判			

序号	工作内容记录 (电焊设备检查的实际工作)	分工 (负责人)
小结	主要描述完成的成果及是否达到目标	存在的问题

班级		组别		组长签字	
学号		姓名		教师签字	
教师评分		日期			

检查单

学习情境 2	焊接生产过程管理		学时	20
任务 1	焊接生产过程控制		学时	10
序号	检查项目	检查标准	学生自查	教师检查
1	准备工作	任务书阅读与分析能力,正确理解及描述目标要求		
2	分工情况	与同组同学协商,确定人员分工		
3	工作态度	查阅资料能力,市场调研能力		
4	纪律出勤	资料的阅读、分析和归纳能力		
5	团队合作	焊接生产线各个工序过程控制管理		
6	创新意识	安全生产理念与环保理念		
7	完成效率	焊接质量品控		
8	完成质量	任务书阅读与分析能力,正确理解及描述目标要求,保障生产质量		
检查评价	评语:			
班级		组别		组长签字	
教师签字				日期	

评价单

学习情境 2	焊接生产过程管理		任务 1	焊接生产过程控制			
评价学时			课内 0.5 学时				
班级			第　　组				
考核情境	考核内容及要求	分值	学生自评分（10%）	小组评分（20%）	教师评分（70%）	实际得分	
计划编制（20分）	资源利用率	4					
	工作程序的完整性	6					
	步骤内容描述	8					
	计划的规范性	2					
工作过程（40分）	保持焊接设备及配件的完整性	10					
	焊接质量及安全作业的管理	20					
	质检分析的准确性	10					
团队情感（25分）	核心价值观	5					
	创新性	5					
	参与率	5					
	合作性	5					
	劳动态度	5					
安全文明（10分）	工作过程中的安全保障情况	5					
	工具正确使用和保养、放置规范	5					
工作效率（5分）	能够在要求的时间内完成,每超时 5 min 扣 1 分	5					
总分		100					

小组成员素质评价单

学习情境2	焊接生产过程管理		任务1		焊接生产过程控制			
班级		第　　　组			成员姓名			
评分说明	每个小组成员评价分为自评和小组其他成员评价两部分，取平均值计算，作为该小组成员的任务评价个人分数。评价项目共设计 5 个，依据评分标准给予合理量化打分。小组成员自评分后，要找小组其他成员以不记名方式打分							
评分项目	评分标准	自评分	成员1评分	成员2评分	成员3评分	成员4评分	成员5评分
核心价值观（20分）	是否有违背社会主义核心价值观的思想及行动						
工作态度（20分）	是否按时完成负责的工作内容、遵守纪律，是否积极主动参与小组工作，是否全过程参与，是否吃苦耐劳，是否具有工匠精神						
交流沟通（20分）	是否能良好地表达自己的观点，是否能倾听他人的观点。						
团队合作（20分）	是否能与小组成员合作完成任务，做到相互协作、互相帮助、听从指挥						
创新意识（20分）	看问题是否能独立思考，提出独到见解，是否能够利用创新思维解决遇到的问题						
最终小组成员得分							

【课后反思】

学习情境2	焊接生产过程管理		任务1	焊接生产过程控制
班级		第　　组	成员姓名	
情感反思	通过对本任务的学习和实训,你认为自己在社会主义核心价值观、职业素养、学习和工作态度等方面有哪些需要提高的部分?			
知识反思	通过对本任务的学习,你掌握了哪些知识点?请画出思维导图。			
技能反思	在完成本任务的学习和实训过程中,你主要掌握了哪些技能?			
方法反思	在完成本任务的学习和实训过程中,你主要掌握了哪些分析和解决问题的方法?			

任务2　先进制造生产模式及管理

【任务工单】

学习情境 2	焊接生产过程管理	任务 2	先进制造生产模式及管理
任务学时		4 学时(课外 2 学时)	
布置任务			
任务目标	完成企业的焊接机器人工艺制定,并配合工艺,完成先进生产模式的计划制定、材料设备选择与维护、作业监控与质量检测等技能。根据实际生产需求,制定合理的生产计划		
任务描述	根据任务要求,用对接板焊接为例,根据焊接机器人的焊接经验,设定五组可实施的工艺参数,完成焊接过程并焊后分析,评定质量、速度、电压、电流等参数最合理的工艺流程,完成工艺方案,并监控生产进度,及时调整生产策略。优化工艺流程,合理配置资源,以及焊接作业监控和质量检测的方法,能够确保焊接作业的质量和安全		

学时安排	资讯 1 学时	计划 0.5 学时	决策 0.5 学时	实施 1 学时	检查 0.5 学时	评价 0.5 学时

提供资源	焊接实训室相关设备及说明书等资料
对学生学习及成果的要求	1. 焊接专业基础知识(焊接方法、工艺、生产),经历了专业实习,对焊接企业的产品及行业领域有一定的了解。 2. 具有独立思考、善于发现问题的良好习惯。能对任务书进行分析,能正确理解和描述目标要求。 3. 具有查询资料和市场调研能力,具备严谨求实和开拓创新的学习态度。 4. 每组必须完成任务工单,并提请教师进行小组评价,小组成员分享小组评价分数或等级。 5. 每名同学均须完成任务反思,以小组为单位提交

【课前自学】

知识点1　智能制造

一、智能制造概述

1989 年 Kusiak 首次明确提出了"智能制造系统"一词,并将智能制造定义为"通过集成知识工程、制造软件系统和机器人控制来对制造技工们的技能和专家知识进行建模,以使智能机器可自主地进行小批量生产"。此时智能制造的概念主要是从技术方面阐述的,强调它是由智能机器和人类专家共同组成的人机一体化智能系统。

在 21 世纪我国的"制造强国战略研究"报告中,认为智能制造是制造技术与数字技术、智能技术及新一代信息技术的融合。它是面向产品全生命周期的具有信息感知、优化决策、执行控制功能的制造系统,旨在高效、优质、柔性、清洁、安全、敏捷地制造产品和服务用户。智能制造的内容包括:制造装备的智能化、设计过程的智能化、加工工艺的优化、管理的信息化和服务的敏捷化、远程化等。

现在,我们对工业4.0时代的智能制造内涵有了进一步的认知,即:智能制造是先进制造技术与新一代信息技术、新一代人工智能等新技术深度融合形成的新型生产方式和制造技术。

它以产品全生命周期价值链的数字化、网络化和智能化集成为核心,以企业内部纵向管控集成和企业外部网络化协同集成为支撑,以物理生产系统及其对应的各层级数字孪生映射融合为基础,建立起具有动态感知、实时分析、自主决策和精准执行功能的智能工厂进行赛博物理融合的智能生产,实现高效、优质、低耗、绿色、安全的制造和服务。图2-44所示为制能制造示意图。

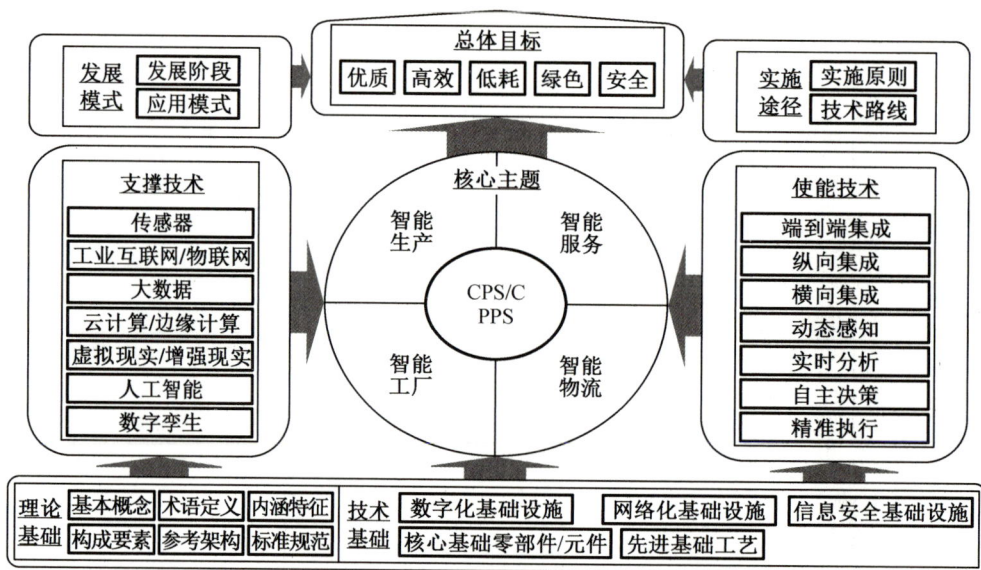

图2-44 智能制造示意图

1. 智能制造技术

智能制造技术是指利用计算机模拟制造专家的分析、判断、推理、构思和决策等智能活动,并将这些智能活动与智能机器有机地融合起来,将其贯穿应用于整个制造企业的各个子系统(如经营决策、采购、产品设计、生产计划、制造、装配、质量保证和市场销售等),以实现整个制造企业经营运作的高度柔性化和集成化,从而取代或延伸制造环境中专家的部分脑力劳动,并对制造业专家的智能信息进行收集、存储、完善、共享、继承和发展的一种极大地提高生产效率的先进制造技术。

2. 智能制造系统

智能制造系统是指基于信息管理系统技术(information management technology,IMT),利用计算机综合应用人工智能技术(如人工神经网络、遗传算法等)、智能制造机器、代理

（agent）技术、材料技术、现代管理技术、制造技术、信息技术、自动化技术、并行工程、生命科学和系统工程理论与方法,在国际标准化和互换性的基础上,使整个企业制造系统中的各个子系统分别智能化,并使制造系统形成由网络集成的、高度自动化的一种制造系统。

智能制造系统是智能技术集成应用的环境,也是智能制造模式展现的载体。智能制造系统理念建立在自组织、分布自治和社会生态学机制上,目的是通过设备柔性和计算机人工智能控制,自动地完成设计、加工、控制管理过程,旨在解决适应高度变化的环境制造的有效性。

二、智能制造的综合特征

智能制造和传统的制造相比,智能制造系统具有以下特征:

1.自律能力

自律能力即搜集与理解环境信息和自身的信息,并进行分析判断和规划自身行为的能力。具有自律能力的设备称为"智能机器","智能机器"在一定程度上表现出独立性、自主性和个性,甚至相互间还能协调运作与竞争。强有力的知识库和基于知识的模型是自律能力的基础。

2.人机一体化

智能制造系统不单纯是"人工智能"系统,而是人机一体化智能系统,是一种混合智能。基于人工智能的智能机器只能进行机械式的推理、预测、判断,它只能具有逻辑思维(专家系统),最多做到形象思维(神经网络),完全做不到灵感(顿悟)思维,只有人类专家才真正同时具备以上三种思维能力。因此,想以人工智能全面取代制造过程中人类专家的智能,独立承担起分析、判断、决策等任务是不现实的。人机一体化一方面突出人在制造系统中的核心地位,另一方面在智能机器的配合下,更好地发挥出人的潜能,使人机之间表现出一种平等共事、相互"理解"、相互协作的关系,使二者在不同的层次上各显其能,相辅相成。

因此,在智能制造系统中,高素质、高智能的人将发挥更好的作用,机器智能和人的智能将真正地集成在一起,互相配合,相得益彰。

3.虚拟现实技术

这是实现虚拟制造的支持技术,也是实现高水平人机一体化的关键技术之一。虚拟现实(virtual reality)技术是以计算机为基础,融合信号处理、动画技术、智能推理、预测、仿真和多媒体技术为一体;借助各种音像和传感装置,虚拟展示现实生活中的各种过程、物件等,因而也能拟实制造过程和未来的产品,从感官和视觉上使人获得完全如同真实的感受。但其特点是可以按照人们的意愿任意变化,这种人机结合的新一代智能界面,是智能制造的一个显著特征。

4.自组织超柔性

智能制造系统中的各组成单元能够依据工作任务的需要,自行组成一种最佳结构,其柔性不仅突出在运行方式上,而且突出在结构形式上,所以称这种柔性为超柔性,如同一群人类专家组成的群体,具有生物特征。

5.学习与维护

智能制造系统能够在实践中不断地充实知识库,具有自学习功能。同时,在运行过程中自行故障诊断,并具备对故障自行排除、自行维护的能力。这种特征使智能制造系统能够自我优化并适应各种复杂的环境。

三、发展智能制造的总体目标

1. 优质

制造的产品具有符合设计要求的优良质量,或提供优良的制造服务,或使制造产品和制造服务的质量优化。

2. 高效

在保证质量的前提下,在尽可能短的时间内以高效的工作节拍完成生产,从而制造出产品和提供制造服务,快速响应市场需求。

3. 低耗

以最低的经济成本和资源消耗制造产品或提供制造服务。其目标是综合制造成本最低,或制造能效比最优。

4. 绿色

在制造活动中综合考虑环境影响和资源效益,其目标是使整个产品全生命周期中对环境的影响最小、资源利用率最高,并使企业经济效益和社会效益协调优化。

5. 安全

考虑制造系统和制造过程中涉及的网络安全和信息安全问题,即通过综合性的安全防护措施和技术,保障设备、网络、控制、数据和应用的安全。

四、智能制造核心主题

1. 智能工厂

智能工厂重点研究智能化生产系统和过程,以及网络化分布式生产设施的实现。智能工厂是智能制造中的一个关键主题,其主要内容可从多个角度来描述。

首先,数字工厂是工业化与信息化融合的应用体现。它借助于信息化和数字化技术,通过集成、仿真、分析、控制等手段为制造工厂的生产全过程提供全面管控的整体解决方案。它不限于虚拟工厂,更重要的是实际工厂的集成,包括产品工程、工厂设计与优化、车间装备建设及生产运作控制等。

其次,数字互联工厂是指将物联网技术全面应用于工厂运作的各个环节,实现工厂内部人、机、料、法、环、测的泛在感知和万物互联,互联的范围甚至可以延伸到供应链和客户环节。

而智能工厂从范式维度看,智能工厂是制造工厂层面的信息化与工业化的深度融合,是数字化工厂、网络化互联工厂和自动化工厂的延伸和发展。它通过将人工智能技术应用于产品设计、工艺、生产等过程,使得制造工厂在其关键环节或过程中能够体现出一定的智能化特征,即自主性的感知、学习、分析、预测、决策、通信与协调控制能力,能动态地适应制造环境的变化,从而实现提质增效、节能降本的目标。图2-45所示为智能工厂。

图 2-45　智能工厂

2. 智能生产

智能生产是智能制造中的另一个关键主题。在未来的智能生产中,生产资源(生产设备、机器人、传送装置、仓储系统和生产设施等)将通过集成形成一个闭环网络,具有自主、自适应、自重构等特性,从而可以快速响应、动态调整以及配置制造资源网络和生产步骤。智能生产的研究内容主要包括:

(1)制造运营管理系统生产网络

基于制造运营管理系统(manufacturing operations management system,MOM)的生产网络,生产价值链中的供应商通过生产网络可以获得和交换生产信息,供应商提供的全部零部件可以通过智能物流系统,在正确的时间以正确的顺序到达生产线。

(2)基于数字孪生的生产过程设计、仿真和优化

通过数字孪生将虚拟空间中的生产建模仿真与现实世界的实际生产过程完美融合,从而为真实世界里的物件(包括物料、产品、设备、生产过程、工厂等)建立一个高度真实仿真的"数字孪生",生产过程的每一个步骤都可在虚拟环境(即赛博系统)中进行设计、仿真和优化。

(3)基于现场动态数据的决策与执行

利用数字孪生模型,为真实的物理世界中物料、产品、工厂等建立一个高度真实仿真的"孪生体",以现场动态数据驱动,在虚拟空间里对定制信息、生产过程或生产流程进行仿真优化,给实际生产系统和设备发出优化的生产工序指令,指挥和控制设备、生产线或生产流程进行自主式自组织的生产执行,满足用户的个性化定制需求。

3. 智能物流和智能服务

智能物流和智能服务也分别是智能制造的主题之一。在一些场合下这两者也常被认为是构成智能工厂和进行智能生产的重要内容。

智能物流主要通过互联网、物联网和物流网等,整合物流资源,充分发挥现有物流资源供应方的效率,使需求方能够快速获得服务匹配和物流支持。智能服务是指能够自动辨识用户的显性和隐性需求,并且主动、高效、安全、绿色地满足其需求的服务。

在智能制造中,智能服务需要在集成现有多方面的信息技术及其应用的基础上,以用户需求为中心,进行服务模式和商业模式的创新。因此,智能服务的实现需要涉及跨平台、多元化的技术支撑。在智能工厂中基于信息物理系统(cyber physical system,CPS)平台通过

物联网(物品的互联网)和务联网(服务的互联网),将智能电网、智能移动、智能物流、智能建筑、智能产品等与智能工厂(智能车间和智能制造过程等)互相连接和集成,实现对供应链、制造资源、生产设施、生产系统及过程、营销及售后等的管控。

五、智能制造国内外发展现状和未来

智能制造是一种通过融合先进的信息技术与制造技术来实现生产制造智能化和自动化的发展趋势。

1. 国外智能制造发展现状

美国为保持其制造业的全球竞争优势,出台了一系列的制造业振兴计划,如 2009 年 12 月提出的《重振美国制造业政策框架》、2011 年 6 月提出的《先进制造伙伴计划》与 2012 年 2 月提出的《先进制造业国家战略计划》。依托新一代信息技术、新材料、新能源等创新技术在美国加快发展技术密集型的先进制造业。

欧洲国家早在 1982 年制定的信息技术发展战略计划中就强调了智能制造核心技术的开发。德国西门子、瑞士 ABB、法国施耐德电气等公司已将部分人工智能技术应用到工业控制设备与系统中。由欧洲联盟(简称欧盟)资助的智能制造系统 IMS2020 计划囊括了意大利、德国、瑞士、美国、日本、韩国等多个先进国家与 SAP、IBM、Siemens、BMW、MIT、Cambridg 等多家企业与高校。针对可持续制造领域、节能制造领域、关键技术领域、标准化领域、创新培训领域五个关键领域,规划并逐步完成 1~3 年的短期目标、7~10 年的中期目标以及 10~15 年后的智能制造蓝图。德国针对来自亚洲制造业的竞争威胁和美国的"先进制造业"发展,提出了"工业"计划,期望充分发挥德国在制造业的现有优势,以确保德国制造业的未来。"工业"是以智能制造为主导的第四次工业革命,旨在通过充分利用信息通信技术和网络空间虚拟系统–信息物理系统相结合的手段,将制造业向智能化转型。"工业"项目主要分为两大主题:一是"智能工厂",重点研究智能化生产系统及过程,以及网络化分布式生产设施的实现;二是"智能生产",主要涉及整个企业的生产物流管理、人机互动以及 3D 技术在工业生产过程中的应用等。

日本早在 1989 年就发起过"智能制造系统"计划,从 1992 年至 1994 年进行可行性研究,投资 10 亿美元建立了 6 项工业界主导的"可行性国际合作测试案例",包括《流程工业洁净制造》《全球化制造同步工程》《21 世纪全球化制造》《全方位制造系统》《快速产品开发》《知识系统化》等智能系统,重点研究了开发全球化制造、下一代制造系统、全能制造系统等技术。2004 年,日本启动了"新产业创造战略",为制造业寻找未来战略产业,并将信息家电、机器人、环境能源等 7 个领域作为重点发展对象,努力提高日本制造业在国际上的产业竞争力。

韩国于 1991 年底提出了"高级先进技术国家计划",即 G-7 计划,包括 7 项先进技术及 7 项基础技术,目标是到 2000 年把韩国的技术实力提高到世界第一流发达国家的水平,该目标已基本达到。为占领智能化生产技术的制高点,韩国目前又将智能制造技术列入"高级先进技术国家计划"之中,重点研究智能化生产技术。

2. 国内智能制造发展现状

国内也对智能制造进行了探索与研究。最早在 1993 年,国家自然科学基金重大项目就研究了"智能制造系统关键技术"。而到 1999 年,又开展了"支持产品创新先进制造技术若

干基础性研究"。在智能制造的企业应用方面,有部分企业的智能工厂将智能传感器技术、工业无线传感网技术、国际开放现场总线和控制网络的有线/无线异构智能集成技术、信息融合与智能处理技术等融入生产各环节,通过与现有的企业信息化技术融合,实现了复杂工业现场的数据采集、过程监控、设备运维与诊断、产品质量跟踪追溯、优化排产与在线调度、用能优化及污染源实时监测,开发了工业现场分析与装备健康运行监测平台、大型离散制造过程的可视化系统与智能工厂应用的云计算平台。

中国政府高度重视智能制造的发展,出台了一系列支持政策,如《中国制造2025》和《智能制造发展规划(2016—2020年)》等,为智能制造提供强有力的支持。

中国在智能制造领域取得多项重要技术创新成果,包括数控机床、工业机器人、自动化生产线等自主可控的核心装备和系统。智能制造的应用领域不仅限于传统制造业,还包括医疗、教育、交通、农业等多个领域。

在国内,智能制造同样得到了极大的重视和扶持,政府和企业都在积极推动这一进程。然而,智能制造也面临着一些挑战,如数据安全问题、技术标准的制定与统一以及人机协同的优化等。

总结来说,智能制造在全球范围内受到关注和发展,而在国内则得到了政府的大力支持和企业的积极参与。尽管两者都取得了一定进展,但也面临着各自的挑战和问题。

3.典型企业案例分析

国内外均有不少典型的智能制造企业,如国内的华为、阿里巴巴、海尔等,国外的西门子、宝马、GE等。这些企业通过引进和研发先进的智能制造技术,实现了生产线的自动化、数字化和网络化,大幅提高了生产效率和产品质量。同时,这些企业还积极探索新的商业模式和服务模式,推动制造业向服务化、智能化方向发展。

4.行业应用与影响

智能制造技术在多个行业得到了广泛应用,如汽车、机械、电子、家电等。智能制造的应用不仅提高了生产效率和质量,还推动了产业升级和转型。同时,智能制造的发展也对全球制造业产生了重要影响,推动了全球制造业的智能化、绿色化和服务化发展。

5.挑战与问题

尽管国内外智能制造取得了显著进展,但仍面临一些挑战和问题。如技术瓶颈、人才短缺、数据安全等问题制约着智能制造的进一步发展。同时,国内外智能制造的发展也存在一定的不平衡性,部分地区和企业仍需要进一步加大投入和支持力度。

6.智能制造的未来趋势

(1)基础理论与技术

行业统一标准与规范、关键智能基础共性技术、核心智能装置与部件、工业领域信息安全技术等。

(2)智能装备

典型行业数控机械装备、智能工业机器人、智能化高端成套设备等。

(3)智能系统

信息物理融合系统、智能制造执行系统、智能柔性加工成型装配系统、绿色智能连续制造系统、3D生产系统等。

（4）智能服务

数据分析与决策支持、智能监控与诊断、智能服务平台、产业链横向集成等。

从国内形势看，实施制造业信息化，是我国制造业应对经济全球化、提高国际竞争力的迫切需要，是以信息化带动工业化，促进传统制造业结构调整和优化升级的必然选择。我国目前还处在工业化进程之中，距离实现现代化还有很长的一段路要走。工业化的进程是不可逾越的，但是在信息时代工业化的过程是可以缩短的。应该充分利用后发优势，大力推进以制造业信息化为代表的国民经济信息化，以信息化带动工业化，以工业化促进信息化，实现全社会生产力的跨越发展。

六、智能制造技术应用案例

我国科学技术和信息技术的蓬勃发展推动了工业机器人的快速发展。在工业领域中，应用工业机器人可以取代人工完成一些重复性作业，不仅能够确保生产质量和生产安全，还可以帮助企业节约人力和物力资源，对推动我国工业全面发展具有重要价值和积极意义。下面介绍工业机器人在智能制造中的应用。

1. 工业机器人在智能制造中的应用优势

（1）服从指令

基于人工智能技术下的工业机器人虽然具备一定的思维能力，但是依然无法胜任烦琐的工作，其调节身体和指挥支配依赖于控制器。在制造工业机器人时，设计者通过安装和编写自动化控制程序，促使使用者通过指令控制工业机器人。在实际生产中，工业机器人没有自主思考能力，所有工作都依赖于控制人员下达的指令，而工业机器人的最大特征是服从指令，严格按照各条指令完成生产任务。

（2）岗位针对性较强

随着我国科学技术的蓬勃发展，工业机器人在各个领域的应用更加广泛，其任何操作都依赖控制人员的指令和相关参数设定，由于工业生产各个岗位的生产需求不同，工业机器人的结构形态存在较大差异。在我国工业生产中，最为常见的工业机器人为机械臂机器人，它能够进行物体移动和简单操作，可用于产品运输、产品搬运以及产品生产。按照生产需求和工作性质的差异，目前较为常用的工业机器人包括餐饮服务机器人、汽车零配件加工机器人、产品运输机器人以及焊接机器人等。在具体使用中，操作人员只要输入相关指令就可以完成机器人控制。

（3）生产效能较高

工业机器人可以替代人工完成简单的生产任务，提升生产效能是企业选择工业机器人的重要原因。工业机器人不同于人类，在工作中不会疲惫，也不会出现员工缺席等问题，尤其在高强度和高负荷岗位的生产中，工业机器人这一优势更加明显。例如，在产品搬运中，劳动强度较大，人们长期从事这一工作容易出现潜在风险，影响工作效能，而应用工业机器人可以完美地解决这一问题，机器人可以承受高强度的工作负荷，只要电能充足就可以不间断进行生产，长时间保持工作状态。同时，现代工业机器人的内部结构更加简单，为企业开展故障维修提供了巨大便捷。机器人出现故障后，通过简单维修就能够解除故障，不会影响生产活动的正常进行。

（4）节约企业生产成本

企业以实现经济效益最大化为基础和前提，之前以人工为主的生产模式，需要消耗大量的人力资源，对于一些生产规模较大的大型企业，人力资源成本是其运行成本的关键组成部分。工业机器人的出现为企业控制生产成本提供了巨大帮助，能够替代员工完成简单的生产任务，对于智能化程度较高的机器人，还可以完成更加烦琐和专业的任务，能够充分利用企业的人力资源，起到节约人力资源成本的作用。同时，随着现代科技的发展，工业机器人对能源的消耗更少，可以完全满足企业生产需求，降低企业生产能耗。

（5）生产安全性更高

安全是开展工业生产的基础和前提，尤其是一些危险性较高的岗位，容易受到外界环境和工作人员主观因素的影响发生安全事故。例如，在挖掘井下煤炭时，如果发生安全问题会对井下作业人员生命带来直接危险。而应用工业机器人可以更好地解决生产安全问题，目前在煤炭生产中较为常见的井下挖掘工业机器人，能够代替人工完成井下挖掘工作。此外，井下挖掘工业机器人具备的智能识别技术，可以对作业环境的安全性开展动态监督，将相关视频影像传输到控制中心，帮助管理人员掌握井下的安全作业情况，保证煤炭井下生产的安全性。

2. 工业机器人在智能制造中的具体应用

（1）无人行车

无人行车是工业机器人具备的主要功能，目前已经在库位匹配和钢卷吊运中应用，具有显著的应用效果。在以往的生产模式下，库位选择或者车辆运输主要通过人工控制的方式完成，由施工人员按照吊运技术进行运输，并且完成信息传递。利用工业机器人具备的无人行车功能，可以彻底摆脱人工控制的束缚，通过既定的吊装运输计划、仓库运转计划以及生产计划，自动完成库位匹配和产品运输任务。同时，工业机器人可以对运输计划和行车路线进行科学计算，不仅能够缩短运输距离和路程，还可以避免消耗多余的能源和时间，为企业节约生产成本。

（2）自动贴签

工业机器人所具备的贴签功能，可以快速完成贴签工作，保证工作的准确性和实效性，其应用流程如下。在控制系统获得数据信息后，将其传输给工业机器人，然后工业机器人接受关于贴签的信息，将打印、拾取和贴签工作融为一体，快速完成贴签工作。与人工贴签相比较，工业机器人贴签效率更高，可以避免由于人工失误而出现的误差，贴签结实、平整、准确性高。目前在工业生产中产品标签的作用更加明显，在一些大型工业企业中，应用工业机器人完成贴签成为首选。

（3）自动搬运

在产品和零部件搬运中，以往主要以运输设备和人力为主，但在高强度搬运下，人工工作效率会逐渐降低。在产品和零部件搬运中应用工业机器人能够有效改善这一现状。例如，在汽车制作领域，涉及大量的小体积零配件，应用工业机器人可以快速将零部件集中在箱子内完成集中搬运和精准扮演。同时，一些带有机械臂的工业机器人可以模仿人体完成贵重物体的搬运工作，将零部件精准运输到指定位置。在具体应用中，控制人员通过输入指令能够快速完成搬运工作，并且通过指令对工业机器人的行为进行控制，例如通过输入指令要求其放缓搬运速度，或者要求其保护搬运物体等，不仅能够提升搬运的效率和质量，还可以避免物品在搬运过程中损坏。

（4）焊接

在我国汽车制造行业中,流水线为汽车生产的最重要模式。流行线生产涉及大量的焊接作业,每台汽车将近拥有 4 000 个焊点。以往以人工为主的焊接模式需消耗大量的人力资源,不仅增加企业生产成本,还会造成人力资源的浪费。在汽车焊接中应用焊接机器人,可以精准地对焊点完成焊接工作,提高焊接的效率和质量,也可以避免由于人工操作出现的失误。随着科学技术的发展,焊接机器人的智能化水平不断提升,具备弧焊技术和点焊技术,可通过 3D 视觉自动切换技术类型,提升了焊接的精细性和工作效率。

（5）机械加工

机械加工是工业机器人应用的主要领域。随着我国工业的快速发展,设备制造和工业生产都需要大量的机械设备作为支撑。机械设备制造需要以大量零部件为基础,尤其是一些功能特殊的机械设备,零部件的规则尺寸也有特殊要求,对机械加工人员的综合素质、岗位能力和技术素养具有较高的要求。在机械加工中应用工业机器人可以快速完成加工工作,控制者将相关参数输入计算机,工业机器人根据获取的参数完成自动化加工,不仅能够保障产品质量,还可以提高加工效率。机械加工机器人的出现带动了机械加工行业的发展,例如激光加工机器人和水切割加工机器人等,在特殊零部件加工中的作用更加明显。

（6）零部件装配

零部件装配属于流水线生产的关键组成部分,以往主要以人工为主,但是工作人员长时间在流水线上生产,容易出现疲劳和精力不集中等问题,不利于产品的质量控制。在零部件装配中应用工业机器人代替人工完成装配工作,而实现这一工作主要依靠传感器。第一,视觉传感器,工业机器人通过 3D 视觉对零部件进行确定和识别,将其安装在既定位置上,保证安装位置的精确性;第二,触觉传感器,主要用于补偿工件位置,避免装配出现误差和工业机器人之间出现碰撞;第三,力传感器,通过获取的数据信息对工业机器人的腕部受力情况进行分析,起到检测和控制装配力度的作用,避免力度不合适而影响装配质量。

3. 工业机器人在智能制造中的发展前景

（1）提升环境适应能力

工业机器人的主要目的是取代人工完成相关工作,在一些极端环境下,需要发挥工业机器人的生产价值。当前一些工业机器人由于环境适应能力不足,无法在极端或者恶劣环境下完成生产任务,对其生产效能发挥带来负面影响。在未来的科技研发中,需要将重点置于环境适应能力方面,促使工业机器人具备与工作环境相匹配和适应的能力。

（2）行业深化应用

不同工业机器人应用的行业和领域存在差异,基于不同行业的生产特点,对工业机器人的功能提出了新要求。在未来的研发生产中,需要注重结合工业机器人安全性、高效率以及高精度的优势,将其与行业充分结合,深化工业机器人的应用程度,打造自动化、一体化以及智能化的生产流水线。

（3）人机协同

人机协同是工业机器人所具备的重要功能,在产品设计中的应用较为广泛,通过人机协同可以帮助设计人员及时发现设计图纸或者设计方案中存在的问题,便于及时更新和改进。在未来的研发中,需要突出工业机器人人机协同的优势,丰富人像传输、智能对话以及感知能力等方面的功能。

工业机器人在部分工业生产领域已经获得应用,并且取得显著的应用效果。基于信息时代,信息化和智能化已经成为工业生产的必然发展趋势,各大企业在积极探索以信息技术为支撑的新型智能制造模式,合理应用工业机器人可以显著提升生产效能,节约生产成本,避免环境污染,确保生产安全,推动工业生产快速发展,实现工业生产的现代智能化。

【练习与思考】

一、填空题

1.智能制造是先进制造技术与新一代信息技术、新一代人工智能等新技术深度融合形成的＿＿＿＿＿＿和制造技术。

2.智能物流和智能服务也分别是智能制造的主题之一。在一些场合下这两者也常被认为是构成智能工厂和进行＿＿＿＿＿的重要内容。

3.＿＿＿＿＿主要通过互联网、物联网和物流网等,整合物流资源,充分发挥现有物流资源供应方的效率,使需求方能够快速获得服务匹配和物流支持。＿＿＿＿＿是指能够自动辨识用户的显性和隐性需求,并且主动、高效、安全、绿色地满足其需求的服务。

4.从国内形势看,实施制造业信息化,是我国制造业应对经济全球化、提高国际竞争力的迫切需要,是以信息化带动工业化,促进传统制造业结构调整和＿＿＿＿＿的必然选择。

二、选择题

1.智能制造和传统的制造相比,智能制造系统具有以下特征(　　)。(单选)

A.自律能力与人机一体化

B.虚拟现实技术与自组织超柔性

C.学习与维护

D.以上都是

2.发展智能制造的总体目标(　　)。(多选)

A.优质　　　　　　　B.高效　　　　　　　C.低耗　　　　　　　D.绿色和安全

3.智能生产的研究内容主要包括(　　)。(单选)

A.MOM 生产网络

B.基于数字孪生的生产过程设计、仿真和优化

C.基于现场动态数据的决策与执行

D.以上都是

4.智能制造的未来趋势(　　)。(多选)

A.基础理论与技术　　B.智能装备　　　　C.智能系统　　　　D.智能服务

三、判断题

1.想以人工智能全面取代制造过程中人类专家的智能,独立承担起分析、判断、决策等任务是现实的。(　　)

2.在未来的智能生产中,生产资源(生产设备、机器人、传送装置、仓储系统和生产设施等)将通过集成形成一个闭环网络,具有自主、自适应、自重构等特性,从而可以快速响应、动态调整和配置制造资源网络和生产步骤。(　　)

3.在智能制造中,智能服务需要在集成现有多方面的信息技术及其应用的基础上,以用户需求为中心,进行服务模式和商业模式的创新。 （　　）

4.在实际生产中,工业机器人没有自主思考能力,所有工作都依赖于控制人员下达的指令,而工业机器人的最大特征是服从指令,严格按照各条指令完成生产任务。 （　　）

知识点 2　敏捷制造

一、敏捷制造概述

20 世纪 60 年代和 70 年代,由于美国政府的政策失误和社会舆论的错误导向,导致美国经济严重衰退,竞争力明显下降,贸易逆差剧增,日本家电、汽车大量涌入并占领了美国市场。80 年代以后,美国从政府到民间都开始认识到问题的严重性,并开始研究如何重振美国制造业的威风。80 年代末美国国会指示国防部拟定一个制造技术发展规划,要求同时体现美国国防工业与民品工业的共同利益,并要求加强政府、工业界和学术界的合作。在此背景下,美国国防部委托 Lehigh 大学与 GM 等大公司一起研究制定一个振兴美国制造业的长期发展战略,最终于 1991 年完成了"21 世纪制造企业发展战略"报告。在此报告中提出了"敏捷制造"的概念。

敏捷制造的提出者认为,在市场全球化、市场需求多样化和变幻莫测的形势下,多品种、中小批量生产,甚至于单件生产将越来越占据主导地位。在影响市场竞争力的诸要素中,时间将变得越来越突出,谁能够在最短的时间内向市场推出适销对路的、高质量的产品,谁就能在激烈的市场竞争中站稳脚跟,并获取最大的利润。因此,提高制造系统的敏捷性,最大限度地缩短新产品开发周期和交货期,将成为企业赢得市场竞争的关键。

敏捷制造的基本思想是"敏捷",即对市场的快速响应。敏捷制造的基本方法是利用人的智能和信息技术,通过多方面的合作,改变企业沿用的复杂的多层递阶管理结构和传统的大批量生产方式,使企业在先进柔性制造技术的基础上,通过企业内部的项目组与企业外部的项目组的广泛联合,组成"虚拟公司",实现企业之间的资源(包括人力资源、物力资源、财力资源)集成与共享,并最终达到快速响应市场需求和赢得市场竞争的目标。

敏捷制造有别于传统的生产模式,它包含了许多新思想、新观念,诸如:可重构和不断改变的制造系统;建立"虚拟公司",实现企业内部与外部的资源共享与集成;充分利用信息技术,实现完全的柔性生产;采用并行工程等。图 2-46 所示为敏捷制造系统,图 2-47 所示为一站式敏捷制造服务。

二、敏捷制造的特点

1.从产品开发到产品生产周期的全过程满足要求

敏捷制造采用柔性化、模块化的产品设计方法和可重组的工艺设备,使产品的功能和性能可根据用户的具体需要进行改变,并借助仿真技术可让用户很方便地参与设计,从而很快地生产出满足用户需要的产品。它对产品质量的概念是,保证在整个产品生产周期内达到用户满意;企业的质量跟踪将持续到产品报废,甚至直到产品的更新换代。

2.采用多变的动态组织结构

21 世纪衡量竞争优势的准则在于企业对市场反应的速度和满足用户的能力。而要提高这种速度和能力,必须以最快的速度把企业内部的优势和企业外部不同公司的优势集中在一起,组成灵活的经营实体,即虚拟公司。

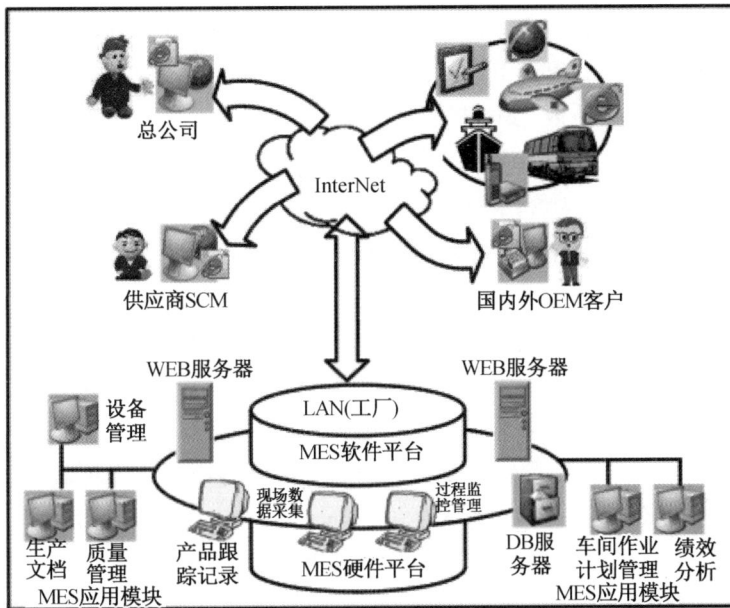

图 2-46 敏捷制造系统

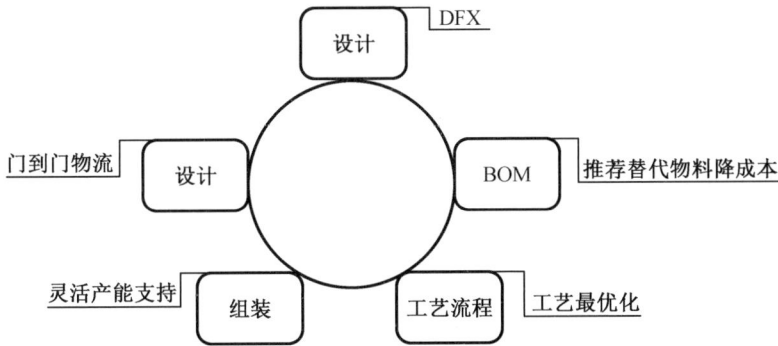

图 2-47 一站式敏捷制造服务

注:DFX 即面向产品生命周期设计(design for X);BOM 即物料清单(bill of material)。

所谓虚拟公司,是一种利用信息技术打破时空阻隔的新型企业组织形式。它一般是某个企业为完成一定任务项目而与供货商、销售商、设计单位或设计师,甚至与用户所组成的企业联合体。选择这些合作伙伴的依据是他们的专长、竞争能力和商誉。这样,虚拟公司能把与任务项目有关的各领域的精华力量集中起来,形成单个公司所无法比拟的绝对优势。当既定任务一旦完成,公司即行解体。当出现新的市场机会时,再重新组建新的虚拟公司。

虚拟公司这种动态组织结构,大大缩短了产品上市时间,加速产品的改进发展,使产品质量不断提高,也能大大降低公司开支,增加收益。虚拟公司已被认为是企业重新建造自己生产经营过程的一个步骤,预计 10~20 年以后,虚拟公司的数目会急剧增加。

3.战略着眼点在于长期获取经济效益

传统的大批量生产企业,其竞争优势在于规模生产,即依靠大量生产同一产品,减少每个产品所分摊的制造费用和人工费用,从而降低产品的成本。敏捷制造是采用先进制造技术和具有高柔性的设备进行生产,这些具有高柔性、可重组的设备可用于多种产品,不需要像大批量生产那样要求在短期内回收专用设备及工本等费用。而且变换容易,可在一段较长的时间内获取经济效益,所以它可以使生产成本与批量无关,做到完全按订单生产,充分把握市场中的每一个获利时机,使企业长期获取经济效益。

4.建立新型的标准基础结构,实现技术、管理和人的集成

敏捷制造企业需要充分利用分布在各地的各种资源,要把这些资源集中在一起,以及把企业中的生产技术、管理和人集成到一个相互协调的系统中。为此,必须建立新的标准结构来支持这一集成。这些标准结构包括大范围的通信基础结构、信息交换标准等的硬件和软件。

5.最大限度地调动、发挥人的作用

敏捷制造提倡以"人"为中心的管理。强调用分散决策代替集中控制,用协商机制代替递阶控制机制。它的基础组织是"多学科群体"(multi-decision team),是以任务为中心的一种动态组合。也就是把权力下放到项目组,提倡"基于统观全局的管理"模式,要求各个项目组都能了解全局的远景,胸怀企业全局,明确工作目标和任务的时间要求,但完成任务的中间过程则由项目组自主决定。以此来发挥人的主动性和积极性。

显然,敏捷制造方式把企业的生产与管理的集成提高到一个更高的发展阶段。它把有关生产过程的各种功能和信息集成扩展到企业与企业之间的不同系统的集成。当然,这种集成将在很大程度上依赖于国家和全球信息基础设施。

三、敏捷制造三要素

敏捷制造主要包括三个要素,即生产技术、组织方式、管理手段。敏捷制造的目的可概括为:"将柔性生产技术,有技术、有知识的劳动力与能够促进企业内部和企业之间合作的灵活管理(三要素)集成在一起,通过所建立的共同基础结构,对迅速改变的市场需求和市场实际做出快速响应"。从这一目标中也可以看出,敏捷制造的三个要素实际上就是生产技术、管理和人力资源,如图2-48所示。

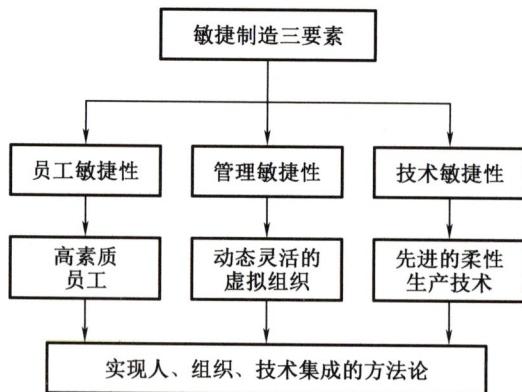

图 2-48 敏捷制造三要素

1. 生产技术

敏捷性是通过将技术、管理和人员三种资源集成为一个协调的、相互关联的系统来实现的。首先,具有高柔性的生产设备是创建敏捷制造企业的必要条件(但不是充分条件)。所必需的生产技术在设备上的具体体现是:由可改变结构、可量测的模块化制造单元构成的可编程的柔性机床组;智能制造过程控制装置;用传感器、采样器、分析仪与智能诊断软件相配合,对制造过程进行闭环监视,等等。

其次,在产品开发和制造过程中,能运用计算机能力和制造过程的知识基础,用数字计算方法设计复杂产品;可靠地模拟产品的特性和状态,精确地模拟产品制造过程。各项工作是同时进行的,而不是按顺序进行的。同时开发新产品,编制生产工艺规程,进行产品销售。设计工作不仅属于工程领域,也不只是工程与制造的结合,从用材料制造成品到产品最终报废的整个产品生命周期内,每一个阶段的代表都要参加产品设计。技术在缩短新产品的开发与生产周期上可充分发挥作用。

再次,敏捷制造企业是一种高度集成的组织。信息在制造、工程、市场研究、采购、财务、仓储、销售、研究等部门之间连续地流动,而且还要在敏捷制造企业与其供应厂家之间连续流动。在敏捷制造系统中,用户和供应厂家在产品设计和开发中都应起到积极作用。每一个产品都可能要使用具有高度交互性的网络。同一家公司的、在实际上分散、在组织上分离的人员可以彼此合作,并且可以与其他公司的人员合作。

最后,把企业中分散的各个部门集中在一起,靠的是严密的通用数据交换标准、坚固的"组件"(许多人能够同时使用同一文件的软件)、宽带通信信道(传递需要交换的大量信息)。把所有这些技术综合到现有的企业集成软件和硬件中去,这标志着敏捷制造时代的开始。敏捷制造企业将普遍使用可靠的集成技术,进行可靠的、不中断系统运行的大规模软件的更换,这些都将成为正常现象。

2. 管理技术

首先,敏捷制造在管理上所提出的创新思想之一是"虚拟公司"。敏捷制造认为,新产品投放市场的速度是当今最重要的竞争优势。推出新产品最快的办法是利用不同公司的资源,使分布在不同公司内的人力资源和物资资源能随意互换,然后把它们综合成单一的靠电子手段联系的经营实体——虚拟公司,以完成特定的任务。也就是说,虚拟公司就像专门完成特定计划的一家公司一样,只要市场机会存在,虚拟公司就存在;该计划完成了,市场机会消失了,虚拟公司就解体。能够经常形成虚拟公司的能力将成为企业一种强有力的竞争武器。只要能把分布在不同地方的企业资源集中起来,敏捷制造企业就能随时构成虚拟公司。在美国,虚拟公司将运用国家工业网络——全美工厂网络,把综合性工业数据库与服务结合起来,以便能够使公司集团创建并运作虚拟公司,排除多企业合作和建立标准合法模型的法律障碍。这样,组建虚拟公司就像成立一个公司那样简单。敏捷单元组建流程如图 2-49 所示。

其次,敏捷制造企业应具有组织上的柔性。因为,先进工业产品及服务的激烈竞争环境已经开始形成,越来越多的产品要投入瞬息万变的世界市场上去参与竞争。产品的设计、制造、分配、服务将用分布在世界各地的资源(公司、人才、设备、物料等)来完成。制造公司日益需要满足各个地区的客观条件。这些客观条件不仅反映社会、政治和经济价值,而且还反映人们对环境安全、能源供应能力等问题的关心。在这种环境中,采用传统的纵向集成形式,企图"关起门来"什么都自己做,是注定要失败的,必须采用具有高度柔性的动态组织结构。根据工作任务的不同,有时可以采取内部多功能团队形式,请供应者和用户参加团队;有时可以采用与其他公司合作的形式;有时可以采取虚拟公司的形式。有效地运用这些手段,就能充分利用公司的资源。

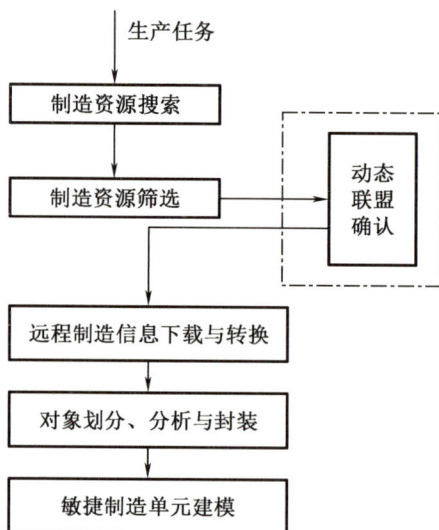

图 2-49　敏捷单元组建流程

3. 人力资源

敏捷制造在人力资源上的基本思想是,在动态竞争的环境中,关键的因素是人员。柔性生产技术和柔性管理要使敏捷制造企业的人员能够实现他们自己提出的发明和合理化建议。没有一个一成不变的原则来指导此类企业的运行。唯一可行的长期指导原则,是提供必要的物质资源和组织资源,支持人员的创造性和主动性。

在敏捷制造时代,产品和服务的不断创新和发展,制造过程的不断改进,是竞争优势的同义语。敏捷制造企业能够最大限度地发挥人的主动性。有知识的人员是敏捷制造企业中唯一最宝贵的财富。因此,不断对人员进行教育,不断提高人员素质,是企业管理层应该积极支持的一项长期投资。每一个雇员消化吸收信息、对信息中提出的可能性做出创造性响应的能力越强,企业可能取得的成功就越大。对于管理人员和生产线上具有技术专长的工人都是如此。科学家和工程师参加战略规划和业务活动,对敏捷制造企业来说是决定性的因素。在制造过程的科技知识与产品研究开发的各个阶段,工程专家的协作是一种重要资源。

敏捷制造企业中的每一个人都应该认识到柔性可以使企业转变为一种通用工具,这种工具的应用仅仅取决于人们对于使用这种工具进行工作的想象力。大规模生产企业的生产设施是专用的,因此这类企业是一种专用工具。与此相反,敏捷制造企业是连续发展的制造系统,该系统的能力仅受人员的想象力、创造性和技能的限制,而不受设备限制。敏捷制造企业的特性支配着它在人员管理上所特有的、完全不同于大量生产企业的态度。管理者与雇员之间的敌对关系是不能容忍的,这种敌对关系限制了雇员接触有关企业运行状态的信息。信息必须完全公开,管理者与雇员之间必须建立相互信赖的关系。工作场所要对在企业的每一个层次上从事脑力创造性活动的人员有一定的吸引力。

四、敏捷制造管理手段

敏捷制造应以灵活的管理方式达到组织、人员与技术的有效集成,尤其是强调人的作用。有知识的人是敏捷制造企业最宝贵的财富。不断对人员进行培训、进行素质提高,是企业管理层的一项长期任务。如图 2-50 所示。

图 2-50　敏捷制造提倡以"人"为中心的管理

在管理理念上要求具有创新和合作的突出意识,不断追求创新。除了内部资源的充分利用,还要利用外部资源和管理理念。在管理方法上要求重视全过程的管理,运用先进的科学的管理方法和计算机管理技术以及业务流程重组(business process reengineering,BPR)等管理。

敏捷制造追求实现理论上生产管理的目标,是适应未来社会发展的 21 世纪生产模式。敏捷制造的企业具有以下特征:

1. 产品系列具有相当长的寿命

敏捷制造企业容易消化吸收外单位的经验和技术成果,随着用户需求和市场的变化,敏捷制造企业会随之改变生产方式。企业生产出来的产品是根据顾客需求重新组合的产品或更新替代的产品,而不是用全新产品来替代旧产品,因此,产品系列的寿命会大大延长。

2. 信息交换迅速准确

敏捷制造企业随时根据市场变化来改进生产,这要求企业不但要从用户、供应商、竞争对手那里获得足够信息,还要保证信息的传递快捷,以便企业能够快速抓住瞬息万变的市场。

3. 以订单定生产

敏捷制造企业可以通过将一些重新编程、可重新组合、可连续更换的生产系统结合成为一个新的、信息密集的制造系统,可以做到使生产成本与批量无关,生产一万件同一型号的产品和生产一万件不同型号的产品所花费的成本相同。因此,敏捷制造企业可以按照订单进行生产。

敏捷制造作为一种21世纪生产管理的创新模式,能系统全面地满足高效、低成本、高质量、多品种、迅速及时、动态适应、极高柔性等要求。目前这些要求尚难于由一个统一的生产系统来实现,但无疑是未来企业生产管理技术发展和模式创新的方向。

五、敏捷制造国内外发展现状

1. 国外发展状况

(1)美国

1991 年里海大学 Iacocca 研究所提出敏捷制造。

1992 年由美国国防部高级研究计划局(ARPA)和美国国家自然科学基金会(NSF)投资组建敏捷制造企业协会(AMEF),现有 250 余家公司和组织参加该协会。

1994 年开始,由 AMEF 牵头开展了"最佳敏捷实践参考基础"研究,有近百家公司和大学研究机构分别就敏捷制造中 6 个领域的问题进行了与实践相结合的深层次研究。

至今美国已有一定的敏捷制造实践基础并且逐步成型应用。

(2)日本、德国等

①1995 年日本开展了一个"智能制造系统"研究计划,其中有两个项目为敏捷制造,一个为"自治和分布制造系统",另一个为"较长期自治和分布制造系统"。

②德国、法国和英国参加一个名为"未来工厂"的尤里卡项目为实施敏捷制造实行基础性工作。

③许勒惠勒(HULLER HILLE)有限公司在敏捷制造系统方面做出了开创性的工作,该公司开发出一种模块式结构的新型加工单元(SPECHT),既可以在生产线中作为柔性加工单元,又可以与自动装卸工件或托盘的输送装置相连接作为柔性制造系统或敏捷制造系统中的单元,充分体现了制造的敏捷性。

④英国在两篇报告中提出了"敏捷"的目标,一篇是在信息安全大会(RSA)上提出的"明天的公司"(重点在于人力资源)的报告,一篇是关于制造前景的报告。目前欧洲正在酝酿成立敏捷化协会,可能在多个国家设点,敏捷制造已在全球范围内受到广泛重视。

2. 我国制造业的现状及问题

(1)我国制造业的现状

①局部水平落后,总体有势力。我国虽然是一个大国,但技术设备水平、设备规模、技术人员数量等各方面与发达国家相比还有较大差距。但从全局来看,我们既有充足的设备,也有相当可观的人才资源。各部门、各单位都拥有或引进过一些先进的生产设备,也各自在某一领域具有一定的优势。

②集团优势差,设备闲置严重。虽然全局具有设备和人才优势,但这些优势重复分散,集中度低,形不成集团优势,形不成国内、国际有较强竞争力的一流集团化工业企业。以机床工具行业为例,其连续 3 年出现负增长。我国机床工具行业有较大的市场需求,居全世界需求的前列。但由于自身的原因,质量不过硬,产品不畅销,几年间国内市场自给率由 90% 以上下降到 40% 左右。据统计,在现有 4 万亿元的国有固定资产存量中,闲置和利用率不高的占 1/4 左右,也就是说,有 1 万亿元的国有固定资产长期处于"休养"状态。

③计算机应用水平较低。一些企业也有先进的软件和高档的计算机设备,但利用率很低。就 CAD 在我国机械行业的应用来说,前后已有 20 多年的历史,取得了一系列的成果和经验。但是,如何真正普及应用,仍是一个亟待解决的问题。

（2）我国推行敏捷制造应注意的问题

敏捷制造已发展了多年。我国也进行了较为深入的理论探讨，并取得了一定的成果，但还应注意以下几个方面的问题：

①加强推行敏捷制造重要性的认识。企业界要更新观念，要认识到推行敏捷制造体系在我国具有非常重要的现实意义。企业界应加强合作意识，再继续搞大而全的生产设备，"为了一个部件上一个工厂"的做法得不偿失。企业界必须抛弃小集体、保守的狭隘主义思想，积极寻找联盟伙伴。大家要站到发展的高度、全局的高度、国家利益的高度来发展我国的企业动态联盟。

②加大企业联合和重组的力度。1997—1998年，随着世界市场竞争的加剧，世界上一些著名的大企业，如波音、麦道、大众、宝马等，为了增强自己的竞争能力，积极寻找自己的合作伙伴，进行兼并或联合。我国应充分发挥政府调控职能强的优势，重点选择一些企业，加大企业联合和重组的力度。

③脚踏实地地提高计算机的应用水平，推行敏捷制造离不开计算机的帮助。计算机应用水平将直接影响敏捷制造的发展。各企业应大力推广计算机的应用，特别是提高CAD和CIMS的应用水平，为大力推行敏捷制造体系打下良好的基础。

④加强网络基础设施建设。分布式网络通信是敏捷制造体系不可缺少的组成部分，是实现异地设计、异地制造和数据共享的必备条件。网络规划应当在一定的原则指导下进行，网络组织应具有RRS(reconfigurable——可重构、reusable——可重用、scalable——规模可调)特性：支持实时远程多媒体通信，支持多协议共存，支持多软件平台，支持Client/Server结构。

⑤培养高素质的计算机人才。计算机在我国制造业应用水平低下，究其原因，关键是企业缺乏高素质的计算机人才。企业可以通过专家咨询、内部培训、选派技术骨干到高等院校学习等渠道，培养一批既懂本行业技术，又熟悉计算机应用的高素质人才。

3. 敏捷制造发展趋势

（1）开发并完善敏捷制造参考模型

为了帮助企业认识敏捷制造哲理，给准备实施敏捷化工程的企业一个参考，敏捷化工程模型正逐步受到重视。这一模型包含了一个实施敏捷化工程的结构框架，其中每项活动都有一些简单的实例和文献索引，其目的在于指出那些尚未引起工业界足够重视，而又对企业的竞争能力有重要意义的问题。

（2）进一步开发支持实施敏捷制造的各种技术和工具

在参考敏捷化工程模型的基础上，还将进一步加强经营决策工具和实验性实施设计策略开发工作，以便能包含更丰富的信息和形成更成熟的标准。美国的ARPA和NSF支持的敏捷制造项目安排了使能技术的开发和演示。敏捷制造使能技术是指支持敏捷制造实施的必要技术和工具，包括决策支持系统、集成产品设计工具、先进的建模与仿真技术、集成制造计划和控制系统，以及敏捷车间控制系统、先进的智能闭环加工能力、制造和企业系统集成工具等。

（3）敏捷制造实际应用的探索

由于现有的大批量生产模式与变批量、多品种生产模式之间存在很大的差距，现有的生产过程又不具备足够的柔性等各种限制因素的存在，敏捷制造示范项目仍有待于探索和改进。企业一方面需要充分利用现有的制造能力和技术经验有效地改进生产过程配置,一方面需要建立企业信息网,完善各种数据库系统,同时开发先进的并行基础结构,提供协同工作中人员、工具和产品实现环境的三维集成,以促进企业集成的实现,这样才能尽快地完成从当前生产方式向敏捷生产方式的转变。深入研究敏捷的概念、内涵以及实践,将其更好地应用于中小企业。由于敏捷制造具有资源、技术等集成优势,美国敏捷化协会的专家认为受资源限制的中小企业,将成为应用敏捷制造的重要力量。

六、敏捷制造技术应用案例

敏捷制造作为一种具有灵活性和高效性的生产管理模式,在当今工业界得到了广泛应用。然而,它也面临着战略调整困难、供应链管理挑战、需求预测不确定性以及人力资源能力不足等问题。为了充分发挥敏捷制造的优势,并解决其面临的问题,企业应建立灵活的组织机制、强化供应链管理能力、加强需求预测与市场研究以及提升人力资源能力。只有如此,敏捷制造才能为企业带来更快速、灵活和高效的生产方式。

1.敏捷制造实施应用情况

随着经济全球化的进程,世界各地众多公司、企业尤其跨国企业进行了企业流程再造及重组,通过实践活动实施敏捷制造,提高企业竞争力。其中:

波音767-X采用敏捷制造生产模式及并行设计、虚拟样机、虚拟企业等进行设计及生产,带来了以下几方面的效益:采用多部门及公司并行设计,缩短了三分之一产品研制周期,设计进程明显地加快,实现了三年内从设计到一次试飞成功的目标;利用现代设计方法,提高了设计质量,减少了因设计原因造成的生产异常;制造成本缩减,优化设计过程,提高质量。

美国苹果公司启动虚拟生产计划,与富士康公司形成合作关系,由富士康公司在产品质量、技术、研究开发、运送、存货、商标、员工的技术水平和工作态度等方面按照苹果公司全球统一标准生产iPad/iPhone手机;苹果公司应用虚拟生产方式进行生产,做到了快速、低成本、优质高效。跨国公司由于财力、品牌、市场地位及营销渠道的优势在虚拟组织中占据有利地位,经营更加得心应手;没有品牌行销能力但能有效生产的制造商在虚拟组织分工中通过承接巨额制造订单,赚取利润;实现了优势集成的敏捷制造组织原则。

IBM公司也将快速响应市场,满足市场/用户需要作为企业的根本出发点,用户只需通过电话或电子邮件订货就可获得满意的商品。IBM公司在一条有40多名工人的生产线上,可同时生产27种产品,而且每种产品因用户特殊要求而异。用户的订货数据输入电脑数据库,机器人或专职工人根据电脑数据挑选部件,然后输入传送带送往组装站。组装工人按电脑屏幕指示的步骤组装,然后由包装工人包装启运第二天产品就出现在用户面前。

我国高新技术的新兴产业群中,深圳华为、北大方正、巨龙通信工程公司等企业自发运用虚拟企业优势集成的分工原则取得了成功。中国企业家把在中国应用的动态联盟企业模式总结为产品研究开发及市场开拓营销两头在内、中间制造过程在外的哑铃型企业。它开辟了一条可行的高新技术的产业化道路,降低了高新技术的产业化的风险,有利于高新技术产业的形成。中国航空集团有限公司采用了异地设计和异地制造的方式研制生产了X-3直升机飞机;多厂、所(中航工业直升机研究所等)及法国欧洲直升机联合研发,南昌、哈尔滨等多个飞机厂联合制造,体现了敏捷制造中动态联盟的思想。

目前,敏捷制造已具备了一定的实践基础和雏形,典型行业敏捷制造的应用示范正在进行中。20世纪90年代,日本提出一个名为"智能制造系统(intelligent manufacturing system,IMS)"的国际性研究计划,在完成了可行性分析并确定组织结构后,于1995年正式启动。IMS计划中有两个项目与敏捷制造有关,一个是自治和分布制造系统,另一个是较为长期的自治和分布制造系统,其副标题为生物制造系统。

自治和分布制造系统重点在于系统集成技术和自治模块结构的研究,强调系统应由可重复使用模块快速组成,当某一个模块被修改或置换时,不影响其他模块以及整个系统的正常运行,这一系统体现了敏捷的特性。

德国、法国和英国也都参加了一项主题为"未来的工厂"的尤里卡项目,为实施敏捷制造进行基础性研究工作,如图2-51所示。德国对未来制造业开展了一些工作,如21世纪制造业战略等。

图2-51　未来工厂

2.敏捷制造在客车生产的应用

在客车制造行业中,国外主流客车厂家由于产量较小,世界上客车60%以上的产量在中国,国外客车企业基本上处于小批生产,或是作为轿车企业的一个附属部门,国内主流客车企业中:宇通、金龙、中通等企业已经实现计算机集成制造系统(computer integrated manufacturing system,CIMS)/企业资源计划系统(enterprise resource planning,ERP)、企业局域网或互联网等信息化,宇通客车、中通客车甚至应用了大批量定制系统、精益生产等先进生产模式的实践;金龙、江淮客车等企业将客户个性化设计作为课题与企业信息化建设联系起来实施;这些企业基本具备了部分敏捷制造的基本元素,有意识或无意识地运用了敏捷制造的动态联盟的思想,但是并未完全接受或是系统发展应用敏捷思想,未完全达到敏捷生产的效果。

【练习与思考】

一、填空题

1.敏捷制造的基本思想是"_____",即对市场的快速响应。

2.敏捷制造有别于传统的生产模式,它包含了许多新思想、新观念,诸如:可重构和不断改变的制造系统;建立"虚拟公司",实现企业_____与_____的资源_____;充分利用信息技术,实现完全的_____生产;采用_____工程等。

3._____是一种利用信息技术打破时空阻隔的新型企业组织形式。

4.敏捷制造作为一种 21 世纪生产管理的创新模式,能系统全面地满足_____、_____、高质量、多品种、迅速及时、动态适应、极高柔性等要求。

二、判断题

1.企业的质量跟踪将持续到产品制造完毕。 （　　）

2.敏捷制造提倡以"产品"为中心的管理。 （　　）

3.敏捷制造企业可以按照订单进行生产。 （　　）

4.敏捷制造是未来企业生产管理技术发展和模式创新的方向。 （　　）

三、选择题

1.敏捷制造主要包括三个要素(　　)。（多选）

A.生产技术　　　　B.组织方式　　　　C.管理手段　　　　D.产品订单

2.敏捷制造企业可以通过将一些(　　)的生产系统结合成为一个新的、信息密集的制造系统。（单选）

A.重新编程　　　　B.可重新组合　　　　C.可连续更换　　　　D.以上都有

知识点 3　数字化工厂

随着工业 4.0 时代的到来,数字化工厂已成为制造业发展的重要趋势。数字化工厂管理系统作为数字化工厂的核心组成部分,能够有效地提高工厂生产效率、降低成本、提升产品质量和缩短产品研发周期。图 2-52 所示为西门子首座原生数字化工厂。

图 2-52　西门子首座原生数字化工厂

一、数字化工厂概述

数字化工厂(digital factory,DF)是以产品全生命周期的相关数据为基础,在计算机虚拟环境中,对整个生产过程进行仿真、评估和优化,并进一步扩展到整个产品生命周期的新型生产组织方式。

数字化工厂是现代数字制造技术与计算机仿真技术相结合的产物,同时具有鲜明的特征。它的出现给基础制造业注入了新的活力,主要作为沟通产品设计和产品制造之间的桥梁。

数字化工厂是由数字化模型、方法和工具构成的综合网络,包含仿真和3D/虚拟现实可视化,通过连续的没有中断的数据管理集成在一起。

1.工厂由来

在设计部分,CAD和PDM系统的应用已相当普及;在生产部分,ERP等相关的信息系统也获得了相当的普及,但在解决"如何制造→工艺设计"这一关键环节上,大部分国内企业还没有实现有效的计算机辅助治理机制,数字化工厂技术与系统作为新型的制造系统,紧承着虚拟样机(VP)和虚拟制造(VM)的数字化辅助工程,提供了一个制造工艺信息平台,能够对整个制造过程进行设计规划,模拟仿真和治理,并将制造信息及时地与相关部分、供应商共享,从而实现虚拟制造和并行工程,保障生产的顺利进行。

数字化工厂规划系统通过统一的数据平台、具体的规划设计和验证预见所有的制造任务,在进步质量的同时减少设计时间,加速产品开发周期,消除浪费,减少为了完成某项任务所需的资源数目等,实现主机厂内部、生产线供给商、工装夹具供给商等的并行工程。

数字化工厂是企业数字化辅助工程新的发展阶段,包括产品开发数字化、生产准备数字化、制造数字化、管理数字化、营销数字化。除了要对产品开发过程进行建模与仿真外,还要根据产品的变化对生产系统的重组和运行进行仿真,使生产系统在投入运行前就了解系统的使用性能,分析其可靠性、经济性、质量、工期等,为生产过程优化和网络制造提供支持。

2.什么是数字化工厂

数字化工厂建设的核心要素可以概括为工厂设备数字化、工厂物流数字化、设计开发数字化、生产过程数字化。通过这四个方面的建设,可以促进产品设计方法和工具的创新,促进企业管理模式的创新。

数字化工厂的内涵和特点:在数字化工厂的概念中,"数"包括以下含义,所有的数据和信息,无论是生产计划还是产品结构图,都可以以数字化的形式在计算机和网络中使用,在数字化工厂的运行模式下,更突出的是在产品投产前,企业可以在数字网络上与虚拟客户一起参与产品的设计和修改,订单通过网络汇集到企业内外,使相关部门和流程能够快速安排部门采购和生产。

在数字化工厂的概念下,产品开发和制造可以称为虚拟制造或虚拟工厂的一部分。同时,更注重整个制造活动,即整个制造系统借助各种辅助设备能够自动监控生产过程,企业必须能够及时捕捉产品在整个生命周期内的各种状态,对信息进行优化后,使其在不同的部门系统中进行交互。

3.制造企业为什么要进行数字化建设

我们可以通过数字化实现产品的可追溯性、质量管理、生产管理、人员管理等,如果产品有质量问题,我们可以扫描代码,找出是哪台设备生产的,生产时间和人员可以跟踪。这是数字化工厂最基本的应用。

在更深层次上,数字化工厂的建设让我们可以统计质量信息并形成图表来监控所有的生产设备,然后做数据分析。例如,如果某个设备在最近一段时间内频繁出现故障,系统会通知管理人员检查故障。通过数据分析,可以判断是人员问题还是设备问题,最后解决问题,提高产品质量。

数字化工厂只是一个阶段性的过程,最终要实现工厂的智能化。在实现智能工厂的过程中,我们还需要深入贯彻精益生产的理念。如上所述,我们监控设备信息的最终目标是提高产品质量。同样,我们监控库存信息,减少库存,提高周转率,监控生产节拍的目的是检查瓶颈过程,消除瓶颈,提高生产能力。

二、数字化工厂的特征及类型

1.数字化工厂特征

数字化工厂是以产品全生命周期的相关数据为基础,在计算机虚拟环境中,对整个生产过程进行仿真、评估和优化,并进一步扩展到整个产品生命周期的新型生产组织方式。其具有以下几个特征:

(1)动态性

数字化工厂(图2-53)以客户为中心,围绕产品和服务运作。产品和服务代表了市场机遇。数字化工厂始终处于动态变化之中。其一,市场机遇是动态变化的;其二,参与数字化工厂的成员也是动态变化的;其三,数字化工厂的信息系统也是动态变化的。

图2-53 数字化工厂

(2)集成性

数字化工厂由不同成员根据市场机遇和需求将不同组织、人、管理、技术等资源在不同层面进行有时效性的优势组合,这种组合映射到信息系统,就是各成员的信息子系统、信息资源的集成。

(3)合约性

数字化工厂虽然有核心企业,但是成员间是平等合作的伙伴关系,各自根据市场机遇,加入数字化工厂组织,发挥自己的优势及特长,根据协议承担责任和分享利益。

(4)互补性

组成的实体具备优势,也都存在缺陷和不足。数字化工厂使企业只负担部分责任,使各自的技能、管理、知识和信息优势得以加强,达到整体竞争优势。

（5）趋利性

能否捕捉到市场机遇并盈利是具有一定的风险的事情。数字化工厂扩大了组成成员捕捉市场机遇的能力和优势,减少了单个企业风险成本,增强了捕捉市场机遇和创新的能力。

（6）可信任性

参加数字化工厂的各方要充分了解和相互信任。因此,成员必须注重与其他相关企业保持长期良好的合作关系,以便随时根据市场机遇选择合作伙伴。

（7）分布性

数字化工厂成员具有分布性的特点。这种分布性既有地理位置的分布性,也有信息、知识的分布性。数字化工厂的信息系统必定跨越地理空间,支持分布式信息存储、处理和利用。图2-54所示为金盘科技桂林基地储能装备数字化工厂。

图2-54　金盘科技桂林基地储能装备数字化工厂

（8）相对稳定性

数字化工厂具有较长的生命周期,尽管其具有动态性的特点,但也有相对稳定性的特征。首先,参与数字化工厂的成员在长期合作中已经形成了相互了解、相互信任的关系,因此比较容易保持稳定性;其次,虽然不时有成员加入和撤出,但是对于数字化工厂整体而言,只是局部变化,数字化工厂整体仍然保持相对稳定。

（9）协作性

协作是数字化工厂的重要特征,这种协作既存在于数字化工厂各成员内部,也存在于成员与成员之间。工作组协同工作是数字化工厂的主要工作方式。这种特性反映在数字化工厂的信息系统上,就是信息系统必须支持团队协作。

（10）自治性

数字化工厂由多个成员组成,组成成员具有相对的独立性,他们可以从自身的利益和目的出发,决定是否参加某个或某些数字化工厂,拥有决策权、资产处置权、人事任免权等各种权利,数字化工厂的其他成员无权对其进行干涉,因此数字化工厂的每个成员都具有自治性。

2. 数字化工厂类型

数字化工厂可根据其核心建设需求,分为以工厂布局为中心、以企业管理为中心、以生产过程为中心、以产品设计为中心四种类型。

（1）以工厂布局为中心

以工厂布局为中心的数字化工厂是以虚拟现实技术为基础、利用三维建模技术对工厂进行布局，并且可以作为工厂提高企业形象的一种方式，从而进行仿真规划，在工厂施工前可以实现快速可视化地规划工厂布局，使得用户能够利用计算机直观地"虚拟"工厂布局，并确定最佳布局。图 2-55 所示为森严的德国工业 4.0 最佳示范单位。

图 2-55　森严的德国工业 4.0 最佳示范单位

（2）以企业管理为中心

以企业管理为中心的数字化工厂是利用计算机技术、网络通信技术等，将先进、有效的管理体制运用到企业管理的各个环节和层次，从而有力地辅助企业的经营管理，能够将企业信息以预定的形式提供给管理人员，并且反馈到各个部门，有助于企业的经营管理，有助于提高企业的竞争力。

（3）以生产过程为中心

以生产过程为中心的数字化工厂主要是利用计算机仿真技术模拟产品制造过程，根据仿真结果对制造活动进行综合精确的评价，以此来消除不合理结果，从而实现系统的总体协调，动态预演生产过程，打破传统制造的静态性与确定性。图 2-56 所示为数字化工厂示意图。

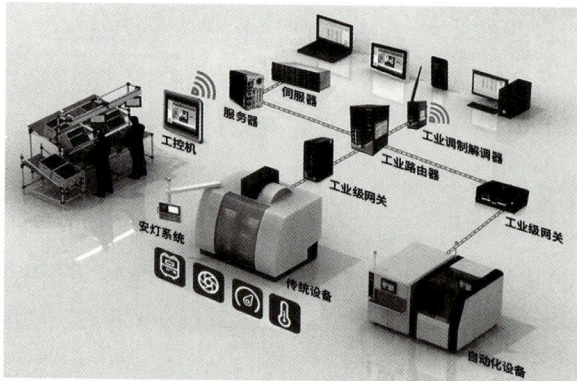

图 2-56　数字化工厂示意图

（4）以产品设计为中心

以产品设计为中心的数字化工厂是在产品设计阶段，利用虚拟产品代替实物模型，代替费时、费钱的试验，对设计对象进行考察和评估，能够随意地更改产品的设计数据，三维模型代替二维图纸，更加形象地将产品的参数展现出来。

三、数字化工厂的关键技术

1. 数字化工厂的内涵

信息化建设是现代设计技术的发展方向，是企业走向竞争市场的一次深刻的革命。我们认为从五个方面着手实施数字化的目标。对各项目标的具体实施，即为数字化工厂具体的内涵。

（1）搭建一体化工作站数字化

搭建安全快速的网络平台是一体化工作站信息化的前提。计算机已成为管理人员和操作人员的工具。我校一体化工作站的系统平台由计算机主机、网络、数据库等组成。通过软件来连接各个系统的平台，将实训车间的数控设备与数据管理平台相连，进而实现数控设备的网络化管理。当然，操作技术人员必须具备网络操作能力，只有软硬件和操作人员都具备了数字化的能力才能实现数字化工厂。

（2）打造无纸生产场景数字化

随着管理集成系统的搭建，通过数据查询系统即可看到学生现阶段一体化工作站的任务零件及相关信息，如：毛坯尺寸、产品材料、加工图样、工艺流程、注意事项等，实现与现代化的生产制造流程接轨。对学生生产用到的数控程序，通过数据终端直接传输到机床上进行应用加工，实现无纸化的设计与生产，既提高了生产效率又规范了操作规程。

（3）一体化讨论区数字化

在一体化讨论区，通过大屏幕投影，可将学生在产品生命周期管理（product lifecycle management，PLM）体验中心中的工作过程现场调出来，包括产品的三维或二维图、工艺流程卡、加工模型及刀路轨迹、仿真结果、加工程序等。同时，也可看到车间机床操作面板及产品加工过程。通过模型结果及机床加工过程现场，实现理论与实践的一体化教学。

（4）一体化工作站管理数字化

搭建一体化工作站的管理系统，通过视频可以看到师生在工作台上的操作教学场景，包括工件装夹情况、找正对刀、机床加工等情况。有信息化的支撑一体化工作站的管理效率大幅度提高，管理逐步向规范化转变。

2. 数字化工厂的关键技术

数字化工厂涉及的关键技术主要有：数字化建模技术、虚拟现实技术、优化仿真技术、应用生产技术。

（1）数字化建模技术

数字化工厂是建立在数字化模型基础上的虚拟仿真系统，输入数字化工厂的各种制造资源、工艺数据、CAD数据等要求建立离散化数学模型，才能在数字化工厂软件系统内进行各种数字仿真与分析。数字化模型的准确性关系到实际系统真实反映的精度，对于后续的产品设计、工艺设计以及生产过程的模拟仿真具有较大的影响。因此，数字化建模技术作为数字化工厂的技术基础，其作用十分关键。

（2）虚拟现实技术

虚拟现实技术能够提供一种具有沉浸性、交互性和构想性的多维信息空间,方便实现人机交互,使用户能身临其境地感受开发的产品,具有很好地直观性,在数字化工厂中具有广泛的应用前景。虚拟现实技术的实现水平,很大程度上影响着数字化工厂系统的可操作性,同时也影响着用户对产品设计以及生产过程判断的正确性。

（3）优化仿真技术

优化仿真技术是数字化工厂的价值所在,根据建立的数字化模型与仿真系统给出的仿真结果及其各种预测数据,分析虚拟生产过程中的可能存在的各种问题和潜在的优化方案等,进而优化生产过程、提高生产的可靠性与产品质量,最终提高企业的效益。由此可见,优化仿真技术水平对于能否最大限度地发挥企业效益、提升企业竞争力具有十分重要的作用,其优化技术的自动化、智能化水平尤为关键。

（4）应用生产技术

数字化工厂通过建模仿真提供一整套较为完善的产品设计、工艺开发与生产流程,但是作为生产自动化的需要,数字化工厂系统要求能够提供各种可以直接应用于实际生产的设备控制程序以及各种实际生产需要的工序、报表文件等。各种友好、优良的应用接口,能够加快数字化设计向实际生产应用的转化进程。

3. 数字化工厂的优势

数字化工厂融合了计算机虚拟仿真技术、数字化制造技术和现代企业管理技术,深刻改变了传统的工业生产理念,为现代工业生产开辟了新的道路。通过采用数字化工厂技术,企业能在投资建立生产系统之前对生产过程进行合理的规划、设计,对生产系统的各项性能指标有合理的估算。

同时,数字化工厂技术降低了企业各部门之间以及企业间的相互制约性,扭转了传统生产中的流水作业模式,各部门在生产过程中能够并行作业,协调处理,使得整个企业成为一个高效的有机整体。下面,为大家讲一下数字化工厂技术具有的三大明显优势:

（1）降低生产成本

数字化工厂技术在虚拟环境中对产品进行设计与制造,对设计方案存在的不足之处,直接对虚拟数据进行更改,然后验证直至达到设计的真正目的,这个过程无须消耗新的物理原型,能够有效地减少资源浪费、节省能源消耗和降低生产成本。同时,通过整理、分析和模拟整个过程中所产生的数据,对生产系统各项性能的指标都有正确的预判,可以协助企业合理安排生产进度以及提高资金的使用效率。

（2）确保产品质量

通过数字化工厂技术,对生产过程中的各个环节进行严格的把关、统筹协调,最大程度减少生产过程中的不确定因素,从而确保产品质量的可靠性和统一性,保证生产过程的稳定性。

（3）提高企业竞争力

企业为了应对市场需求的快速变化,需要迅速搭建、升级现有的生产关系并开发出可靠的产品,数字化工厂技术正好能满足企业相应的需求。通过优化仿真技术,能够加快企业新产品的设计进度。同时,通过不断地对生产制造的工艺流程进行优化,可以缩短生产周期,提高生产效率,确保生产过程的顺利进行,提前推出符合市场需求的新产品,提高企业的竞争力。

四、数字化工厂的管理系统

数字化工厂将数字技术应用于工厂生产、管理和运营中,可以帮助企业提高生产效率和质量,降低成本和风险,提高竞争力和市场份额。数字化工厂是中小制造业企业自主建设制造业信息化的途径。

从图2-57可知,数字化工厂在功能架构上主要有生产报工与跟踪、车间仓库管理、设备管理点巡检等板块,下面以数字化工厂解决方案为例,介绍数字化工厂的五大系统。

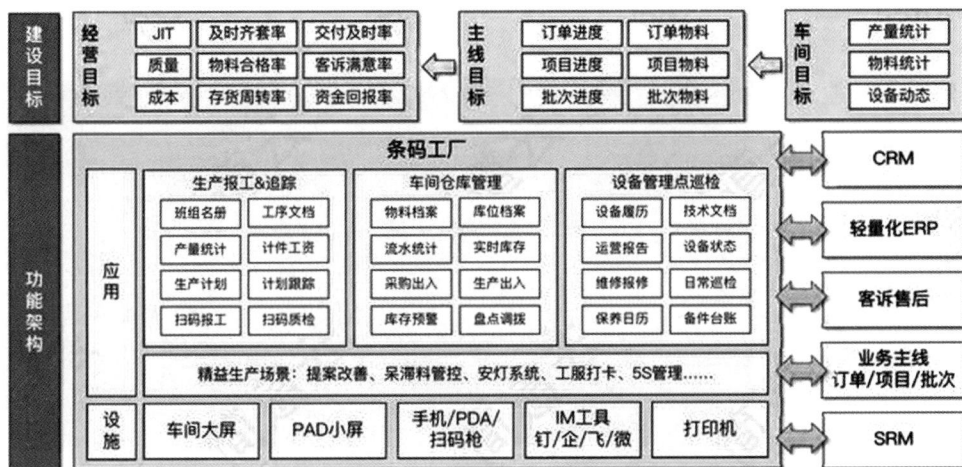

图2-57　数字化工厂解决方案

1. 生产计划与调度系统

生产计划与调度系统(图2-58)可以帮助企业实现生产计划的编制和调度,这个系统通常包括生产计划管理、生产调度管理、生产资源管理等模块,能够帮助企业优化生产计划,提高生产效率。生产计划管理模块包含生产统计、生产跟踪、生产计划、生产工单、质检工单和基础数据等部分。

图2-58　生产计划与调度系统

生产计划与调度系统功能:

(1)能够有效地解决离散型生产制造型企业从生产计划、生产报工到质量检测的管理问题。

(2)系统自动生成产品流转卡指导生产,员工生产完成后扫码一键报工,质检员扫码质检,实现了对产品制造过程中的全过程跟踪。

2. 生产执行系统

生产执行系统(图2-59)可以帮助企业实现生产过程的自动化和控制,提高生产效率和质量,降低成本和风险。这个系统通常包括生产过程管理、物料管理等模块。

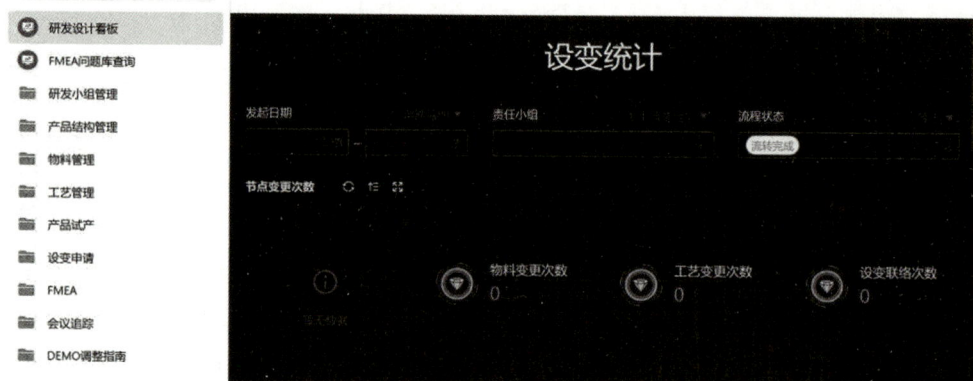

图2-59　生产执行系统

物料管理模块可进行物料自主填报,及时更新物料信息。

3. 质量管理系统

质量管理系统(图2-60)可以帮助企业实现产品质量的管理和控制,提高产品质量和市场竞争力。这个系统通常包括质量计划管理、质量控制管理、质量分析管理等模块。

图2-60　质量管理系统

质量管理模板致力于解决制造业质检效率低下、作业不规范等难题,形成质量检验、质量方案、档案数据、统计分析一体化的质量管理体系,有效为企业质量管理提速降本。功能如下：

优化来料、工序、委外加工、产品、发/退货、样品等各质检流程,规范质量检验。

完善所有质检环节不合格品处理流程,在检验过程中严格执行企业自定义的抽样标准与质检方案。

快速整合质量管理流程涉及的客户、供应商等档案信息,高效档案管理。

后台自动统计所有业务数据,多角度实时展示各种质检报表。

4.物流与仓储管理系统

物流与仓储管理系统(图2-61)可以帮助企业实现物流与仓储的协调和管理,提高物流效率和质量,降低物流成本和风险。

图2-61　物流与仓储管理系统

以仓储管理系统为例,主要包含六大模块:库位管理、存货管理、来料管理、发料管理、成品管理、日常管理。

(1)供应商统一填报送货单

利用企业互联功能,让供应商参与协作。采购登记采购单以后,供应商可以在平台上选择相应的采购单填报送货单,打印送货单二维码,随料一起发到位。仓库收料时,可根据规格统一的送货单样式进行收料作业。

(2)仓库按计划扫码完成收发作业

出库入库源头来自计划指令,仓库执行按计划办事。计划导入作业流程的起点指令,仓库字节根据指令打印收发指令单,扫码执行出入库作业。

(3)随时查询物料数据

物料数量实时统计,给物料加上来料批次信息,防止物料混放、混用。这样既可以让质量部门按来料批次向前追踪直到供应商,又可以看计划和实际的齐套性对比。图2-62所示为质量追溯系统。

(4)物料标签分来料批次进行标记

物料标签可以按照不同供应商、不同批次进行标记,物料存放按日期有序排放,先进先出账实相符。

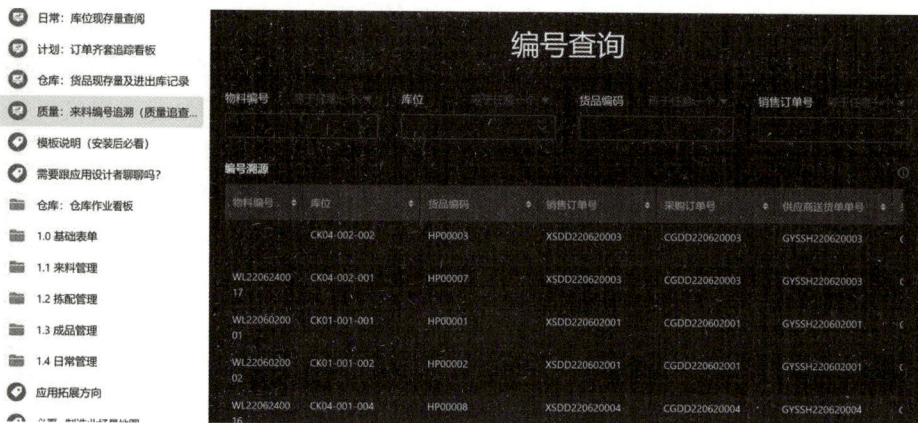

图 2-62　质量追溯系统

（5）综合管理系统

综合管理系统可以帮助企业实现对生产、质量、物流等各个方面的综合管理,提高企业整体管理水平和效率。这个系统通常包括综合管理、绩效管理(图 2-63)、风险管理等模块。

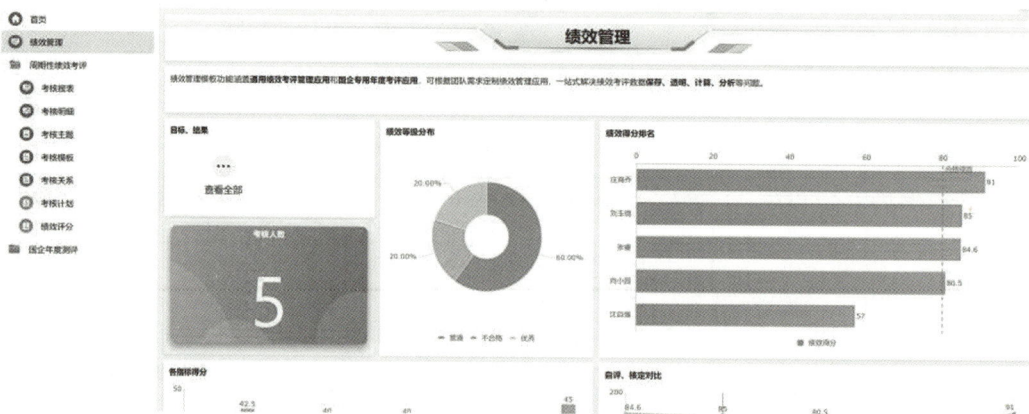

图 2-63　绩效管理

五、数字化工厂的发展现状与未来趋势

随着信息技术的快速发展,数字化工厂已成为制造业转型升级的重要方向。数字化工厂以互联网、大数据、云计算、人工智能等技术为基础,实现整个制造过程的数字化、网络化和智能化,极大地提高了生产效率和产品质量,推动了工业生产的转型升级。图 2-64 所示为漫长的转型之路。

1. 数字化工厂的发展现状

在当前数字化浪潮的推动下,越来越多的企业加快数字化工厂的建设。例如,德国的工业 4.0 提出了数字化工厂的概念,通过物联网、云计算等技术实现设备的自动化交互、生产信息的实时监控与分析。中国也将数字化工厂作为"中国制造 2025"战略的核心内容之一,鼓励企业加强信息化建设,提升产能和质量。

	制定计划	开始转型	初步进展	50%完成	75%完成	全面转型
所有公司	2%	20%	42%	26%	7%	3%
数字化公司	0%	0%	0%	19%	51%	29%

通往数字工厂之路

数字化工厂

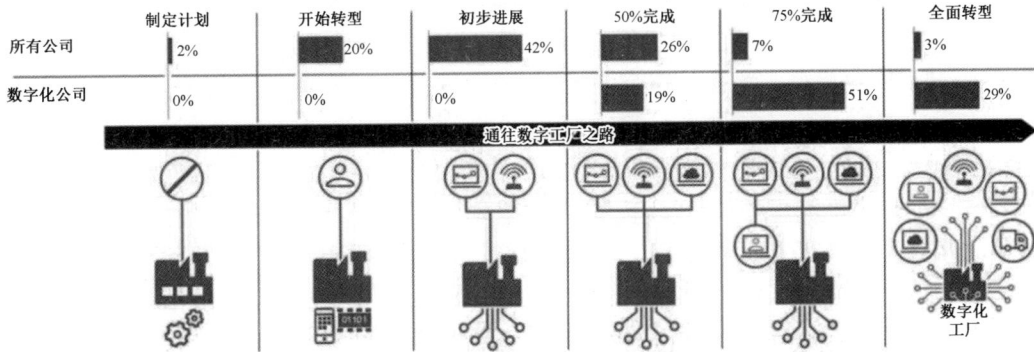

图 2-64　漫长的转型之路

数字化工厂的发展涉及多个方面,其中之一是智能制造。传统的制造过程中,工人需要大量的体力劳动和机械操作,而在数字化工厂中,智能化设备和机器人的应用减轻了工人的负担,完成了许多重复性、危险性较高的工作。同时,通过大数据分析和人工智能的应用,数字化工厂可以实现自动化的生产调度和优化,提高了生产效率和产品质量。

另外,数字化工厂还实现了生产过程的实时监控与管理。利用传感器和物联网技术,数字化工厂可以实时采集和传输生产过程中的数据,通过大数据分析和虚拟仿真等手段,实现对生产过程的全面监控和分析,帮助企业发现问题并及时调整。

2. 数字化工厂的未来趋势分析

数字化工厂的未来发展将面临一些挑战和机遇。首先,人工智能技术的应用将进一步提升数字化工厂的智能化水平。未来数字化工厂将采用更先进的无人驾驶设备和智能机械臂,实现全自动化的生产过程。同时,人工智能还可以用于产品设计和研发过程中的创新,提高产品的智能化水平和附加值。

其次,数字化工厂将更加注重人机协作和智能化生产。未来数字化工厂不仅仅是机器的世界,更是人与机器的有机结合。人们将担任更多的监测、分析和决策角色,而机器将成为人们的助手和延伸,共同完成复杂的生产任务。

另外,数字化工厂还将推动制造业的生态化发展。通过数字化工厂,企业之间可以实现信息和资源的共享,形成产业链协同的伙伴关系。数字化工厂可以利用大数据分析和预测技术,优化供应链管理和生产调度,降低库存和运营成本,提高资源利用效率。

未来数字化工厂还将在安全和可持续发展方面做出更多努力。由于数字化工厂依赖于网络和信息技术,网络安全将成为一个重要的问题。数字化工厂还将加强环境监测和节能减排工作,倡导绿色制造,实现可持续发展。

总之,数字化工厂的发展已经取得了显著成效,在未来将会继续迎来新的机遇和挑战。数字化工厂的智能化、人机协作、生态化和可持续发展将成为未来的发展趋势。只有不断创新和跟上时代的脚步,企业才能在激烈的市场竞争中立于不败之地,实现长远的可持续发展。

3. 与国际数字化工厂的差距

目前国内在数字化工厂应用方面已经取得了一定的进展并取得了一些成功案例,但相对于国际发达国家仍有一定差距。下面就几个关键方面进行对比说明。

（1）技术创新和应用:国际发达国家对数字化工厂应用方面的技术创新比国内更早,并且整体水平也更为领先。例如,在机器人、物联网、大数据、云计算等领域,国外企业在技术和产品上已经非常成熟,而国内的企业尤其是中小企业对这些技术还需要逐步跟进和应用。

（2）标准制定和推广:数字化工厂的标准化和推广对于产业发展具有重要意义。国内需要进一步加强标准制定和推广工作,提高数字化工厂的普及程度和应用水平;同时积极借鉴国际先进经验和技术成果,推动国内数字化工厂的快速发展和产业升级。

（3）行业应用和普及:在行业数字化升级方面,国内的大型企业在数字化技术应用和实践经验上已经积累较多,但大多数中小企业还没有形成数字化工厂的概念。国际上一些工业强国的中小企业对数字化工厂的理解也不够深入,需要加强教育和推广普及。

（4）投资和财务状况:数字化工厂应用需要大量的资金用于技术研发、产品制造和市场推广等方面,而这些并不是所有企业都能够承担得起的。国外的一些数字化工厂企业能够获得更多的投资和融资支持,从而在数字化应用领域占据更大的市场份额。

（5）人才储备和培养:数字化工厂需要大量的技术人才和专业人才支持,包括计算机科学、机械设计、工程管理等多个领域的人才。国内一些高校和企业已经开始在这方面进行人才储备和培养,但相对于国际上的数字化工厂企业来说还有一定的差距。

（6）安全问题:数字化工厂中的数据流和控制流非常复杂和敏感,因此安全问题也成为数字化工厂应用过程中必须要考虑的因素之一。国际上一些数字化工厂企业在安全技术和应对策略方面已经比较成熟,而国内的一些企业在这方面还需要逐步完善。

数字化工厂应用是一个非常综合的领域,需要各种因素的综合配合才能够取得成功。相信随着国内产业和技术的发展加速,国内与国际在数字化工厂应用方面的差距将会逐渐缩小。

六、数字化工厂的应用

数字化工厂的应用已经逐渐渗透到各个工业领域。以下是数字化工厂的主要应用领域。

（1）汽车制造:数字化工厂在汽车制造中的应用已经非常广泛,通过数字化工厂的应用,汽车制造商可以实现生产流程的精细化管理。

（2）电子制造:数字化工厂在电子制造中的应用主要是实现生产过程的自动化和精准化控制。

（3）化工制造:数字化工厂在化工制造中的应用可以实现化工生产安全、环保、用工等方面的全面监管。

（4）工业制造:数字化工厂在工业制造中的应用可以实现生产流程的智能化控制,提高生产效率和生产质量。

数字化工厂具有广阔的应用前景和可持续的发展趋势。随着数字技术和信息技术的不断发展,数字化工厂的应用将越来越广泛,将为工业生产带来更多的创新和突破。

【练习与思考】

一、填空题

1. 数字化工厂（DF）是以产品全生命周期的_____为基础,在计算机虚拟环境中,对整个生产过程进行仿真、评估和优化，并进一步扩展到整个产品生命周期的_____方式。

2.数字化工厂只是一个阶段性的过程，最终要实现工厂的_____。

3.数字化工厂以_____为中心，围绕_____和服务运作。

二、判断题

1.数字化工厂建设的核心要素可以概括为工厂设备数字化、工厂物流数字化、设计开发数字化、生产过程数字化。　　　　　　　　　　　　　　　（　　）

2.我们监控设备信息的最终目标是提高产品数量。　　　　　　　（　　）

3.信息化建设是现代设计技术的发展方向，是企业走向竞争市场的一次深刻的革命。

（　　）

三、选择题

1.数字化工厂可根据其核心建设需求为以工厂布局为中心、以企业管理为中心、以生产过程为中心、以（　　）为中心的四种类型。

A.产品质量　　　　B.生产周期　　　　C.以产品设计　　　D.订单数量

2.数字化工厂的内涵是（　　）。

A.搭建一体化工作站数字化　　　　B.打造无纸生产场景数字化

C.一体化讨论区数字化　　　　　　D.一体化工作站管理数字化

知识点 4　精益生产

精益生产是通过系统结构、人员组织、运行方式和市场供求等方面的变革，使生产系统能很快适应用户需求，并能使生产过程中一切无用、多余的东西被精简，最终达到包括市场供销在内的生产的各方面最好结果的一种生产管理方式。与传统的大生产方式不同，其特色是"多品种""小批量"。

图 2-65　精益生产理念

一、精益生产概述

1.什么是精益生产

精益生产又称精良生产,其中"精"表示精良、精确、精美;"益"表示利益、效益等。精益生产就是及时制造,消灭故障,消除一切浪费,向零缺陷、零库存发展。一些学者在做了大量的调查和对比后,认为日本丰田汽车公司的生产方式是最适用于现代制造企业的一种生产组织管理方式,称之为精益生产,以针对美国大量生产方式过于臃肿的弊病。精益生产综合了大量生产与单件生产方式的优点,力求在大量生产中实现多品种和高质量产品的低成本生产。

2.精益生产的由来

精益生产(lean production,LP)是美国麻省理工学院数位国际汽车计划组织(IMVP)的专家对日本丰田准时化(just in time,JIT)生产方式的赞誉称呼。精益生产方式源于丰田生产方式,是由美国麻省理工学院组织世界上17个国家的专家、学者,花费5年时间,耗资500万美元,以汽车工业这一并创大批量生产方式和精益生产方式的典型工业为例,经理论化后总结出来的。精益生产方式的优越性不仅体现在生产制造系统,同样也体现在产品开发、协作配套、营销网络以及经营管理等各个方面,它是当前工业界最佳的一种生产组织体系和方式,也必将成为21世纪标准的全球生产体系。

3.精益生产的产生和推广

1950年,日本的丰田英二考察了美国底特律的福特公司的轿车厂。当时这个厂每天能生产7 000辆轿车,比日本丰田公司一年的产量还要多。但丰田英二在他的考察报告中却写道:"那里的生产体制还有改进的可能"。

第二次世界大战后的日本经济萧条,缺少资金和外汇。怎样建立日本的汽车工业?照搬美国的大量生产方式,还是按照日本的国情,另谋出路?丰田选择了后者。日本的社会文化背景与美国是大不相同的,日本的家族观念、服从纪律和团队精神是美国人所没有的,日本没有美国那么多的外籍工人,也没有美国的生活方式所形成的自由散漫和个人主义的泛滥。日本的经济和技术基础也与美国相距甚远。日本当时没有可能全面引进美国成套设备来生产汽车,而且日本当时所期望的生产量仅为美国的几十分之一。"规模经济"法则在这里面临着考验。

丰田英二和他的伙伴大野耐一进行了一系列的探索和实验,根据日本的国情,提出了解决问题的方法。经过30多年的努力,终于形成了完整的丰田生产方式,使日本的汽车工业超过了美国,产量达到了1 300万辆,占世界汽车总量的30%以上。图2-66所示为丰田式精益生产管理。

丰田生产方式是日本工业竞争战略的重要组成部分,它反映了日本在重复性生产过程中的管理思想。丰田生产方式的指导思想是,通过生产过程整体优化,改进技术,理顺物流,杜绝超量生产,消除无效劳动与浪费,有效利用资源,降低成本,改善质量,达到用最少的投入实现最大产出的目的。

4.精益生产方式的定义

精益生产是通过系统结构、人员组织、运行方式和市场供求等方面的变革,使生产系统能很快适应用户需求不断变化,并能使生产过程中一切无用、多余的东西被精简,最终达到包括市场供销在内的生产的各方面最好的结果。

图 2-66 丰田式精益生产管理

二、精益生产的特点及原则

1. 精益生产的特点

(1)拉动式准时化生产

以最终用户的需求为生产起点,强调物流平衡,追求零库存,要求上一道工序加工完的零件立即可以进入下一道工序。

组织生产线依靠一种称为看板(Kanban)的形式。即由看板传递下道工序向上道工序的需求信息(看板的形式不限,关键在于能够传递信息)。生产中的节拍可由人工干预、控制,但重在保证生产中的物流平衡(对于每一道工序来说,即为保证对后道工序供应的准时化)。由于采用拉动式生产,生产中的计划与调度实质上是由各个生产单元自己完成,在形式上不采用集中计划,但操作过程中生产单元之间的协调则极为必要。

(2)全面质量管理

强调质量是生产出来而非检验出来的,由生产中的质量管理来保证最终质量。生产过程中对质量的检验与控制在每一道工序都进行。重在培养每位员工的质量意识,在每一道工序进行时注意质量的检测与控制,保证及时发现质量问题。如果在生产过程中发现质量问题,根据情况,可以立即停止生产,直至解决问题,从而保证不出现对不合格品的无效加工。

对于出现的质量问题,一般是组织相关的技术与生产人员作为一个小组,一起协作,尽快解决。

(3)团队工作法

团队工作法(team work)是每位员工在工作中不仅是执行上级的命令,更重要的是积极地参与,起到决策与辅助决策的作用。组织团队的原则并不完全按行政组织来划分,而主要根据业务的关系来划分。团队成员强调一专多能,要求能够比较熟悉团队内其他工作人员的工作,保证工作协调地顺利进行。团队人员工作业绩的评定受团队内部的评价的影响(这与日本独特的人事制度关系较大)。团队工作的基本氛围是信任,以一种长期的监督控制为主,而避免对每一步工作的稽核,提高工作效率。团队的组织是变动的,针对不同的事物,建立不同的团队,同一个人可能属于不同的团队。

(4)并行工程

并行工程(concurrent engineering)是在产品的设计开发期间,将概念设计、结构设计、工艺设计、最终需求等结合起来,保证以最快的速度按要求的质量完成工作。各项工作由与此相关的项目小组完成。进程中小组成员各自安排自身的工作,但可以定期或随时反馈信息并对出现的问题协调解决。依据适当的信息系统工具,反馈与协调整个项目的进行。利用现代计算机集成制造技术(computer integrated marking,CIM)技术,在产品的研制与开发期间,辅助项目进程的并行化。

2.精益生产的原则

原则1:消除八大浪费

企业中普遍存在的八大浪费涉及:过量生产、等待时间、运输、库存、过程(工序)、动作、产品缺陷以及忽视员工创造力。

原则2:关注流程,提高总体效益

管理大师戴明说过:"员工只需对15%的问题负责,另外85%归咎于制度流程"。什么样的流程就产生什么样的绩效。改进流程要注意目标是提高总体效益,而不是提高局部的部门的效益,为了企业的总体效益即使牺牲局部的部门的效益也在所不惜。

原则3:建立无间断流程以快速应变

建立无间断流程,将流程中不增值的无效时间尽可能压缩以缩短整个流程的时间,从而快速应变顾客的需要。

原则4:降低库存

需指出的是,降低库存只是精益生产的其中一个手段,目的是解决问题和降低成本,而且低库存需要高效的流程、稳定可靠的品质来保证。很多企业在实施精益生产时,以为精益生产就是零库存,不先去改造流程、提高品质,就一味要求下面降低库存,结果可想而知,成本不但没降低反而急剧上升,于是就得出结论,精益生产不适合我的行业、我的企业。这种误解是需要极力避免的。

原则5:全过程的高质量,一次做对

质量是制造出来的,而不是检验出来的。检验只是一种事后补救,不但成本高而且无法保证不出差错。因此,应将品质建于设计、流程和制造当中去,建立一个不会出错的品质保证系统,一次做对。精益生产要求做到低库存、无间断流程,试想如果哪个环节出了问题,后面的将全部停止,所以精益生产必须以全过程的高质量为基础,否则,精益生产只能是一句空话。

原则6:基于顾客需求的拉动生产

JIT的本意是:在需要的时候,仅按所需要的数量生产,生产与销售是同步的。也就是说,按照销售的速度来进行生产,这样就可以保持物流的平衡,任何过早或过晚的生产都会造成损失。过去丰田生产方式使用"看板"系统来拉动,现在辅以 ERP 或物资需求计划(material requirement planning,MRP)信息系统则更容易达成企业外部的物资拉动。

原则7:标准化与工作创新

标准化的作用是不言而喻的,但标准化并不是一种限制和束缚,而是将企业中最优秀的做法固定下来,使得不同的人来做都可以做得最好,发挥最大成效和效率。而且,标准化也不是僵化、一成不变的,标准需要不断地创新和改进。

原则8:尊重员工,给员工授权

尊重员工就是要尊重其智慧和能力,给他们提供充分发挥聪明才智的舞台,为企业也为自己做得更好。在丰田公司,员工实行自主管理,在组织的职责范围内自行其是,不必担心因工作上的失误而受到惩罚,出错一定有其内在的原因,只要找到原因施以对策,下次就不会出现了。所以说,精益的企业雇佣的是"一整个人",不精益的企业只雇佣了员工的"一双手"。

原则9:团队工作

在精益企业中,灵活的团队工作已经变成了一种最常见的组织形式,有时候同一个人同时分属于不同的团队,负责完成不同的任务。最典型的团队工作莫过于丰田的新产品发展计划,该计划由一个庞大的团队负责推动,团队成员来自各个不同的部门,有营销、设计、工程、制造、采购等,他们在同一个团队中协同作战,大大缩短了新产品推出的时间,而且质量更高、成本更低,因为从一开始很多问题就得到了充分的考虑,在问题带来麻烦之前就已经被专业人员所解决。

原则10:满足顾客需要

满足顾客需要就是要持续地提高顾客满意度,为了一点眼前的利益而不惜牺牲顾客的满意度是相当短视的行为。丰田公司从不把这句话挂在嘴上,总是以实际行动来实践,尽管产品供不应求,丰田公司在一切准备工作就绪以前,从不盲目扩大规模,保持稳健务实的作风,以赢得顾客的尊敬。丰田公司的财务数据显示其每年的利润增长率几乎是销售增长率的两倍,而且每年的增长率相当稳定。

原则11:精益供应链

在精益企业中,供应商是企业长期运营的宝贵财富,是外部合伙人,他们信息共享,风险与利益共担、一荣俱荣、一损俱损。遗憾的是,很多国内企业在实施精益生产时,与这种精益理念背道而驰,为了达到"零库存"的目标,将库存全部推到了供应商那里,弄得供应商怨声载道:你的库存倒是减少了,而我的库存却急剧增加。精益生产的目标是降低整个供应链的库存。不花力气进行流程改造,只是简单地将库存从一个地方转移到另一个地方,是不解决任何问题的。当你不断挤压盘剥你的供应商时,你还能指望他们愿意提供任何优质的支持和服务吗?到头来受损的还是你自己。如果你是供应链中的强者,应该像丰田一样,担当起领导者的角色,整合出一条精益供应链,使每个人都受益。

原则12:"自我反省"和"现地现物"

精益文化里面有两个突出的特点:"自我反省"和"现地现物"。

"自我反省"的目的是要找出自己的错误,不断地自我改进。丰田认为"问题即是机会",当错误发生时,并不责罚个人,而是采取改正行动,并在企业内广泛传播从每个体验中学到的知识。这与很多国内企业动不动就罚款的做法是完全不同的,绝大部分问题是由制度流程本身造成的,惩罚个人只会使大家千方百计地掩盖问题,对于问题的解决没有任何帮助。

"现地现物"则倡导无论职位高低,每个人都要深入现场,彻底了解事情发生的真实情况,基于事实进行管理。这种"现地现物"的工作作风可以有效避免"官僚主义"。在国内的上市公司中,中国国际海运集装箱(集团)股份有限公司(简称中集集团)可以说是出类拔萃,在它下属的十几家工厂中,位于南通的工厂一直做得最好,其中一个重要原因就是南通中集集团的领导层遵循了"现地现物"的思想,高层领导每天都要抽出时间到生产一线查看了解情况、解决问题。

三、精益生产目标

1. 精益生产与大批量生产方式的比较

精益生产作为一种从环境到管理目标都是全新的管理思想,其在实践中取得成功,并非简单地应用了一二种新的管理手段,而是一套与企业环境、文化以及管理方法高度融合的管理体系,因此精益生产自身就是一个自治的系统。传统生产方式与精益生产对比见表2-9。

表 2-9　传统生产方式与精益生产对比

	传统生产方式	精益生产方式
效率	生产周期较长,劳动率、利用率不高,生产效率低下	劳动利用率大幅度上升,产品市场竞争力提高
品质	生产流程环节"各司其职"对最终成果质量无法保证	从产品的设计开始就把质量问题考虑进去,确保每一个产品只能严格地按照唯一正确的方式生产和安装
成本	生产期长容易过量生产、库存大	体现了节约成本的要求,在满足顾客的需求和保持生产线流动的同时,做到了产成品库存和在制品库存最低
交货期	交货日期长,遭遇突发情况容易出现逾期和赔偿	提前做好备选计划,保证产品生产顺利进行
员工	只关心考核内容,不关心其他,如:品质精益求精、交货期、浪费、整体效率等	精益企业里员工被赋予了极大的权利,真正体现了当家做主的精神

(1)优化范围不同

大批量生产方式源于美国,是基于美国的企业间关系,强调市场导向,优化资源配置,每个企业以财务关系为界限,优化自身的内部管理。而相关企业,无论是供应商还是经销商,则以对手相对待。

精益生产方式则以产品生产工序为线索,组织密切相关的供应链,一方面降低企业协作中的交易成本,另一方面保证稳定需求与及时供应,以整个大生产系统为优化目标。

(2)对待库存的态度不同

大批量生产方式的库存管理强调"库存是必要的恶物"。精益生产方式的库存管理强调"库存是万恶之源"。

精益生产方式将生产中的一切库存视为"浪费",同时认为库存掩盖了生产系统中的缺陷与问题。它一方面强调供应对生产的保证,另一方面强调对零库存的要求,从而不断暴露生产中基本环节的矛盾并加以改进,不断降低库存以消灭库存产生的"浪费"。基于此,精益生产提出了"消灭一切浪费"的口号,以及追求零浪费的目标。

（3）业务控制观不同

传统的大批量生产方式的用人制度基于双方的"雇用"关系,业务管理中强调达到个人工作高效的分工原则,并以严格的业务稽核来促进与保证,同时稽核工作还防止个人工作对企业产生的负效应。

精益生产源于日本,深受东方文化影响,在专业分工时强调相互协作及业务流程的精简(包括不必要的核实工作)——消灭业务中的"浪费"。

（4）质量观不同

传统的生产方式将一定量的次品看成生产中的必然结果。

精益生产基于组织的分权与人的协作观点,认为让生产者自身保证产品质量的绝对可靠是可行的,且不牺牲生产的连续性。其核心思想是,导致这种概率性的质量问题产生的原因本身并非概率性的,通过消除产生质量问题的生产环节来"消除一切次品所带来的浪费",追求零不良。

（5）对人的态度不同

大批量生产方式强调管理中的严格层次关系。对员工的要求在于严格完成上级下达的任务,人被看作附属于岗位的"设备"。

精益生产则强调个人对生产过程的干预,尽力发挥人的能动性,同时强调协调,对员工个人的评价也是基于长期的表现。这种方法更多地将员工视为企业团体的成员,而非机器,可充分发挥基层的主观能动性。

精益生产方式是彻底地追求生产的合理性、高效性,能够灵活地生产适应各种需求的高质量产品的生产技术和管理技术,其基本原理和诸多方法,对制造业具有积极的意义。精益生产的核心,即关于生产计划和控制以及库存管理的基本思想,对丰富和发展现代生产管理理论也具有重要的作用。

2. 精益生产的终极目标

"零浪费"为精益生产终极目标,具体表现在 PICQMDS 7 个方面(图 2-67),目标细述为:

（1）"零"转产工时浪费(Products? 多品种混流生产)

将加工工序的品种切换与装配线的转产时间浪费降为"零"或接近为"零"。

（2）"零"库存(Inventory? 消减库存)

将加工与装配相连接,消除中间库存,变市场预估生产为接单同步生产,将产品库存降为零。

（3）"零"浪费(Cost? 全面成本控制)

消除多余制造、搬运、等待的浪费,实现零浪费。

（4）"零"不良(Quality? 高品质)

不良不是在检查位检出,而应该在产生的源头消除它,追求零不良。

（5）"零"故障(Maintenance? 提高运转率)

消除机械设备的故障停机,实现零故障。

（6）"零"停滞(Delivery? 快速反应、短交期)

最大限度地压缩前置时间(lead time)。为此要消除中间停滞,实现"零"停滞。

（7）"零"灾害（Safety？安全第一）

通过定期的巡查来识别和消除潜在的安全隐患,保障生产过程的顺利进行。

看板作为精益生产的一种核心管理工具,可对生产现场进行可视化管理,如图2-68所示。一旦出现异常可在第一时间通知相关人员并采取措施解除问题。

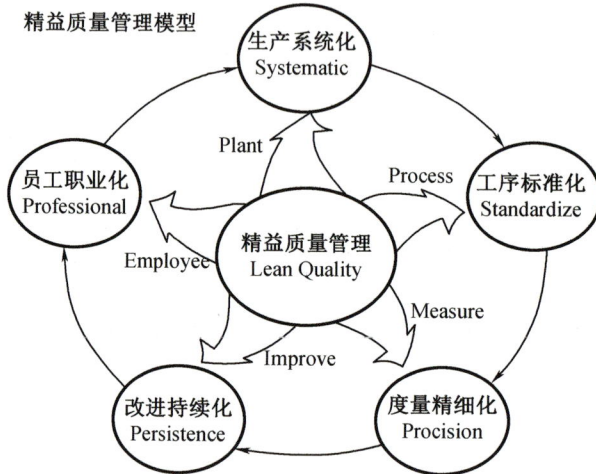

图 2-67　精益生产追求的 7 个"零"目标

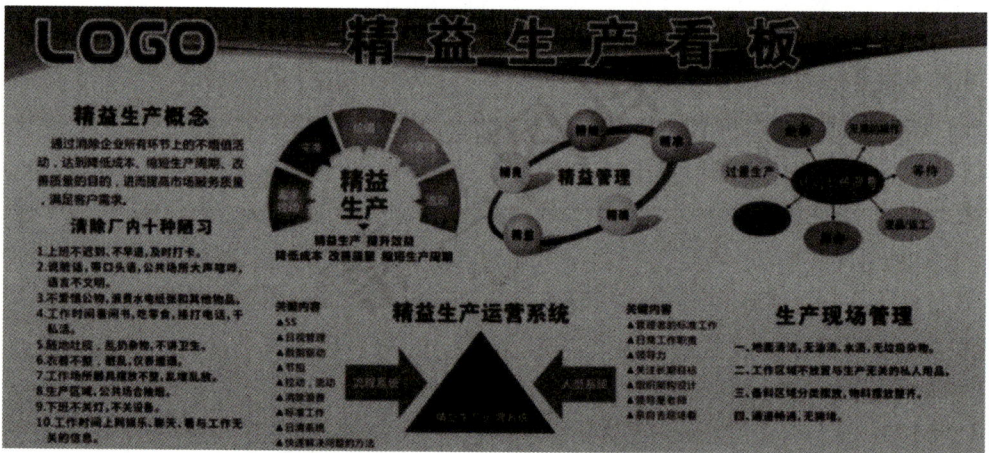

图 2-68　精益生产看板

①主生产计划:看板管理的理论中不涉及如何编制和维护主生产计划,它是以一个现成的主生产计划作为开端的。所以采用准时化生产方式的企业需要依靠其他系统来制定主生产计划。

②物料需求计划:虽然采用看板管理的企业通常将仓库外包给供应商管理,但是仍然需要向供应商提供一个长期、粗略的物料需求计划。一般的做法是按照一年的成品销售计划得出原材料的计划用量,同供应商签订一揽子订单,具体的需求日期和数量则完全由看板来体现。

③能力需求计划:看板管理不参与制定主生产计划,自然也就不参与生产能力需求计划。

实现看板管理的企业通过工序设计、设备布置、人员培训等手段来实现生产过程的均衡化,从而大大减少了生产过程中的能力需求不平衡的现象。看板管理可以很快地暴露出能力过剩或不足的工序或设备,然后通过不断地改进来消除问题。生产管理看板如图2-69所示。

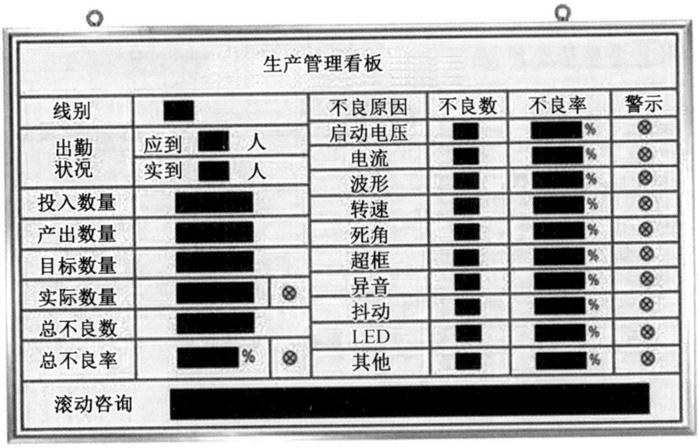

图2-69　生产管理看板

④仓库管理:为了能解决仓库管理的难题,往往采用将仓库外包给供应商管理的方法,要求供应商必须能随时提供所需的物料,在生产线领取物料的同时才发生物料所有权转移。这实质上是将库存管理的包袱丢给供应商,由供应商承担库存资金占用的风险。这样做的前提条件是与供应商签订长期一揽子订单,供应商减少了销售风险和费用,也就愿意承担库存积压的风险了。

⑤生产线在制品管理:实现准时化生产方式的企业在制品数量被控制在看板数量之内,关键在于确定一个合理有效的看板数量。

四、精益生产管理技术及要素

1.精益生产管理要素

精益生产是一种专注于消除浪费的生产方法,其中浪费被定义为不能为客户增加价值的任何东西。虽然精益生产管理的传统是制造业,但它适用于所有类型的组织和组织的所有流程。精益体系模型如图2-70所示。

要素1:流畅生产

流畅生产是一个基于时间的过程,它拉动物料按照用户要求的速度不间断地通过生产线,迅速地从原材料变成成品。其目的是以高质量和高价值的产品迅速地响应用户的要求,并且在这一过程中能够安全和高效率地使用制造资源。

要素2:物料移动

为了支持流畅策略,从供应商那里获得的材料通过工厂移动,满足用户要求的产品尽可能小批量地交付给用户。使生产系统具有一定的紧张节奏,通过消除浪费,促进持续改进。

要素3:现场组织

工作场所根据组织需求提供易于理解的氛围。一目了然,可以观察生产中的异常情况;工作场所的组织不仅要干净,还要消除浪费,并作为持续改进的基础。为操作人员提供一个安全、清洁、有序的工作环境,同时也有助于操作人员与机器和操作人员之间的协调,最大限度地减少非增值时间;帮助做出正确的决定并迅速做出决定。

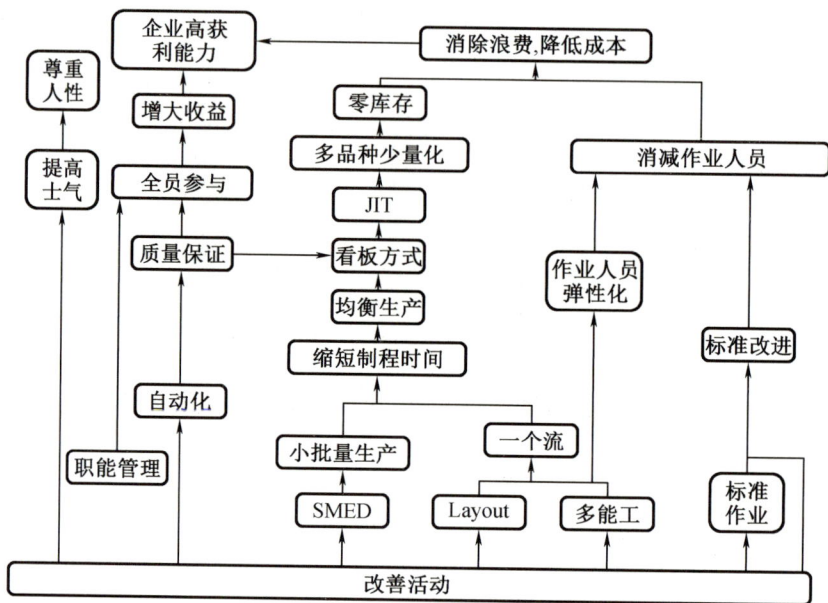

图 2-70 精益体系模型

注:精益车间的 Layout 是指为增加设备、设施、资材、人力资源和能源使用的效率,对公司或工厂内所有设施重新布置的一系列系统的活动。

要素 4:员工环境与参与

为了提高流动性,让员工参与绩效跟踪并提出建议;提供培训以利用多种技能并使员工了解相互依赖的元素如何贯穿整个生产过程;支持应用废物消除工具以提高流动性;放置组织,要进行岗位轮换,提高员工对产品/流程的意识。

要素 5:生产可运行性

确保将因设备停顿造成的产品流中断时间和所有其他形式的生产损失时间降到最低,从而使物料能够有效地通过车间进行移动和生产。

要素 6:质量系统

质量要素的目的是使组织实现卓越,超越用户期望,从源头推动质量改进。质量必须融入每个产品的设计和加工技术中,以消除浪费、优化流程并防止不符合用户要求。这个目标可以通过实施包含在质量管理中的过程管理模型来实现。过程管理模型包括三个关键的质量策略:质量计划、质量控制和质量改进。

2. 精益生产管理技术

(1)准时制生产。准时制是精益生产的支柱之一,是指在仅需要的时候按需要的数量来安排生产,这样通过生产与销售的同步来保持物流的平衡,避免过早或过晚的生产所带来的损失。准时制生产从反方向进行生产计划,这种"拉动生产方式"的实现载体是看板。

（2）标准化作业。标准化作业指的是每一位作业员依照标准作业规范在标准时间内完成加工作业，逐步达到安全、准确、高效、省力的作业效果，通过实行标准化作业，可以让企业管理维持在较高的水平。

（3）快速切换。快速换模（SMED）也被称为快速生产准备。换模时间是外部操作和内部操作的总和。外部操作可以在设备正常生产时进行，而内部操作只有当生产线停止时才能进行。快速换模追求不断改进生产准备的方法，减少浪费。

（4）多技能员工。多技能员工是指掌握多个工序操作方法的作业人员，可以增加生产系统的柔性。当一个工作场地具有多个设备在同时运行时，多技能员工可以同时操作，提高劳动生产率，减少等待时间，同时还可以减少在制品库存，加快物流速度。

（5）单件流。单件流生产是通过生产计划制定标准工作流程，安排好每道工序的资源，使每个工序耗时趋于一致，产品依照生产节拍逐个流动加工，可以减少在制品库存，缩短生产周期。

（6）全员生产保全（TPM）。全员生产保全是指为了设备综合效率最大化的目标，企业全员参加的生产维修和保养体制，需要各个职能部门协调配合，以小团队的形式推进生产管理。其可以减少设备故障造成的浪费，实现零灾害、零不良、零浪费和零故障的目标。

（7）全面质量管理（TQM）。全面质量管理是以产品质量为核心，在企业生产经营的全过程中建立科学严密的质量管理体系，全面质量管理需要做到全过程管理、全企业管理和全员管理，最终提供让顾客满意的产品和服务。

（8）自动化，精益生产的另一个支柱。自动化是指利用人的智慧或机器的探测即时识别机器异常、品质异常、作业延迟、过量生产等状况，并立即使人手/机器自动停止以解决问题。常见的方法有Andon系统和防呆防错治具，通过自动化可以在一定程度上减少异常造成的损失。

（9）持续改善。持续改善是指持续、逐渐地增加改善。持续改善需要企业各个岗位都具有问题意识，不断发现问题、分析问题并提出改善方案，从而不断优化生产管理，降低企业成本，为企业赢得利益。

3. 精益生产实施步骤

（1）选择要改进的关键流程

精益生产方式不是一蹴而就的，它强调持续的改进。应该先选择关键的流程，力争把它建成一条样板线。

（2）画出价值流程图

价值流程图是一种用来描述物流和信息流的方法。在绘制完目前状态的价值流程图后，可以描绘出一个精益远景图（future lean vision）。在这个过程中，更多的图标用来表示连续的流程，各种类型的拉动系统，均衡生产以及缩短工装更换时间，生产周期被细分为增值时间和非增值时间。

（3）开展持续改进研讨会

精益远景图必须付诸实施，否则规划得再巧妙的图表也只是废纸一张。实施计划中包括什么（what）、什么时候（when）和谁来负责（who），并且在实施过程中设立评审节点。这样，全体员工都参与到全员生产性维护系统中。在价值流程图、精益远景图的指导下，流程上的各个独立的改善项目被赋予了新的意义，使员工十分明确实施该项目的意义。持续改进生产流程的方法主要有以下几种：消除质量检测环节和返工现象；消除零件不必要的移动；消灭库存；合理安排生产计划；减少生产准备时间；消除停机时间；提高劳动利用率。

（4）营造企业文化

虽然在车间现场发生的显著改进，能引发随后一系列企业文化变革，但是如果想当然地认为由于车间平面布置和生产操作方式上的改进，就能自动建立和推进积极的文化改变，这显然是不现实的。文化的变革要比生产现场的改进难度更大，两者都是必须完成并且是相辅相成的。许多项目的实施经验证明，项目成功的关键是公司领导要身体力行地把生产方式的改善和企业文化的演变结合起来。

传统企业向精益化生产方向转变，不是单纯地采用相应的看板工具及先进的生产管理技术就可以完成，而必须使全体员工的理念发生改变。精益生产之所以产生于日本，而不是诞生在美国，其原因也正因为两国的企业文化有相当大的不同。

（5）推广到整个企业

精益生产利用各种工业工程技术来消除浪费，着眼于整个生产流程，而不只是个别或几个工序。所以，样板线的成功要推广到整个企业，使操作工序缩短，推动式生产系统被以顾客为导向的拉动式生产系统所替代。

总而言之，精益生产是一个永无止境的精益求精的过程，它致力于改进生产流程和流程中的每一道工序，尽最大可能消除价值链中一切不能增加价值的活动，提高劳动利用率，消灭浪费，按照顾客订单生产的同时也最大限度地降低库存。

由传统企业向精益企业的转变不可能一蹴而就，需要付出一定的代价，并且有时候还可能出现意想不到的问题。但是，企业只要坚定不移走精益之路，大多数在6个月内，有的甚至在3个月内，就可以收回全部改造成本，并且享受精益生产带来的好处。

五、精益生产国内外的发展现状与趋势

1. 精益生产在国外的发展现状

（1）发展现状

精益生产在国外已经有了长足的发展，并成为许多行业中提高效率、降低成本的重要策略。以下是国外精益生产发展的一些主要现状：

供应链整合：精益生产的一个重要组成部分是通过整合供应链来实现价值流的优化。国外许多企业已经意识到通过与供应商的紧密合作和合理的物流管理可以实现更高的效率和更低的成本。

自动化和信息技术：利用自动化技术和信息技术，精益生产可以实现更高程度的自动化生产流程和数据实时监控。例如，机器人技术的发展使得生产线上的一些重复性任务可以被机器人代替，提高生产效率和质量。

持续改进与员工参与：精益生产的一个重要特征是持续改进，国外许多企业已经建立了一套完善的改进机制，鼓励员工参与，发现问题并提出改进意见。通过员工参与，企业可以更好地发现和解决生产中的问题，提高生产效率和质量。

环境可持续性：随着环境保护的重要性逐渐被人们所认识，精益生产也开始注重环境可持续性。例如，通过优化生产流程，减少浪费和资源使用，企业可以实现更低的环境影响，并提高企业形象。

（2）未来趋势

随着科技的不断进步,国外精益生产将继续发展,并面临一些新的趋势和挑战:

①数字化转型:随着数字技术的发展,精益生产将进一步与大数据、物联网等技术相结合,实现生产过程的数字化和智能化。通过数据分析和实时监控,企业可以更好地了解生产过程,并进行更准确和及时的决策。

②供应链网络:随着全球化的深入发展,供应链网络的作用将变得更加重要。国外的精益生产将进一步强调供应链的整合与协同,共同优化价值流动,提高整体效率。

③精益化服务业:精益生产不仅适用于制造业,也可以应用于服务业。国外一些企业已经开始将精益化原则应用于服务的流程优化和效率提升,如医疗、物流等领域。

④人工智能的应用:人工智能的快速发展将为精益生产带来更多机遇。例如,智能机器人可以更灵活地适应变化的生产需求,智能算法可以实现更精准的生产计划和优化。

国外精益生产已经取得了显著的成果,成为许多企业提高效率和竞争力的重要策略。未来,随着科技的不断进步,精益生产将继续发展并面临新的挑战和机遇。企业应积极采取措施,加强与供应商的合作,推动数字化转型,培养员工的参与能力,以适应未来的发展和趋势。只有不断创新和改进,企业才能在全球竞争中占据优势,并实现可持续发展。

2.精益生产在国内的发展现状

到了20世纪90年代以后,随着我国市场经济体制的建立、健全,竞争的加剧,一汽、上海易初摩托车有限公司、宝山钢铁股份有限公司(宝钢)对精益运营的成功实施,国内更多的企业也逐渐意识到了精益运营管理的重要性及其广大的应用前景,纷纷在抓紧研究应用。目前,汽车、电子、医疗器械、机械等行业是精益生产普及程度较高的几个行业,也是精益制造较领先的行业。这些行业具有一些共同的特征:需求变化大、物料种类多、品种多、管理成本高、物料管理复杂。所有这些特征表现最为明显的是汽车行业,汽车行业也一直走在精益自动化的前列,从整车装备开始,到汽车组装线,甚至汽车零配件供应商都较早贯彻了精益的思想。如一汽、奇瑞汽车股份有限公司、三一重工股份有限公司、东风汽车有限公司、中东青岛四方机车车辆股份有限公司、山东康达油泵油嘴有限公司等。作为汽车零部件供应商的汽车发动机企业,以上汽通用汽车有限公司、江西五十铃汽车有限公司等合资的公司实施效果为先,比较全面地实施了精益生产体系;国内的江淮汽车集团股份有限公司、奇瑞发动机厂等次之,其他的发动机企业也逐步结合自身实际,有步骤地引进、推广精益生产方式。

电子行业如联想集团、华为技术有限公司、海尔集团等都导入了精益生产体系,并结合我国国情和各自的实际情况,摸索出一条适合自身的精益生产方式,取得了丰富的经验,创造了明显的经济效益。但也有相当数量的企业并未获得预想的成功,甚至带来了相当的负效应。究其原因,则非常复杂,有对精益生产理解不深,急功近利,急于求成的思想,有推进过程中的基础管理提升,不能持之以恒的问题,有行业中生产特点问题,也有社会文化问题等。

3.精益生产管理发展新趋势

随着时代的发展与竞争的加剧,精益生产管理出现了"一融一纵一横"几个新趋势。

"一融"指精益生产管理与六西格玛的融合:

精益侧重于"消除浪费,降本增效";"六西格玛"则侧重于"稳定过程,提升质量"。两者共同的核心思想是"培养人才,持续改进,追求完美"。因此精益与六西格玛的融合,可谓相得益彰,相辅相成。

"一纵"即精益供应链:

一个工厂推动精益生产,往往效果有限,但如果以同样的精益管理体系向上延伸至供应商,向下延伸到顾客,则整个供应链的效率大大提升,库存成本大幅下降。当精益供应链发展到高级阶段时,我们称之为精益价值链,即整个供应链的价值创造达成了高效运转,以高度的自动化和智能化为特征。

"一横"指精益管理的思想和方法向微笑曲线的两端延伸,从"制造"向右延伸到"营销",向左延伸到"研发"。

六、精益生产应用

随着全球化和市场竞争的加剧,越来越多的企业开始寻求提升生产效率和降低成本的方法。在这种背景下,精益生产作为一种先进的管理思想,正逐渐被越来越多的企业所接受和应用。在中国,虽然精益生产起步较晚,但随着近年来经济的快速发展和产业升级,越来越多的企业开始尝试引入和应用精益生产,以提升自身的竞争力。

在制造业领域,精益生产的应用已经逐渐普及。许多制造企业开始意识到,通过引入精益生产理念和方法,可以优化生产流程,减少浪费,提高生产效率。这些企业开始尝试在生产现场实施精益改善,通过5S管理、标准作业、可视化管理等手段,不断提升生产线的稳定性和效率。同时,一些企业还开始尝试将精益生产理念与信息化技术相结合,通过引入MES、ERP等系统,实现生产过程的自动化和智能化,进一步提升生产效率和质量。

1. 优化供应链和减少库存

通过减少不必要的库存和运输,精益生产能够提高生产效率和产品质量。例如,在汽车制造业中,采用精益生产可以减少零部件库存,实现按需生产,从而降低成本并提高交付速度。

2. 消除浪费和非增值步骤

精益生产强调消除生产过程中的浪费,包括过度生产、不必要的运输和等待时间、不合理的工艺流程等。通过精确计划和控制生产,精益生产能够减少浪费,优化工艺流程。

3. 提高质量和交付速度

精益生产通过实施严格的质量控制措施,如持续改进、标准化工作流程和培训员工,确保产品质量的一致性和稳定性。同时,它还注重员工参与和团队合作,鼓励员工参与决策制定和问题解决,提高员工技能和动力。

4. 增加生产制造的灵活性

精益生产提倡使用通用型设备,增强生产线的柔性,以提高资金使用效率和应对产品更新换代时的设备投资更新。例如,通过建立连续流或拉动体系,实现单件流和物料的连续不停地流动。

5. 建立反馈机制和持续改进文化

精益生产鼓励企业不断寻求创新和提高,通过建立反馈机制和持续改进的文化,企业可以不断适应市场需求和技术变化,保持竞争力。

总之,精益生产作为一种综合性的管理方法,能够帮助企业提高生产效率、降低成本、提高产品质量和员工满意度,从而在激烈的市场竞争中占据优势。

【练习与思考】

一、填空题

1.精益生产就是及时制造,消灭故障,_____,向零缺陷、_____进军。

2._____综合了大量生产与单件生产方式的优点,力求在大量生产中实现多品种和高质量产品的低成本生产。

3.丰田生产方式的指导思想是,通过生产过程整体优化,改进技术,理顺物流,杜绝超量生产,_____,有效利用资源,降低成本,_____,达到用最少的投入实现最大产出的目的。

二、判断题

1.精益生产方式源于丰田生产方式。　　　　　　　　　　　　　　　　　(　　)

2.精益生产是通过系统结构、人员组织、运行方式和市场供求等方面的变革,使生产系统能很快适应用户需求的不断变化,并能使生产过程中一切无用、多余的东西被精简,最终达到包括市场供销在内的生产的各方面最好的结果。　　　　　　　　　　　(　　)

3.精益生产组织生产线依靠一种称为宣传的形式。　　　　　　　　　　　(　　)

4.精益生产强调质量是检验出来的。　　　　　　　　　　　　　　　　　(　　)

三、选择题

1.精益生产的特点(　　　)。

A.拉动式准时化生产　　　　　　　　B.全面质量管理

C.团队工作法　　　　　　　　　　　D.并行工程

2.精益生产提倡将加工与装配相连接,消除中间库存,变市场预估生产为接单同步生产,将产品(　　　)降为零。

A.资金　　　　　B.焊条　　　　　C.订单　　　　　D.库存

【任务实施】

一、工作准备

1.设备与工具

焊接机器人、配件、焊接机器人说明书、安全护具(电焊帽、口罩、护目镜、焊接手套、焊接工作服)、辅助工具(通针、扳手、点火枪、钢丝刷、钢丝钳等)。

渗透探伤检验设备。

2.相关材料

JQ. MG70S-6 焊丝、Q235 钢板、渗透系统。

二、工作程序

1.焊接试件

根据焊接经验,取 5 组可实现焊接的工艺参数,焊接试件,并标记。

2.检测

观察焊接时焊条与母材熔化融合的情况。在合理的焊接参数范围内,选择几套焊接参数试焊,观察哪一组参数焊接时熔滴受力情况以及焊缝成型效果最好,并记录下来。采用无损检测,检测五组试件的质量并对比,选取质量最优组,记录,编辑工艺文件。

3. 分析记录焊接过程

根据母材的特点,分析焊接质量影响因素。

4. 生产计划编辑

根据工艺文件,完成生产计划编制。

5. 作业完毕整理

关闭焊接机器人,配件摆放指定位置,工件按规定堆放, 清扫场地,保持整洁。最后要确认设备是否断电、高温试件等物品附近是否有可燃物等有可能引起火灾、爆炸的隐患后,方可离开。

【先进制造生产模式及管理工作单】

计划单

学习情境 2	焊接生产过程管理		任务 2	先进制造生产模式及管理	
工作方式	组内讨论、团结协作共同制定计划,小组成员进行工作讨论,确定工作步骤		学时		1
完成人	1. 2. 3. 4. 5. 6.				
计划依据:1. 小组成员: ;2. 小组分配的工作任务					
序号	计划步骤			具体工作内容描述	
1	准备工作(准备焊接机器人、说明书,谁去做?)				
2	组织分工(成立组织,人员具体都完成什么工作?)				
3	焊后分析(都设计哪些检验?检验什么内容?)				
4	焊接工艺确定(如何编写?)				
5	生产材料供应(如何供应?都需要哪些材料?)				
6	焊接生产计划(谁负责?生产计划包括什么?)				
制定计划说明	(写出制定计划中人员完成工艺评定任务的分工或可以执行的步骤,以及根据工艺制定生产计划需要重点步骤)				
计划评价	评语:				
班级		第 组		组长签字	
教师签字				日期	

决策单

学习情境 2	焊接生产过程管理		任务 2	先进制造生产模式及管理
决策目的	对焊接生产进行全面的计划,识别焊接生产计划中的各个部门的配合情况。针对每种产品,制定相应的应对计划安排		学时	0.5
方案讨论			组号	

	组别	步骤顺序性	步骤合理性	实施可操作性	选用工具合理性	方案综合评价
方案决策	1					
	2					
	3					
	4					
	5					
	1					
	2					
	3					
	4					
	5					
	1					
	2					
	3					
	4					
	5					

方案评价	评语:

班级		组长签字		教师签字		日期	

工具单

场地准备	教学仪器(工具)准备	资料准备
一体化焊接生产车间	自动化焊接设备、检验设备及相关耗材	焊接自动化设备的使用说明书、班级学生名单

作业单

学习情境2	焊接生产过程管理		任务2	先进制造生产模式及管理
参加焊接生产过程管理人员	第　　组			学时
				1
作业方式	小组分析,个人解答,现场批阅,集体评判			

序号	工作内容记录 (工艺评定、生产计划编写实际工作)	分工 (负责人)

	主要描述完成的成果及是否达到目标	存在的问题
小结		

班级		组别		组长签字	
学号		姓名		教师签字	
教师评分		日期			

检查单

学习情境 2	焊接生产过程管理		学时	20
任务 2	先进制造生产模式及管理		学时	10
序号	检查项目	检查标准	学生自查	教师检查
1	准备工作	任务书阅读与分析能力,正确理解及描述目标要求		
2	分工情况	与同组同学协商,确定人员分工		
3	工作态度	查阅资料能力,市场调研能力		
4	纪律出勤	资料的阅读、分析和归纳能力		
5	团队合作	编写先进制造生产模式分析文件及过程柔性管理流程		
6	创新意识	安全生产理念与环保理念		
7	完成效率	先进制造生产模式管理流程设计		
8	完成质量	任务书阅读与分析能力,正确理解及描述目标要求		
检查评价	评语:			
班级		组别		组长签字	
教师签字				日期	

评价单

学习情境 2	焊接生产过程管理		任务 2	先进制造生产模式及管理		
评价学时			课内 0.5 学时			
班级			第　　组			
考核情境	考核内容及要求	分值	学生自评分（10%）	小组评分（20%）	教师评分（70%）	实际得分
计划编制（20分）	资源利用率	4				
	工作程序的完整性	6				
	步骤内容描述	8				
	计划的规范性	2				
工作过程（40分）	保持焊接设备及配件的完整性	10				
	焊接质量及安全作业的管理	20				
	质检分析的准确性	10				
团队情感（25分）	核心价值观	5				
	创新性	5				
	参与率	5				
	合作性	5				
	劳动态度	5				
安全文明（10分）	工作过程中的安全保障情况	5				
	工具正确使用和保养、放置规范	5				
工作效率（5分）	能够在要求的时间内完成，每超时 5 min 扣 1 分	5				
总分		100				

小组成员素质评价单

学习情境 1	编制安全措施与应急方案	任务 1	编制安全措施与安全生产检查				
班级		第　　组		成员姓名			
评分说明	每个小组成员评价分为自评和小组其他成员评价两部分,取平均值计算,作为该小组成员的任务评价个人分数。评价项目共设计 5 个,依据评分标准给予合理量化打分。小组成员自评分后,要找小组其他成员以不记名方式打分						
评分项目	评分标准	自评分	成员 1 评分	成员 2 评分	成员 3 评分	成员 4 评分	成员 5 评分
核心价值观（20 分）	是否有违背社会主义核心价值观的思想及行动						
工作态度（20 分）	是否按时完成负责的工作内容、遵守纪律,是否积极主动参与小组工作,是否全过程参与,是否吃苦耐劳,是否具有工匠精神						
交流沟通（20 分）	是否能良好地表达自己的观点,是否能倾听他人的观点						
团队合作（20 分）	是否能与小组成员合作完成任务,做到相互协作、互相帮助、听从指挥						
创新意识（20 分）	看问题是否能独立思考,提出独到见解,是否能够利用创新思维解决遇到的问题						
最终小组成员得分							

【课后反思】

学习情境 2	焊接生产过程管理	任务 2	先进制造生产模式及管理
班级	第　　组	成员姓名	
情感反思	通过对本任务的学习和实训,你认为自己在社会主义核心价值观、职业素养、学习和工作态度等方面有哪些需要提高的部分?		
知识反思	通过对本任务的学习,你掌握了哪些知识点?请画出思维导图。		
技能反思	在完成本任务的学习和实训过程中,你主要掌握了哪些技能?		
方法反思	在完成本任务的学习和实训过程中,你主要掌握了哪些分析和解决问题的方法?		

学习情境 3 焊接工程成本管理与控制策略

【内容提要】

焊接生产项目成本管理是为实现生产项目费用目标,即以尽可能低的开支圆满完成生产任务而开展的管理活动。其包括项目成本计划(预算)、项目成本控制、结算等具体工作。本项目将着重讲述生产成本计划等管理技术在焊接生产项目中的具体应用。由于企业为获取焊接生产项目的承包进行投标时,提出的承包报价即为生产成本计划与控制的上限,因此本项目对招投标知识及投标技巧亦给予简单介绍。

【学习目标】

知识目标:

1.能够准确说出焊接生产项目招投标基本知识;

2.能够准确说出生产过程中成本分析的方法;

3.能够准确说出评标和谈判的程序。

能力目标:

1.能够根据生产定额,编制简单的焊接生产项目的预算;

2.能够通过成本分析,计算出焊接生产中基础的控制成本;

3.能够根据生产实际项目进行生产定额的计算。

素质目标:

1.通过小组学习,熟悉焊接作业中可能存在的安全隐患,并掌握预防和应对措施;

2.培养团队协作精神,能够与其他工种人员有效沟通、密切配合,共同完成生产任务;

3.具备一定的项目管理能力,能够协调资源、组织生产,确保生产进度和产品质量。

任务1　投标文件编辑

【任务工单】

学习情境3	焊接工程成本管理与控制策略			任务1	投标文件编辑
任务学时			4学时(课外2学时)		
布置任务					
任务目标	投标文件编辑任务是一项至关重要的工作,它直接关系到企业能否成功中标并顺利执行合同。以下是一份关于投标文件编辑任务的详细指导,旨在帮助相关人员更好地完成这一任务				
任务描述	根据任务要求,投标文件编辑的任务是按照招标文件的要求,结合企业的实际情况,编制一份完整、准确、具有竞争力的投标文件。该文件应充分展示企业的技术实力、管理水平、经济实力和信誉度,以争取业主的青睐并最终中标				
学时安排	资讯 1学时	计划 0.5学时	决策 0.5学时	实施 1学时	检查 0.5学时	评价 0.5学时
提供资源	焊接实训室相关设备及说明书等资料				
对学生学习及成果的要求	1.焊接专业基础知识(焊接方法、工艺、生产),经历了专业实习,对焊接企业的产品及行业领域有一定的了解。 2.具有独立思考、善于发现问题的良好习惯。能对任务书进行分析,能正确理解和描述目标要求。 3.具有查询资料和市场调研能力,具备严谨求实和开拓创新的学习态度。 4.每组必须完成任务工单,并提请教师进行小组评价,小组成员分享小组评价分数或等级; 5.每名同学均须完成任务反思,以小组为单位提交				

【课前自学】

知识点1　招投标基本知识

焊接生产项目招标投标(简称招投标)是国际通用的、比较成熟的而且科学合理的承发包方式,是工程建设市场的主要交易方式。我国于2000年1月1日颁布施行《中华人民共和国招标投标法》,规范招标投标活动。

自《中华人民共和国招标投标法》颁布以来,焊接生产项目的招投标活动逐渐走向规范化、透明化,为工程建设市场注入了新的活力。在招投标过程中,各方参与者均须严格遵守法律法规,确保公平、公正、公开的原则得以体现。

随着全球经济的不断发展,焊接生产项目的招投标范围也日益扩大,涵盖了众多行业和领域。在招投标过程中,项目业主会发布招标公告,明确项目的规模、技术要求、工期及质量标准等,邀请有实力的企业参与竞标。投标企业则需根据招标文件的要求,结合自身实力,编制详尽的投标文件,以争取中标的机会。

在焊接生产项目的招投标过程中,竞争是不可避免的。投标企业需充分展示自身的技术实力、管理水平和行业经验,以赢得业主的信任和青睐。同时,投标企业还需注重与业主的沟通与合作,充分了解项目的需求和特点,确保在项目执行过程中能够顺利推进。

随着信息化技术的不断发展,焊接生产项目的招投标活动也逐渐实现了线上化。通过电子招投标平台,各方参与者可以更加便捷地获取项目信息、编制投标文件、参与竞标等,大大提高了招投标活动的效率和透明度。

焊接生产项目的招投标活动通过规范的招投标活动,可以确保项目的顺利实施,推动行业的健康发展。同时,投标企业也需不断提升自身的综合实力,以适应日益激烈的市场竞争。

一、焊接生产项目招标

焊接生产项目招标是以发包方或发包方委托的监理工程师为主体的活动,是发包方对自愿参加某一特定工程项目(如中承式钢管砼桥梁、球罐、钢结构厂房等)中焊接结构制作、安装等生产项目的承包进行审查、评比和选定的过程。通常发包方首先要提出他的要求目标,即对特定项目的地点、投资目的、任务数量、质量标准以及进度目标予以明确,并发布广告或发出邀请函,使自愿投标者按业主要求的目标投标,发包方按投标报价的高低、技术水平、工程经验、财务状况、信誉等方面进行综合评价,全面分析,择优选择确定中标者并签订合同后,招标方告终结。

1. 招标分类

按生产承包的范围分类,可分为:

(1)项目总承包招标,这种招标可分为两种类型,一种是生产项目施工阶段全过程(包括焊接结构制作及安装)的招标,一种是生产项目全过程(包括焊接结构设计、制作及安装)的招标。

(2)专项承包招标,指在对生产项目承包招标中,对其中某项比较复杂或专业性强,要求特殊的工作项目,单独进行招标的,称为专项承包招标。

焊接生产项目的专项招标有:焊接结构设计、结构制作、结构安装等三种。

2. 招标形式

国际上常采用的招标方式有以下三种形式:

(1)公开招标

公开招标亦称无限竞争招标,是指招标人以公告的方式(如通过报纸、电视、广播、互联网公开发布招标广告)邀请不特定的法人或其他组织投标。

(2)邀请招标

邀请招标亦称有限竞争性选择招标。这种方式不发布公告,发包方根据自己的经验和各种信息资料的了解,对那些被认为有能力承担该工程的承包商发出邀请,必须邀请3家以上前来投标。这种招标方式一般可以保证参加投标的承包商有一定项目工程经验、信誉可靠、有能力完成该工程项目,但由于经验和信息资料的局限性,有可能漏掉一些在技术上、报价上有竞争能力的后起之秀。

(3)议标

议标亦称非竞争性招标或指定性招标。这种方式是发包方邀请一家,最多不超过两家承包商直接协商谈判。实际上是一种合同谈判的形式。这种方式适用于造价较低、工期紧、专业性强或军事保密项目。其优点是可以节省时间,容易达成协议,迅速开展工作,缺点是无法获得有竞争力的报价。

《中华人民共和国招标投标法》规定的招标方式是:公开招标和邀请招标。无特殊情况,不应采用议标方式。

3.招标文件

招标文件是向投标单位介绍生产项目情况和招标条件的文件,也是生产项目承包合同的基础文件。通常包括以下一些内容:

(1)项目综合说明

项目综合说明即招标项目的概况。一般应包括工程名称、地点、生产内容,发包范围和批准招标的机构,施工现场条件,总工期和分项项目分批分期竣工要求及保修要求。

(2)图纸和技术说明

图纸和技术说明包括生产施工图纸,对主要材料和设备的规格质量要求、主要工序的做法和有关特殊要求的说明,以及生产验收适用的技术规范等。

(3)工程量清单

工程量清单是对要实施的生产项目和内容按产品部位、性质等所罗列的表格。每个表中既有需要实施的分项目,又有每个分项目的工程量和计价要求,以及每个分项目报价和每个表的总计等。项目中,焊接结构的工程量通常按不同构件或不同部位的质量列出。工程量清单是供投标单位作为计算标价的依据。

(4)投标单位应填送的表格

投标单位应填送的表格主要有投标意见书、投标企业状况表。

(5)投标须知

投标须知主要有:材料供应方式和订货情况;中标评定的优先条件和废标的条件;投标应缴费和返还的规定;考察现场、招标交底和解答问题的时间、地点;填写标书注意事项;标书的投送方式、地点和截止时间;开标的时间、地点等。

二、焊接生产项目投标

在生产项目承包招标投标竞争中,招标就是要择优,由于项目的性质和发包方的评价标准的不同,择优可能有不同的侧重面,但一般包括如下四个主要方面:

(1)较低的价格;

(2)先进的技术;

(3)优良的质量;

(4)较短的工期。

发包方确定中标者,既会从其突出的侧重面进行衡量,又会综合考虑上述四个方面的因素。对于承包商来说,参加投标不仅要比报价的高低,而且要比技术、经验、实力和信誉。

特别是技术密集型生产项目,承包商要关注两方面的挑战,一方面是技术上的挑战,要求承包商具有先进的科学技术,能够完成高、新、尖、难工程;另一方面是管理上的挑战,要求承包商具有现代先进的组织管理水平,能够以较低报价中标,靠管理获利。

投标就如同参加一场赛事竞争,成败往往关系到企业的兴衰存亡,因此应认真做好投标过程中的每一项工作,注意投标技巧,力争中标。

1. 投标过程

投标过程是指从填写资格预审调查表开始,到将正式投标文件送到业主为止所进行的全部工作。这一阶段工作量很大,时间紧迫,一般投标工作的程序如图3-1所示。

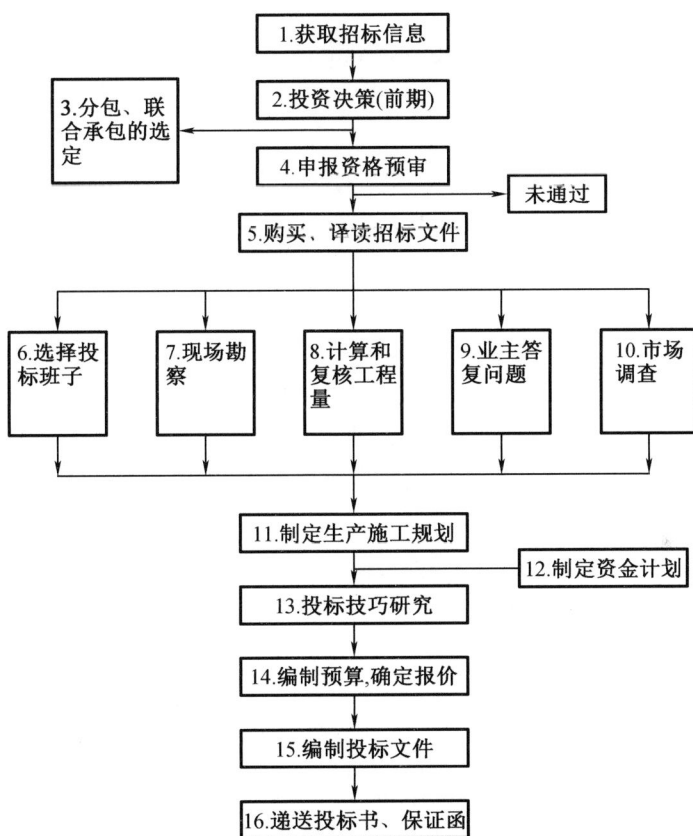

图3-1 项目投标工作的程序

2. 投标技巧研究

投标技巧研究即开标前的技巧研究和开标至签订合同时的技巧研究。

(1)开标前的投标技巧研究

①不平衡报价法。不平衡报价主要应用于多个分项生产组成的大项目,指在总价基本确定的前提下,如何调整内部各个分项的报价,以期既不影响总报价,又在中标后可以获得较好的经济效益。

a. 对能早期结账收回工程款的项目,可报以较高价,以利于资金周转,对后期的项目单价可适当降低。

b.估计工程量可能增加的分项目,其单价可提高;而工程量可能减少的,则单价可降低。

c.图纸内容不明确或有错误,估计修改后工程量要增加的,其单价可提高;而工程内容不明确的,其单价可降低。

d.没有工程量只填报单价的分项目,其单价宜高,既不影响总的投资报价,又可获利。

e.对于暂定项目,其实施可能性大的项目,可定高价,估计该工程不一定实施的,可定低价。

f.质量要求高,技术难度大的项目,单价宜高,反之,单价宜低。例如,结构焊缝必须经X射线探伤且要求达Ⅱ级合格的分项工程,其单价宜高,加工费可报 4 000~6 000 元/t。

g.零量用工(计时工)一般可报较高的工资单价。之所以这样做,是因为零星用工不属于承包总价的范围,发生时实报实销,也可多获利。

②多方案报价法。若业主拟定的合同要求过于苛刻,为使业主修改合同要求,可提出两个报价,并阐明,按原合同要求规定,投标报价为一数值;倘若合同要求做某些修改,可降低报价一定百分比,以此来吸引对方。另外一种情况是自己的技术和设备满足不了原设计的要求,但在修改设计以适应自己的施工能力的前提下仍希望中标,于是可以报一个按原设计施工的投标报价(投高标);另一个按修改设计施工的比原设计的标价低得多的投标报价,以诱导业主。

③突然袭击法。由于投标竞争激烈,为迷惑对手,有意泄露一些假情报,如不打算参加投标,或准备投高标,表现出无利可图不干等假象,到投标截止之前几个小时,突然前往投标,并压低投标价,从而使对手措手不及而败北。

④低投标价压标法。此种方法是非常情况下采用的非常手段。比如企业大量窝工,为减少亏损;或为打入某一产品市场,或者挤走竞争对手保住自己的地盘,于是制定了严重亏损标,力争夺标,若企业无经济实力,信誉不足,此法也不一定会奏效。

⑤联保法。一家实力不足,联合其他企业分别进行投标,无论谁家中标,都联合进行施工。

(2)开标后的投标技巧研究

投标人通过公开开标这一程序可以得知众多投标人的报价。但有时招标人需要综合各方面的因素,反复评审,选择 2~3 家条件较优者进行议标谈判来确定中标人。若投标人利用议标谈判施展竞争手段,可采用的投标技巧主要有:

①降低投标价格。投标价格不是中标的唯一因素,但却是中标的关键性因素,在议标中,投标者适时提出降低要求是议标的主要手段。降低投标价格可从三个方面入手,即降低投标利润、降低经营管理费和设定降价系数。

通常,投标人应准备两个投标价格,即准备应付一般情况的适中价格,又同时准备应付竞争特殊环境需要的替代价格。

②补充投标优惠条件。除中标的关键性因素——价格外,在议标谈判的技巧中,还可以考虑其他许多重要因素,如缩短工期,提高工程质量,降低支付条件要求,提出新技术和新设计方案,以及提供补充物资和设备等,以此优惠条件争取得到招标人的赞许,争取中标。

3. 投标标书的基本内容及标书注意事项

(1)投标标书的基本内容

①封面,须填写投标单位和单位负责人,以及标书报送日期。

②投标意见书,是投标单位承接项目的主要条件,也是评标决标的主要依据。内容应包括:

a.项目承包方式,包括生产方式、结算方式。生产方式分为总包(全部工程范围自行施工或部分工程分包专业队伍施工)和联合承包(制造与安装两个企业联合承包)或单项工程承包。结算方式按总包标价一次包死和主要工程项目标价承包。

b.工程总包价及单项标价,是投标单位承包工程的经济条件,标价中综合了施工过程中的全部费用。

c.工期。

d.产品或工程项目拟达到的质量等级及技术保障措施,这是衡量投标单位技术水平和投入本项目设备状况的依据。

e.要求业主提供的配合条件,是投标单位向招标单位提出的要约条件。提出的配合条件要有针对性,针对招标条件中招标单位应承担的合同责任。如某工程招标文件中,要求投标单位对工程造价一次包死,遇有钢材市场价格调整时,也不得调整承包造价;投标单位在标书中的报价(总包标价)就要综合招标文件中的要约条件,而招标单位有针对性地提出反要约条件,若由招标单位提供某些主要材料的,则应要求业主对这些材料的按时按量供应,提出保证条件以及违约索赔条件等承诺。

此外,工程量清单也应作为标书的组成部分与分投标意见书一并报送。

(2)填写标书应注意的事项

①投标文件中的每一要求填写的空格都必须填写,不要空着。否则,即被视为放弃意见,重要数字不填写,可能被作为废标处理。

②填报文件应反复校对,保证分项和汇总计算均无错误。

③递交的文件,均应每页签字或盖上单位印鉴,如填写中有错误而不得修改时,则应在修改处签字盖印。

④填写投标文件字迹要清晰、端正,补充设计图纸要美观,所有投标文件应装帧美观大方,给业主留下良好印象。

⑤递标不宜太早,应密封送交指定地点。

三、开标

无论采取何种方式,开标都要公开举行,开示的程序一般是:

(1)邀请公证部门复验标底和各投标单位的标书密封情况及标书收到的时间(邮寄者以邮局投递日已戳为准)。

(2)按标书收到的顺序当众启封标书,宣布标价及其他主要内容,并填入预先准备的登记表格中,公布于众。

(3)招标领导小组对标书中不够明确的地方,投标单位可做解释和补充说明,但是,标书的内容不能更改。

(4)各单位标书全部宣布之后,由招标领导小组及公证部门当场检验标书,确认标书有效,如发现某单位的标书不符合招标规定时,可动员投标单位撤回标书或宣布无效。

(5)投标条件较好时,可当众宣布标底,如各单位的标价与标底有较大差距时,标底可在评标会议上向招标领导小组宣布,并组织重新审查标底,标底需要调整时,按调整后的标底评标,如标底合理时,可召集投标企业宣布标底,并改为邀请投标条件较好的几个单位进行议标。

招标程序图如图 3-2 所示。

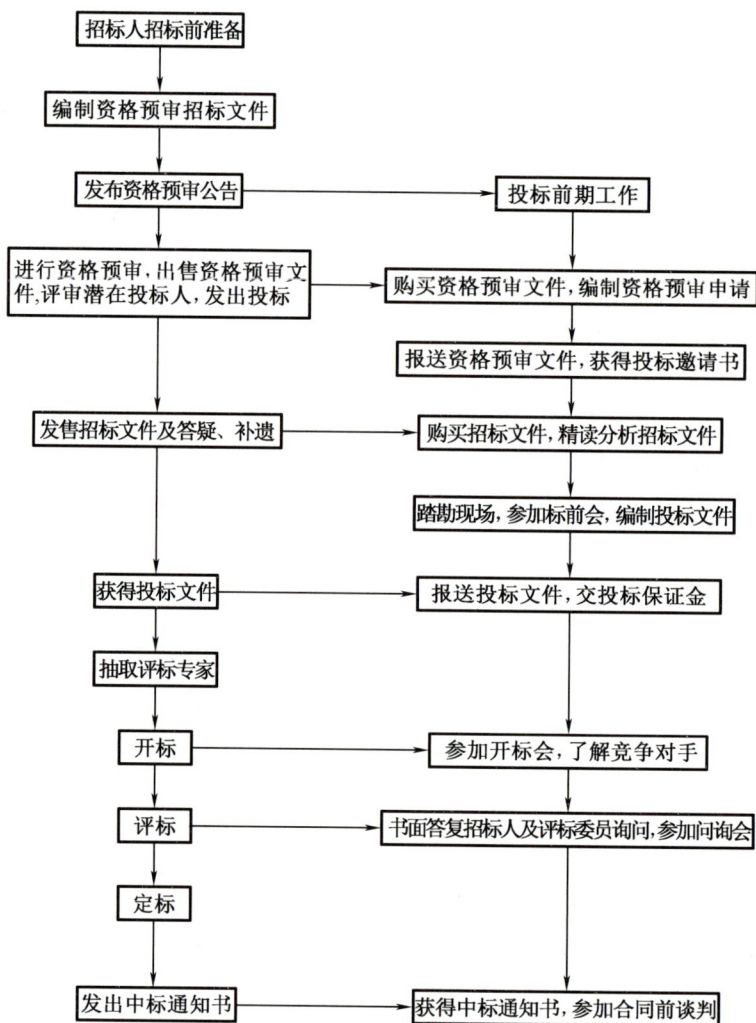

图 3-2 招标程序图

四、评标

评标是由招标单位的评标组织对标书进行评审择优,并决定中标者的过程。

1. 评标组织

评标应设立临时的评标委员会或评标小组,在国内,评标组织通常由招标办、建设单位、建设单位主管部门及有关技术专家组成,在国外,一般由发包方负责组织,由总经济师、总工程师、咨询单位及有关技术专家组成,评标组织的主要任务是制定评标办法,负责评标,按照评标办法推荐或决定中标者。

2. 评标方法

目前国内外采用较多的评标方法是专家评议法、低标价法和打分法。

(1)专家评议法。这种方法是由评标小组或评标委员会拟定评标的内容,如工程报价、工期、主要材料消耗、施工组织设计、工程质量保证和安全措施,分项进行认真分析、比较或调查,进行综合评议,各种专家共同协商,选择其中各项条件都优良者为中标单位。

这种方法是一种定性的优选法,能深入听取各方面的意见,但易产生众说纷纭、意见难于统一的现象。

(2)低标价法。这种方法是在通过严格地资格预审和其他评标内容的要求都合格的条件下,评标只按投标报价来定标的一种方法,世界银行贷款项目多采用此种评标方法。

这种评标办法有两种方式,一种方式是将所有投标者的报价依次排队,取 $3\sim4$ 个,对其低报价的投标者进行其他方面的综合比较,择优定标,另一种方式是"A+B 值评标法",即以低于标底一定自分数以内的报价的算术均值为 A,以标底或评标小组确定的更合理的标价为 B,然后以 $A+B$ 的均值为评标标准价,选出低于或高于这个标准价的某个百分数的报价的投标者进行综合分析比较,择优选定。

(3)打分法。这种方法是由评标委员会事先将评标的内容进行分类,并确定其评分标准,然后由每位委员无记名打分,最后统计投标者的得分。得分超过及格标准分最高者为中标单位。这种定量的评标方法,在设计标因素多而复杂,或投标前未经资格预审就投标时,常采用这种公正、科学的评标方法,能充分体现平等竞争、一视同仁的原则,定标后分歧意见较小。

五、项目承包合同的签订

根据评标、决标结果,招标单位会向中标单位发出"中标通知书",中标单位应在收到通知书之日起一个月(或招标文件规定的时间范围)内同招标单位共同鉴定承包合同。

1. 合同的谈判

(1)谈判的目的

开标以后,业主经过研究,往往选出二、三家投标者就工程有关问题和价格问题进行谈判,然后选择中标者。这一过程习惯上称为商务谈判。

①业主参加谈判的目的:

a.通过谈判,了解投标者报价的构成,进一步审核和压低报价。

b.进一步了解和审查投标者的施工规划和各项技术措施是否合理,以及负责项目实施的班子力量是否足够雄厚,能否保证工程、产品的质量和进度。

c.根据参加谈判的投标者的建议和要求,也可吸收其他投标者的建议,对设计方案、图纸、技术规范进行某些修改后,估计可能对工程报价和工程质量产生的影响。

②投标者参加谈判的目的:

a.争取中标。即通过谈判宣传自己的优势,包括技术方案的先进性、报价的合理性,所提建议方案的特点、许诺优惠条件等,以争取中标。

b.争取合理的价格,既要准备应付业主的压价,又要准备当业主拟增加项目、修改设计或提高标准时适当增加报价。

c.争取改善合同条款,包括争取修改过于苛刻和不合理的条款,澄清模糊的条款和增加有利于保护承包商利益的条款。

虽然双方的目的看起来是对立的、矛盾的,但在为工程生产项目选择一家合格的承包商这一点上则是业主的基本意图,参加竞争的投标者,谁能掌握业主心理,充分利用谈判技巧争取中标,谁就是强者。

（2）谈判的过程

在实际工作中,有的业主把全部谈判均放在决标之前进行,以利用投标者想中标的心情压价并取得对自己有利的条件;也有的业主将谈判分为决标前和决标后两个阶段进行。

①决标前的谈判。业主在决标前与初选出的几家投标者谈判的内容主要有两个方面:一是技术答辩,二是价格问题。

技术答辩由评标委员会主持,了解投标者如果中标后将如何组织施工生产,如何保证工期,对技术难度较大的部位采取什么措施等,虽然投标者在编制投标文件时对上述问题已有准备,但在开标后,当本公司进入前几标时,应该在这方面再进行认真细致的准备,必要时画出有关图解,以取得评标委员的好感,顺利通过技术答辩。

价格问题是一个十分重要的问题,业主利用他的有利地位,要求投标者降低报价,并就工程款额中自由外汇比率、付款期限、贷款利率(对有贷款的投标)以至延期付款条件等方面要求投标者做出让步。但如为世界银行贷款项目,则不允许压低标价。投标者在这一阶段一定要沉住气,对业主的要求进行逐条分析,在适当时机适当地、逐步地让步,因此谈判有时会持续很长时间。

②决标后的谈判。经过决标前的谈判,业主确定出中标者发中标函,这时业主和中标者还要进行决标后的谈判,即将过去双方达成的协议具体化,并最后签署合同协议书,对价格及所有条款加以认证。

决标后,中标者地位有所改善,他可以利用这一点,积极地、有理有节地同业主进行决标后的谈判,争取协议条款公正合理,对关键性条款的谈判,要做到彬彬有礼而又不做大的让步。对有些过分不合理的条款,一旦接受了会带来无法负担的损失,则宁可冒损失投标保证金的风险也要拒绝业主要求或退出谈判,以迫使业主让步,因为谈判时合同并未签字,中标者不在合同约束之内,也未提交履约保证。

业主和中标者在对价格和合同条款达成充分一致的基础上,签订合同协议书(在某些国家需要到法律机关认证)。至此,双方即建立了受法律保护的合作关系,招标投标工作既告成。

竞争性谈判流程如图3-3所示。

2.合同的签订

合同签订的过程是当事人双方互相协商并最后就各方的权利、义务达成一致意见的过程。签约是双方意志统一的表现。不论是工程承包合同还是加工承揽合同,均属于经济合同。

一般国际工程承包项目均要求中标者在收到中标函后一定时期内(不超过30天)提交履约保证,否则,业主有权取消中标者的中标资格。

供应商	采购代理机构 (集中采购机构)	采购人

签订委托协议 ← 采购项目

接受委托 ← 自行组织

达到公开招标数额,报经主管预算单位同意

向社区的市、自治州以上人民政府财政部门或省级人民政府授权的地方人民政府财政部门申请批准

1.招标后没有供应商投标或者没有合格标的,或者重新招标未能成立的
2.技术复杂或者性能特殊,不能确定详细规格或者具体要求的
3.非采购人所能预见的原因或非采购人拖延造成采用招标所需时间不能满足紧急需要的
4.因艺术品采购、专利、专有技术或者服务的时间、数量事先不能确定等原因不能事先计算出价格总额的

采用竞争性谈判采购方式

在财政部门专家库抽取专家

成立谈判小组

谈判小组由采购人代表和评审专家共3人(达到公开招标数额标准为5人)以上单数组成,其中评审专家人数不得少于成员总数的1/3

制定(确认)谈判文件

谈判文件应当明确谈判程序、谈判内容、合同草案的条款以及评定成效的标准等事项

邀请参加谈判的供应商名单

通过发布公告,从省级以上财政部门建立的供应商库中随机抽取或者采购人和评审专家分别书面推荐的方式,邀请不少于3家符合相应资质条件的供应商

编制并提交响应文件

谈判

谈判小组所有成员集中与单一供应商分别进行谈判,谈判中,谈判的任何一方不得透露与谈判有关的信息,谈判文件有实质性变动的,谈判小组应当以书面形式通知所有参加谈判的供应商

确定成交供应商

谈判结束后,谈判小组应当要求所有参加谈判的供应商在规定的时间内进行最后报价,按照最后报价由低到高的顺序提出3名以上成交候选人,采购人从谈判小组提供的成交候选人中根据质量和服务均能满足采购文件实质性响应要求且最后报价最低的原则确定成交供应商,也可以书面授权谈判小组直接确定成交供应商

发出成交通知书,并在财政部门指定媒体公布结果

采购人或者采购代理机构应当成交供应商确定后2个工作日内,在省级以上财政部门指定的媒体上公告成交结果,并将竞争性谈判文件随成交结果同时公告

与成交供应商签订合同

采购人与成交供应商应当在成交通知书发出之日起30日内与成交供应商签订书面合同

合同履约及验收

申请支付资金

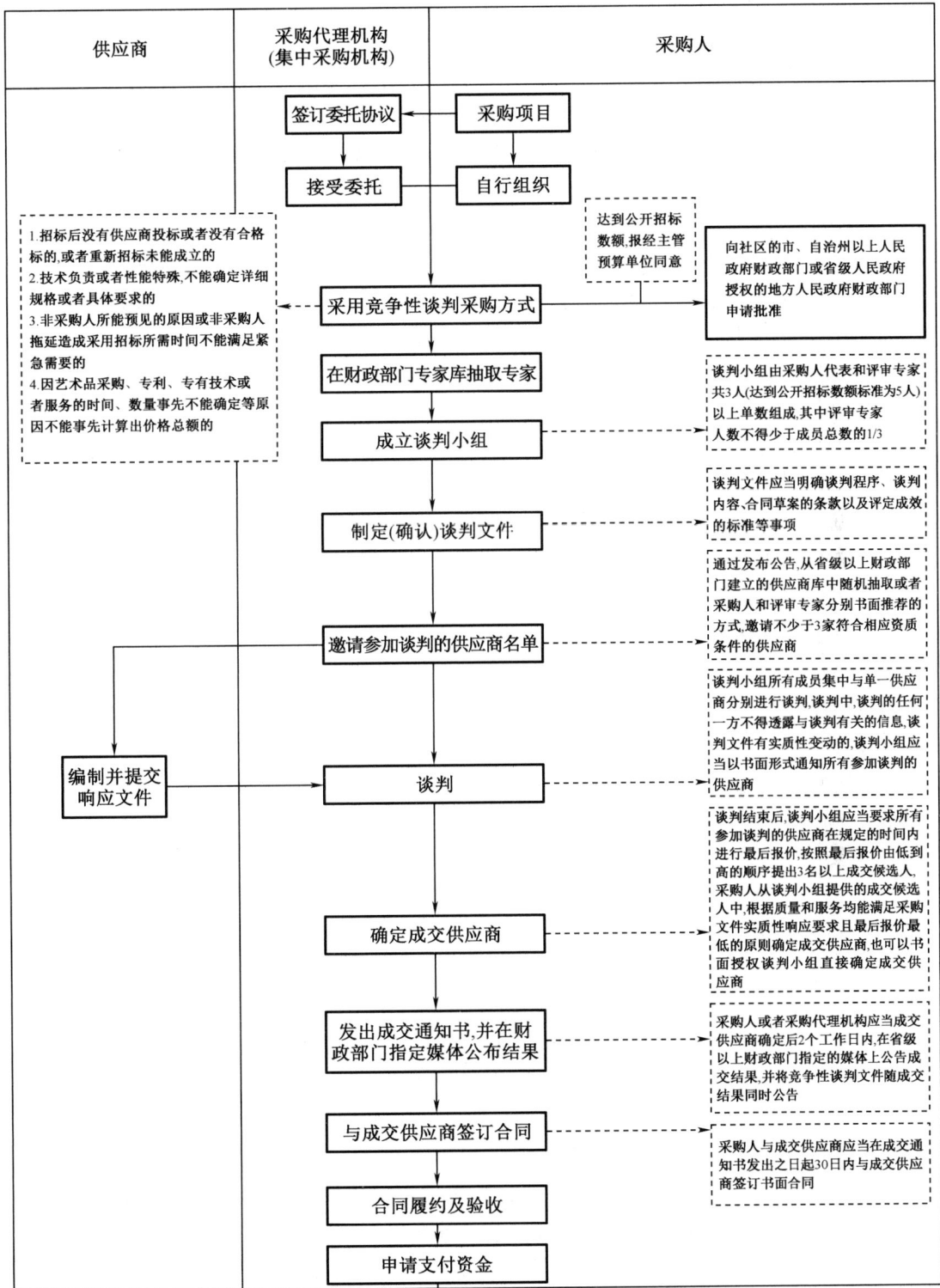

图3-3　竞争性谈判流程图

（1）合同订立时应遵循的基本原则

①遵守国家法律和行政法规的原则。

《中华人民共和国经济合同法》规定："订立经济合同,必须遵守法律和行政法规。"依据这一规定,当事人只有依法订立的合同才具法律约束力,才能实现当事人的经济目的。否则,即使是当事人协商一致订立的合同,也会因其违反法律或行政法规而无效,不仅不受法律的保护,还应对其违法行为承担法律责任。

②遵循平等互利、协商一致的原则。

《中华人民共和国经济合同法》规定："订立经济合同,必须遵循平等互利、协商一致的原则。"这一原则具体表现是:第一,经济合同中的当事人在经济法律地位上一律平等,即当事人的法律地位无高低之分,不允许以大欺小,以上压下。第二,经济合同是当事人双方意思一致的表示,是在各自充分表达了意见,经过协商一致而达成的协议,不允许任何一方违背对方意志,而把自己的意志强加给对方。

（2）合同签订通常应考虑的问题

①合同签订应该遵守的基本原则;

②合同签订的程序;

③合同的文件组成及其主要内容;

④合同签订的形式。

（3）合同文件特别是国际工程承包合同文件的组成及优先顺序

①合同协议书及附录;

②中标函;

③投标书;

④合同条件第二部分——通用条件;

⑤合同条件第一部分——专用条件;

⑥规范;

⑦图纸;

⑧标价的工程量表。

在整个招标过程中,业主一方可能对招标内容做出某些修改,在投标和谈判过程中,承包商一方也可能提出某些问题要求修改,经过谈判达成一致意见后,将之写入合同协议书备忘录(或叫附录),这份备忘录是合同文件的重要组成部分,备忘录写好并经双方同意后即可正式签署合同协议书。

合同协议书的范本可在 www.cnaec.com.cn 中国工程咨询网上查阅。

合同协议书由业主和承包商的法人代表正式授权委托的全权代表签署后,合同即开始生效,至此,招标投标工作即告完满结束。

【练习与思考】

一、选择题

1. 一般国际工程承包项目均要求中标者在一定时期内提交履纳保证使其不超过

（　　）

A. 15 天　　　　B. 20 天　　　　C. 30 天　　　　D. 50 天

2. 不属于国标上采用的招标方式是　　　　　　　　　　　　　（　　）

A. 公开招标　　　B. 投标　　　C. 邀请招标　　　D. 议标

3. 评标是评标组织对标书进行评审择优，并决定中标者的过程。下列不是评标组织成员的是　　　　　　　　　　　　　　　　　　　　　　　（　　）

A. 招标办　　　B. 施工单位　　　C. 技术专家组成　　D. 建设单位

二、填空题

1. 焊接生产项目包括_____、_____、_____。

2. 在生产项目承包招标投标竞争中，招标包括四个主要方面_____、_____、_____、_____。

3. 当事人双方互相协商最后就各方的权利、义务达成一致意见的过程称为_____。

三、简答题

1. 填写标书应注意哪些事项？

2. 招标文件包括哪些内容？

3. 投标就是要择优，择优主要侧重哪几方面？

【任务实施】

一、工作准备

招标书、《中华人民共和国招标投标法》文件。

二、工作程序

1. 认真阅读招标文件

在编辑投标文件前，首先要认真阅读招标文件，了解招标范围、投标要求、评审标准等关键信息。同时，要注意招标文件中的格式要求、字体大小、页码编号等细节问题，确保投标文件符合规定。

2. 收集相关资料

根据招标文件的要求，收集企业相关的资质证书、业绩资料、技术方案、财务报表等必要材料。确保这些资料真实、完整、有效，以便在投标文件中充分展示企业的优势。

3. 编写投标文件

按照招标文件的格式要求，编写投标文件的各个部分，包括封面、目录、企业简介、资质证明、技术方案、商务报价、合同条款等。在编写过程中，要注意语言表达的准确性和条理性，避免出现错别字、语病等问题。

4. 审核与修改

完成初稿后，要对投标文件进行仔细审核和修改。检查文件内容是否完整、准确，是否符合招标文件的要求。同时，要注意排版、格式等细节问题，确保投标文件整洁、美观。

严格遵守时间节点:在编辑投标文件时,要严格按照招标文件规定的时间节点进行。避免因拖延时间而导致错过投标截止日期,影响企业的投标机会。

保持沟通顺畅:在编辑投标文件过程中,如有需要,及时与业主或招标代理机构进行沟通,了解他们对投标文件的具体要求或疑问。同时,也要与企业内部相关部门保持沟通,确保所需资料的准确性和完整性。

保护商业秘密:在编写投标文件时,要注意保护企业的商业秘密。对于涉及企业核心技术、商业秘密等敏感信息,要进行适当的脱敏处理或加密保护,防止泄露给竞争对手。

突出优势:在投标文件中,要突出企业的技术实力、管理水平、经济实力和信誉度等优势。通过具体案例、数据等方式展示企业的实力和业绩,增强业主对企业的信任和好感。

【投标文件编辑工作单】

计划单

学习情境3	焊接工程成本管理与控制策略		任务1	投标文件编辑	
工作方式	组内讨论、团结协作共同制定计划,小组成员进行工作讨论,确定工作步骤			学时	1
完成人	1. 2. 3. 4. 5. 6.				

计划依据:1.小组成员: ;2.小组分配的工作任务

序号	计划步骤	具体工作内容描述
1	认真阅读招标文件(招标范围、投标要求、评审标准等关键信息,谁来做?)	
2	组织分工(成立组织,人员具体都完成什么工作?)	
3	收集相关资料(都需要哪些材料? 谁来做?)	
4	编写投标文件(如何编写?)	
5	审核与修改(文件内容是否完整、准确? 都需要哪些材料?)	
6	打印与装订(谁负责?)	
制定计划说明	(根据招标文件,写出制定计划中人员完成投标文件可以执行的步骤,以及重点步骤的具体内容要点)	
计划评价	评语:	

班级		第 组	组长签字	
教师签字			日期	

决策单

学习情境 3	焊接工程成本管理与控制策略	任务 1	投标文件编辑
决策目的	对焊接生产进行全面的计划,识别焊接生产计划中的各个部门的配合情况。针对每种产品,制定相应的应对计划安排	学时	0.5
方案讨论		组号	

	组别	步骤顺序性	步骤合理性	实施可操作性	选用工具合理性	方案综合评价
方案决策	1					
	2					
	3					
	4					
	5					
	1					
	2					
	3					
	4					
	5					
	1					
	2					
	3					
	4					
	5					

方案评价	评语:

班级		组长签字		教师签字		日期	

工具单

场地准备	教学仪器(工具)准备	资料准备
一体化焊接生产车间	自动化焊接设备、检验设备,及相关耗材	焊接自动化设备的使用说明书、班级学生名单

作业单

学习情境 3	焊接工程成本管理与控制策略	任务 1	投标文件编辑
参加焊接工程成本管理与控制策略人员	第　　　组	学时	
			1
作业方式	小组分析,个人解答,现场批阅,集体评判		

序号	工作内容记录 (工艺评定、生产计划编写实际工作)	分工 (负责人)

小结	主要描述完成的成果及是否达到目标	存在的问题

班级		组别		组长签字	
学号		姓名		教师签字	
教师评分		日期			

检查单

学习情境 3	焊接工程成本管理与控制策略	学时	20
任务 1	投标文件编辑	学时	10

序号	检查项目	检查标准	学生自查	教师检查
1	准备工作	任务书阅读与分析能力,正确理解及描述目标要求		
2	分工情况	与同组同学协商,确定人员分工		
3	工作态度	查阅资料能力,市场调研能力		
4	纪律出勤	资料的阅读、分析和归纳能力		
5	团队合作	焊接生产管理设备投标文件分析		
6	创新意识	安全生产理念与环保理念		
7	完成效率	设备投标文件完成		
8	完成质量	任务书阅读与分析能力,正确理解及描述目标要求		

检查评价	评语:

班级		组别		组长签字	
教师签字				日期	

评价单

学习情境 3	焊接工程成本管理与控制策略		任务 1		投标文件编辑	
评价学时			课内 0.5 学时			
班级			第　　　组			
考核情境	考核内容及要求	分值	学生自评分（10%）	小组评分（20%）	教师评分（70%）	实际得分
计划编制（20分）	资源利用率	4				
	工作程序的完整性	6				
	步骤内容描述	8				
	计划的规范性	2				
工作过程（40分）	保持焊接设备及配件的完整性	10				
	焊接质量及安全作业的管理	20				
	质检分析的准确性	10				
团队情感（25分）	核心价值观	5				
	创新性	5				
	参与率	5				
	合作性	5				
	劳动态度	5				
安全文明（10分）	工作过程中的安全保障情况	5				
	工具正确使用和保养、放置规范	5				
工作效率（5分）	能够在要求的时间内完成,每超时 5 min 扣 1 分	5				
总分		100				

小组成员素质评价单

学习情境 1	编制安全措施与应急方案	任务 1	编制安全措施与安全生产检查				
班级		第　　组		成员姓名			
评分说明	每个小组成员评价分为自评和小组其他成员评价两部分,取平均值计算,作为该小组成员的任务评价个人分数。评价项目共设计 5 个,依据评分标准给予合理量化打分。小组成员自评分后,要找小组其他成员以不记名方式打分						
评分项目	评分标准	自评分	成员 1 评分	成员 2 评分	成员 3 评分	成员 4 评分	成员 5 评分
核心价值观 (20分)	是否有违背社会主义核心价值观的思想及行动						
工作态度 (20分)	是否按时完成负责的工作内容、遵守纪律,是否积极主动参与小组工作,是否全过程参与,是否吃苦耐劳,是否具有工匠精神						
交流沟通 (20分)	是否能良好地表达自己的观点,是否能倾听他人的观点						
团队合作 (20分)	是否能与小组成员合作完成任务,做到相互协作、互相帮助、听从指挥						
创新意识 (20分)	看问题是否能独立思考,提出独到见解,是否能够利用创新思维解决遇到的问题						
最终小组成员得分							

【课后反思】

学习情境3	焊接工程成本管理与控制策略	任务1	投标文件编辑
班级	第　　组	成员姓名	
情感反思	通过对本任务的学习和实训,你认为自己在社会主义核心价值观、职业素养、学习和工作态度等方面有哪些需要提高的部分?		
知识反思	通过对本任务的学习,你掌握了哪些知识点?请画出思维导图。		
技能反思	在完成本任务的学习和实训过程中,你主要掌握了哪些技能?		
方法反思	在完成本任务的学习和实训过程中,你主要掌握了哪些分析和解决问题的方法?		

任务 2　焊接生产成本核算

【任务工单】

学习情境 3	焊接工程成本管理与控制策略	任务 2	焊接生产成本核算
任务学时		4 学时(课外 2 学时)	
布置任务			
任务目标	确保成本核算的准确性和及时性,为企业的生产决策、成本控制和持续改进提供有力的支持。通过不断优化核算流程和方法,提高核算效率,降低生产成本,实现企业的经济效益最大化		
任务描述	根据任务要求,焊接生产成本核算是原材料、人工费用、制造费用等各项生产费用的准确归集和分配,可确保各项费用能够正确反映到产品成本中。通过对焊接生产成本的持续核算,及时监控成本的变动情况,发现成本异常或不合理之处,为企业管理层提供决策支持		

学时安排	资讯 1 学时	计划 0.5 学时	决策 0.5 学时	实施 1 学时	检查 0.5 学时	评价 0.5 学时
提供资源	焊接实训室相关设备及说明书等资料					
对学生学习 及成果的 要求	1.焊接专业基础知识(焊接方法、工艺、生产),经历了专业实习,对焊接企业的产品及行业领域有一定的了解。 2.具有独立思考、善于发现问题的良好习惯。能对任务书进行分析,能正确理解和描述目标要求。 3.具有查询资料和市场调研能力,具备严谨求实和开拓创新的学习态度。 4.每组必须完成任务工单,并提请教师进行小组评价,小组成员分享小组评价分数或等级。 5.每名同学均须完成任务反思,以小组为单位提交					

【课前自学】

知识点 1　焊接生产成本预算基本知识

完成焊接生产项目任务,实现生产目标,需要人力资源以及设备、材料、设施等物质资源,这些资源的取得无一例外地是以付出一定的成本为代价的。生产管理人员必须编制生产预算,制定成本计划,严格控制,才能使项目能够在额定的预算范围内,按时、按质、经济高效地完成各项生产任务。本节结合焊接生产特点,讲述焊接结构生产项目的预算方法。

一、焊接生产项目预算

1. 预算

预算是指在生产前,根据已批准的施工图纸和既定的施工方法,按照特定方法计算的生产费用(直接费、间接费)和利税。

2. 预算编制依据

(1)生产图样。

(2)预算定额。在我国,很多焊接结构生产可套用建设部批准的《全国统一安装工程预算定额》。

(3)材料预算价格(地区定额站批准的材料预算价格,又称信息价)。信息价包含材料供应价、材料市内运杂费和场外运输损耗、采购和保管费等。远离城市的偏僻地区,也需要单独编制材料预算价格,以区别因地点的不同,运费不同,导致价格的不同。

(4)单价估价表(根据现行的预算定额,它是预算定额在该地区的具体表现形式,也是该地区编制工程预算最直接的基础资料)。

(5)工程量计算规则。如《全国统一安装工程预算定额》配套的工程量计算规则是GUDGZ-201-2000《全国统一安装工程预算工程量计算规则》。

(6)各类取费(国家或省、市规定的各类取费标准)。

(7)施工技术(生产组织设计方案或技术组织措施等)。

(8)工具书和有关手册。可利用常用数据、计算公式进行金属材料的换算(如钢材、管材导轨按施工图纸只能计算出长度、面积或体积,必须换算成质量,才能套用预算单价)。

(9)合同协议书。发包和承包双方签订的合同(或协议)有关条款规定,也是编制预算的依据之一,如是否采取施工图预算加系数包干,在合同(或协议)中均有明确规定。

二、预算编制的方法

预算编制的方法有三种:单价法(预算定额法)、实物量法、综合指标法。

1. 单价法(预算定额法)

(1)定额

在一定的外部条件下,预先规定完成某项合格产品所需要素(人力、物力、财力、时间等)的标准额度。使用定额应注意专业专用。钢结构厂房钢柱、钢梁的制作安装工程预算选用《全国统一建筑工程预算定额》;压力容器的制作安装工程预算选用《全国统一安装工程预算定额》。

(2)费用的组成

在定额法预算中,产品造价通常由直接费、生产管理费(又称间接费)、独立费和利润组成,如图3-4所示。

①直接费

直接费是指直接用于生产上并能区分和直接计入产品价值中的各种费用,包括人工费、材料费、机械使用费和其他直接费用。

a. 人工费:指直接从事生产的工人和附属辅助生产工人的基本工资、工资性津贴。在定额中,不分列工种和技术等级,一律以综合工日表示。其内容包括基本用工、超远距离和人工幅度差。

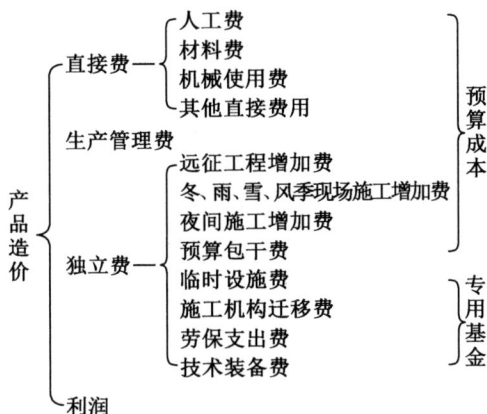

图 3-4　定额法预算费用组成

b. 材料费：包括直接消耗在结构制作安装内容中的主要材料、辅助材料、零星材料费用及施工措施性消耗的周转材料摊销费，材料的价格及主要材料损耗率在定额中均有明确规定。

c. 机械使用费：指工程施工生产过程中使用机械所发生的费用。《全国统一安装工程预算定额》的机械使用费台班单价是按 1998 年建设部颁发的《全国统一施工机械台班费用定额》计算的，凡单位价值在 2 000 元以内，使用年限在两年以内的不构成固定资产的工具、用具(如手提式角磨机)等未计入定额。

d. 其他直接费用：指预算定额和施工管理费定额规定以外的施工生产需要的水、电、蒸气，其他直接费 用以及因场地狭小等特殊情况而发生的材料二次搬运费。

②生产管理费(又称间接费)

生产管理费是指为组织和管理生产施工所发生的各项管理费用，这些费用不能区分和直接计入工程或构件价值中，只能按照规定的计算基础和取费计算，间接地摊入工程价值中去，包括工作人员工资、生产工人辅助工资、工资附加费、办公费、固定资产使用费、工具用具使用费、劳动保护费、检验试验费、职工教育经费、利息支出、上级管理费、场地清理费等。

特别指出的是，焊接结构生产中所需进行的焊接工艺评定、产品试验及产品无损检验、压力试验等所发生的费用属于直接费。在生产管理费中的检验试验费，是指业主要求对有出厂证明的材料、构件进行试验和其他特殊要求进行检验的试验费，如制造Ⅲ类压力容器对钢材的超声波检测所需费用即属于生产管理费中的检验试验费。

生产管理费的取费计算基础，目前有三种：

a. 以直接费为基础计取，是多数地区采用的方法。

b. 以人工费加机械费为基础计算。

c. 以人工费为基础计算。

关于具体的取费费率，各省、市地区会结合本地区具体情况有明确规定。

③独立费

独立费是指为进行工程施工需要而发生的，但又不包括在工程的直接费和施工管理费范围之内，具有特定用途的其他工程费用，包括远征工程增加费，冬、雨、雪、风季现场施工增加费、夜间施工增加费和临时设施费等。

④利润

利润是指安装企业完成工程后可计取的利润，一般其取费基础是直接费，生产管理费，夜间施工增加费，预算包干费和独立费中的远征工程增加费，冬、雨、雪、风季施工增加费等的生产预算成本。

（3）预算方法步骤

①熟悉图样，包括说明、技术要求、目录等内容，熟悉所采用的生产标准。

②熟悉施工组织设计（或生产方案）。

③熟悉预算定额单价表的内容和使用方法，学习工程量计算规则。

④计算工程量。

a.必须按照相应工程量计算规则所制定的计算方法进行工程量计算。

b.各分项工程应按定额项目的顺序，循序逐项进行计量，避免重复和遗漏。焊接结构生产工程量的计算，按生产施工主要过程来划分。按照项目管理理论，生产过程即为项目活动，以完成一个完整的可交出物（而非工序、工步）来界定。焊接结构生产过程可分为制作、无损检测、热处理、压力试验、脱脂钝化、现场安装等。

c.计算单位以物理单位（如立方米、吨）或自然单位（如个、台、套、组）来表示，且必须与工程量计算规则的规定相符合。

⑤编制工程预算书。

a.将各分项计算出的工程量，按照顺序逐项填入工程量计算表；

b.按照工程量，套相应定额单价表的单价，计算出各项目的直接费用；

c.根据施工组织设计，计算其他直接费、独立费；

d.汇总直接费；

e.按照各省、市地区所规定的取费费率计算生产管理费、利率和税金；

f.汇总。

2.实物量法（成本计算估价法）

（1）实物量法基本原理

实物量法预测造价是根据确定的生产工序、生产工艺方法及劳动组合，计算各种资源（人、材、机）的消耗量，用当时当地的资源预算价格乘以相应资源的数量，求得完成项目生产任务的基本直接费用。而其他费用的计算可与定额法类似，当然费率由各企业根据生产施工方案分析确定。实物量法的基本原理可以用公式来表示：

项目预算直接费 = 材料费合计 + 人工费合计 + 机械费合计 + 外购件费用合计

$$= \sum(\text{工序工程量} \times \text{材料预算耗用量} \times \text{当地当时材料预算价格}) +$$

$$\sum(\text{工序工程量} \times \text{人工预算耗用量} \times \text{当地当时人工工资单价}) +$$

$$\sum(\text{工序工程量} \times \text{机械预算耗用量} \times \text{当地当时机械台时或台班单价}) +$$

$$\sum (外购件数量 \times 当地当时外购件单价)$$

（2）实物量法计算的一般步骤

①直接费分析

a. 以产出物为界定标准确定项目活动,如封头制作、筒体制作、封头与筒体的装配等。

b. 确定各项目活动所包含的工序,如筒身制作包括划线、切割、卷圆、焊接和检验等。

c. 确定各工序加工方法,如筒身纵缝的焊接采用埋弧焊。

d. 根据所要求的生产进度确定每个工序的生产强度,据此确定设备和劳动力的组合。

e. 根据生产施工进度计算出人、材、机的总数量。

f. 人、材、机的总数量分别乘以相应的基础价格,计算该生产项目的总直接费用。

②间接费分析

间接费分析是指间接成本分析,它包括生产管理费用、准备工作费用、财务费用(贷款利息)等。

承包商加价分析:根据结构施工特点、承包商的经营状况和市场竞争状况等因素,具体分析确定承包商的总部管理费、中间商的佣金以及承包人不可预见费、利润和税金。

项目风险分析:根据生产项目规模、结构特点以及劳动力、设备材料等市场供求状况,进行项目风险分析,确定不可预见准备金。

项目总成本:项目总成本为直接费、间接费、承包商加价三部分之和,再加上类似"实物量法"分析求出的施工生产准备的费用、有关公共费、保险及不可预见准备金等,即得项目总成本。

（3）实物量法编制造价的依据

采用实物量法编制成本计划(造价)是针对每个具体生产项目"逐个量体裁衣",在施工图设计深度满足需求的前提下,编制出一个切合实际的生产施工规划,这个规划又称为施工组织设计。实物量法编制造价的依据就是这个规划。

3. 综合指标法

（1）指标(理论)估价法

根据各制造厂或其他有关部门收集来的各种类型的非标准设备制造或合同价格资料,经过统计分析后平均得出每吨产品的价格,再根据这个价格进行估价的方法称为指标估价法。

①计算公式

$$P = QM \tag{1-1}$$

式中　P——产品的出厂价格(元/台);

　　　Q——产品的净重(t/台);

　　　M——该类设备每吨重理论价格(元/t)。

②优缺点

此法的优点是:

a. 应用范围广。一般工程均可采用,当无详细设备制造价格时,亦可采用此法做价。

b. 方法简单,适应性强。只要有实际制造资料,或订货合同价格,均可求出理论估价数据。

c. 数据简单, 估价速度快。

此法的缺点是:

a. 当调查不周时, 准确程度较差。

b. 没有反映出市场信息和动态因素的影响。

(2) 系列(或类似)产品插入估价法

在系列(或类似)的机电产品中, 只有一个或几个产品没有价格时, 可根据其邻近的价格用插入法求出补充价格, 所谓插入法就是在该系列(或类似)产品中, 找出它邻近的比它稍大的和比它稍小的产品价格及其相应的质量, 将大小两种类似产品的价格平均求出每吨价格指标后, 再乘以所求产品质量即得。

①计算公式

$$P = (P_1/Q_1 + P_2/Q_2)/2$$

或

$$P = (P_1 + P_2)Q/(Q_1 + Q_2)$$

式中　P——拟计算的设备价格(元/台);

Q——拟计算的设备质量(t);

Q_1、Q_2——拟计算的设备相邻的设备质量($Q_1 < Q < Q_2$);

P_1、P_2——Q_1、Q_2 相对应的设备价格(元/台)。

②优缺点

此法的优点是:

a. 计算简单、方便、速度快;

b. 用于系统标准设备当中的非标准设备估价, 具有一定的准确度。

此法的缺点是:

a. 应用范围小;

b. 适应性差。

③ 插入法举例

设备质量 $Q_1 = 3$ t/台、$Q_2 = 5$ t/台;

设备价格 $P_1 = 2\,000$ 元/台、$P_2 = 3\,000$ 元/台;

试求 4 t/台的设备价格 P。

$P = (P_1 + P_2)Q/(Q_1 + Q_2) = (2\,000 + 3\,000) \times 4/(3 + 5) = 2\,500$ 元/台。

4. 案例分析

某厂生产的大型锅炉由于改进技术修改设计, 监理工程师下令工程暂停半个月, 试分析在这种情况下, 承包商可索赔哪些费用?

可索赔费用如下:

(1) 人工费, 对于不可辞退的工人, 索赔人工窝工费, 应按人工工日成本计算; 对于可以辞退的工人可索赔人工上涨费。

(2) 材料费, 可索赔超期储存费用或材料价格上涨费。

(3) 施工机械使用费, 可索赔机械窝工费或机械台班上涨费。自有机械窝工费一般按台班折旧费索赔; 租赁机械一般按实际租金和调进调出的分摊费计算。

(4) 现场管理费, 由于全面停工, 可索赔增加的工地管理费。可按日计算, 也可按直接成本的百分比计算。

(5)利息,可索赔延期一个月增加的利息支出,按合同约定的利率计算。

(6)总部管理费,由于全面停工,可索赔延期增加的总部管理费,可按总部规定的百分比计算。

三、焊接生产定额的计算

生产定额是生产项目中各项具体工作的成本控制标准。前面介绍的国家预算定额虽然也可以作为生产定额使用,但由于其"共性"太强,与实际生产消耗有较大偏差,因此很多企业都自行编制企业内部使用的生产定额,以便开展项目成本控制。

1.焊接生产定额的编制方法

(1)技术测定法

技术测定法是深入生产现场,应用计时观察和材料消耗测定的方法,对各个工序进行实际测量、查定、取得数据,然后对这些资料进行科学的整理分析,拟定成定额。

(2)统计分析法

统计分析法是根据生产实际中的工、料、台时消耗和产品完成数量的统计资料,经科学地分析、整理,剔去其中不合理的部分后,拟订成定额。

(3)调查研究法

调查研究法是和参加施工生产的老工人、班组长、技术人员座谈讨论,利用他们在生产实践中积累的经验和资料,加以分析整理而成定额。

(4)计算分析法

这种方法大多用于材料消耗定额和一些机械的作业定额。其方法为在确定焊接生产工艺后,根据施工图计算劳动量或工程量,从而计算定额。

2.焊接材料能源消耗定额的计算

制定焊接原材料的消耗定额是保证均衡生产、计算产品成本的一个重要因素。它包括焊条消耗定额、焊丝消耗定额、焊剂消耗定额和保护气体消耗定额四部分。

(1)焊条消耗定额的计算

单件焊条消耗量 $g_条(\text{g})$ 可按下列公式计算:

$$g_条 = FL\rho(1+K_b)K_n$$

式中　F——焊缝熔敷金属横截面积(mm^2),其计算公式见表3-1;

　　　L——焊缝长度(m);

　　　ρ——熔敷金属密度(g/cm^3);

　　　K_b——焊条药皮的质量系数,见表3-2;

　　　K_n——金属由焊条到焊缝的转熔系数,包括因烧损、飞溅及未利用的焊条头的损失,见表3-3。

表 3-1　焊缝熔敷金属横载面积计算公式

序号	焊缝名称	焊接接头及坡口形式和尺寸/mm	计算公式
1	单面 I 形焊缝		$F=\dfrac{1}{100}\left(\delta b+\dfrac{2}{3}ch\right)$
2	I 形焊缝		$F=\dfrac{1}{100}\left(\delta b+\dfrac{4}{3}ch\right)$
3	V 形焊缝（不做封底焊）		$F=\dfrac{1}{100}\left[\delta b+(\delta-p)^2\tan\dfrac{\alpha}{2}+\dfrac{2}{3}ch\right]$
4	单边 V 形焊缝（不做封底焊）		$F=\dfrac{1}{100}\left[\delta b+\dfrac{(\delta-p)^2\tan\delta}{2}+\dfrac{2}{3}ch\right]$
5	U 形焊缝（不做封底焊）		$F=\dfrac{1}{100}\left[\delta b+(\delta-p-r)^2\tan\beta-2r(\delta-p-r)+\dfrac{\pi r^2}{2}+\dfrac{2}{3}ch\right]$
6	V 形，U 形焊缝的根部不挑根的封底焊缝		$F=\dfrac{1}{100}\left(\dfrac{2}{3}c_1h_1\right)$
7	V 形，U 形焊缝的根部挑根封底焊缝		$F=\dfrac{1}{100}\left(p^2\tan\dfrac{\alpha_1}{2}+\dfrac{2}{3}c_1h_1\right)$

表3-1(续1)

序号	焊缝名称	焊接接头及坡口形式和尺寸/mm	计算公式
8	保留钢垫板		$F=\dfrac{1}{100}\left(\delta b+\delta^2\tan\dfrac{\alpha}{2}+\dfrac{2}{3}ch\right)$
9	X形焊缝(坡口对称)		$F=\dfrac{1}{100}\left[\delta b+\dfrac{(\delta-p)^2\tan\dfrac{\alpha}{2}}{2}+\dfrac{4}{3}ch\right]$
10	K形对接焊缝(坡口对称)		$F=\dfrac{1}{100}\left[\delta b+\dfrac{(\delta-p)^2\tan\beta}{4}+\dfrac{4}{3}ch\right]$
11	双U形焊缝(坡口对称)		$F=\dfrac{1}{100}\left[\delta b+2r(\delta-2r-p)+\pi r^2+\dfrac{(\delta-2r-p)^2\tan\beta}{2}+\dfrac{4}{3}ch\right]$
12	不开坡口的角焊缝		$F=\dfrac{1}{100}\left(\dfrac{K^2}{2}+Kh\right)$

表 3-1（续 2）

序号	焊缝名称	焊接接头及坡口形式和尺寸/mm	计算公式
13	单边钝边 V 形角焊缝		$F=\dfrac{1}{100}\left[\delta b+\dfrac{(\delta-p)^2\tan\alpha}{2}+\dfrac{2}{3}ch\right]$
14	K 形 T 字接头		$F=\dfrac{1}{100}\left[\delta b+\dfrac{(\delta-p)^2\tan\alpha}{4}+\dfrac{4}{3}ch\right]$

表 3-2　药皮的质量系数

焊条牌号	J422	J424	J507
药皮质量系数	0.42~0.48	0.42~0.5	0.38~0.44

表 3-3　焊条的转熔系数

焊条牌号	J422	J424	J507
焊条转熔系数	0.77	0.77	0.79

（2）焊丝消耗定额的计算

单件焊丝消耗量 $g_{丝}$（kg）可由下式决定：

$$g_{丝} = AL\rho / (1-K_s)$$

式中　A——焊缝熔敷金属横截面积（mm^2），其计算公式见表 3-1；

L——焊缝长度（m）；

ρ——熔敷金属密度（g/cm^3）；

K_s——焊条损失系数。

（3）焊剂消耗定额的计算

在估算中，焊剂消耗量定义为焊丝消耗量的 0.8~1.2 倍。

（4）保护气体消耗定额的计算

保护气体消耗量由下式决定：

$$V = Q(1+\eta)tn$$

式中　V——保护气体体积（L）；

Q——焊接时保护气体的流量（L/min）；

η——气体损耗系数，常取 0.03~0.05；

t——电弧燃烧时间（h）；

n——每年或者每月焊接完成焊件的数量。

电弧焊时电力消耗量可按下式进行计算：

$$A = A_1 + A_2 = UIt/1\ 000\eta + W_0(T-t)$$

式中　A——电力消耗量（$kW \cdot h$）；

A_1——弧焊电源工作状态时的电力消耗（$kW \cdot h$）；

A_2——弧焊电源空载时的电力消耗（$kW \cdot h$）；

U——电弧电压（V）；

I——焊接电流（A）；

t——电弧燃烧时间（h）；

η——弧焊电源的效率；

W_0——弧焊电源空载功率（kW）；

T——弧焊电源工作总时间（h）。

四、焊接劳动工时定额的计算

1. 工时定额的组成

（1）作业时间

作业时间是直接用于焊接工作的时间。

（2）布置工作场地时间

布置工作场地时间是用于照料工作场地以保持工作场地处于正常工作状态所需要的时间。

（3）休息和生理需要时间

休息和生理需要时间是指工人休息、喝水和上厕所所消耗的时间，这类时间决定于工作条件和生产条件。

（4）准备结束时间

准备结束时间是指为了焊接某一批焊件所消耗的准备时间和结束时间。

2. 制定工时定额的方法

（1）经验估工法

经验估工法是依靠经验，对图样、工艺文件和其他生产条件进行分析，用估算的方法来确定定额。

（2）经验统计法

经验统计法是根据同类产品在以往生产中的实际工时统计资料，经分析并考虑提高劳动生产率的各项因素，再根据经验来确定工时定额的一种方法。

（3）分析计算法

分析计算法是在充分挖掘生产潜力的基础上，按工时定额的各个组成部分来制定工时定额的方法。

（4）比较法

比较法是首先按焊件的结构和工艺过程的相似性，把焊件分组，每组中选出几个在结构上和尺寸上具有代表性的典型工件，通过分析比较，制定该组中其他焊件的工时定额。

3. 工时定额的计算

电弧焊的工时定额由作业时间、布置工作地时间、休息和生理需要时间以及准备结束时间四个部分组成。

（1）作业时间计算

作业时间（$T_{作}$）是直接用于焊接工作的时间。作业时间按其作用不同可分成基本时间（$T_{基}$）和辅助时间（$T_{辅}$）两项。即：

$$T_{作} = T_{基} + T_{辅}$$

①基本时间（$T_{基}$）是直接进行焊接的时间。按下列公式计算求得：

$$T_{基} = P / d_H I$$

式中　d_H——熔敷系数（g/(A·min)或 g/(A·h)），见表3-4；

　　　I——焊接电流强度（A）；

　　　P——熔敷金属总质量（g），$P = FL\rho$。

表 3-4　常用焊条的熔敷系数

熔敷系数	焊条牌号		
	J422	J424	J507
$d_n/[g/(A \cdot h)]$	8.25	9.7	8.49
$d_H/[g/(A \cdot min)]$	0.138	0.162	0.142

②辅助时间是指为保证实现基本工作而执行的各种操作所消耗的时间。它包括：

a.换焊条时间(t_1)。换焊条时间是以焊缝金属的体积乘以熔敷 1 cm³ 焊条金属时所需要的平均更换焊条时间(表 3-5)来求出。

b.测量和检查焊缝时间(t_2)。测量和检查焊缝的时间是以焊缝长度乘以表 3-6 中与焊缝位置有关的指标来确定。

c.清理焊缝和边缘时间(t_3)。清理焊缝和边缘的时间与焊缝长度(m)和熔敷金属的层数有关,可按下式求得：

$$t_3 = L[0.6 + 1.2(n-1)] \quad (min)$$

式中　n——层数；

L——焊缝长度。

d.焊件翻身时间(t_4)。焊件翻身所消耗的时间与焊件的质量有关,见表 3-7。

e.焊缝打印时间(t_5)。焊缝打印时间即焊接后,焊工在焊缝旁打上自己代号的标记所需要的时间, 一般取 0.5 min。

因此, 总的辅助时间为

$$T_辅 = t_1 + t_2 + t_3 + t_4 + t_5$$

表 3-5　熔敷 1 cm³ 金属时平均更换焊条时间

焊条直径/mm	焊条长度/mm	焊缝的空间位置	
		平焊、立焊、横焊	仰焊
3	350	0.098	0.141
4	450	0.040	0.059
5	450	0.260	0.038
6	450	0.018	0.026

表 3-6　测量和检查焊缝的时间

焊缝的空间位置	每米焊缝所需时间/min
平焊、立焊或横焊	0.35
仰焊	0.50

表 3-7　焊件翻转时间

焊件质量/kg	20	30	50	100	200	300	500	800	1 000	1 500	2 000	3 000
需要时间/min	5	7	10	11	12	13	15	17	20	25	30	40

（2）布置工作场地时间（$T_布$）

布置工作场地时间是用于照料工作地以保持工作地处于正常工作状态所需要的时间。它包括：工具的放置、接电源线、电源的接通和调整、电源的关闭及工具和工作场地的收拾等。

布置工作场地时间一般为作业时间的 3%。如果工作地是在室外或工地上，则可将时间指标增加到 5%。

（3）休息和生理需要的时间（$T_休$）

休息和生理需要的时间是指工人休息、喝水和上厕所等所消耗的时间，它决定于工作条件和生产条件。其具体时间如下：

①在方便位置进行焊接时：$T_休 = 5\% T_作$；

②在不方便位置进行焊接时：$T_休 = 7\% T_作$；

③在紧张的条件下焊接时：$T_休 = 10\% T_作$；

④在密闭容器内焊接时：$T_休 = 17 \sim 20\% T_作$。

（4）准备结束时间（$T_准$）

准备结束时间是指为了焊接某一批焊件所消耗的准备时间和结束时间。准备工作时间的特点是每加工一批焊件只消耗一次，其时间长短与零件的批量无关，因此一般不包括在单件工时定额中。

根据焊接工作的复杂程度不同，准备结束时间确定如下：

①简便的工作时：10 min；

②中等复杂的工作时：17 min；

③复杂的工作时：24 min。

例　已知容器筒身材料是 Q235A，板厚 8 mm，长度 5 600 mm，分为三个筒节，长度分别是 2 000 mm、1 800 mm、1 800 mm。其纵缝接头形式如图 3-5 所示，采用 ϕ3.2 mm J422 焊条焊接，焊接电流平均 120 A，求筒身纵缝焊接的焊材消耗定额及工时定额。

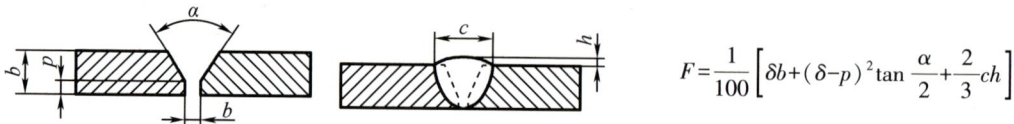

$$F = \frac{1}{100}\left[\delta b + (\delta-p)^2\tan\frac{\alpha}{2} + \frac{2}{3}ch\right]$$

图 3-5　坡口形式（V 形焊缝，不做封底焊）

其中 $\delta = 8$ mm；$b = 3$ mm；$p = 1$ mm；$\alpha = 60°$；$c = 14$ mm；$h = 1.5$ mm。

解　根据容器的焊缝形式查表得

$$F = \left[\delta b + (\delta-p)^2\tan\frac{\alpha}{2} + 2ch/3\right]/100$$

$$= \left[8 \times 3 + (8-1)^2 \times \tan 30° + 2 \times 14 \times 1.5/3 \right]/100$$

$$= 0.663 (\text{cm}^2)$$

$$P = FL\rho = 0.663 \times 560 \times 7.85 = 2\,915 (\text{g})$$

$$g_{\text{条}} = FL\rho (1+K_{\text{b}})/K_{\text{n}}$$

$$= 0.663 \times 560 \times 7.85 \times (1+0.45)/0.77$$

$$= 5\,488 (\text{g})$$

$$\approx 5.5 (\text{kg})$$

$$T_{\text{基}} = P/(d_{\text{H}}I) = 2\,915/(0.138 \times 120) = 176 (\text{min})$$

$$T_{\text{辅}} = t_1 + t_2 + t_3 + t_4 + t_5$$

换焊条时间:查表 3-5 知,当采用直径 3.2 mm 焊条时,熔敷 1 cm³ 金属更换焊条所需要的时间为 0.098 min。则

$$t_1 = 0.098P = 0.098 \times 2\,915 = 285 (\text{min})$$

焊缝测量和检查时间:查表 3-6 知,每米焊缝所需要的测量和检查焊缝的时间为 0.35 min。

$$t_2 = 0.35 \times 5.6 = 2 (\text{min})$$

清理焊缝和边缘时间:假设焊接层数为 3 层。则

$$t_3 = L \left[0.6 + 1.2(n-1) \right] = 5.6 \times \left[0.6 + 1.2 \times (3-1) \right] = 17 (\text{min})$$

焊件翻身时间:因为是单面焊,焊件不翻身。则

$$t_4 = 0$$

焊缝打印时间:每条焊缝为 0.2 min,筒身分 3 节,焊缝 3 条。则

$$t_5 = 0.2 \times 3 = 0.6 (\text{min})$$

$$T_{\text{辅}} = t_1 + t_2 + t_3 + t_4 + t_5 = 285 + 2 + 17 + 0.6 = 304.6 (\text{min})$$

布置工作地时间:$T_{\text{布}} = 3\%T_{\text{基}} = 0.03 \times 176 = 5.3 (\text{min})$

休息和生理需要时间:该纵缝可视为方便条件下的焊接,则

$$T_{\text{休}} = 5\%T_{\text{基}} = 0.05 \times 176 = 8.8 (\text{min})$$

准备和结束时间:可视为中等复杂程度的工作,则

$$T_{\text{休}} = 17 (\text{min})$$

该容器筒身纵缝焊接的工时定额为

$$T_{\text{定}} = 176 + 304.6 + 5.3 + 8.8 + 17 = 511.7 (\text{min}) = 8.5 (\text{h})$$

答:该焊缝的焊条消耗定额是 5.5 kg,工时定额为 8.5 h。

【练习与思考】

一、选择题

1. 单间焊条消耗量计算公式 $g_{\text{条}} = FL\rho (1+K_{\text{b}})/K_{\text{n}}$ 中的字母对应错误的一项是　　(　　　)

A. F——金属截面积

C. K_{b}——焊条的质量系数

B. K_{b}——焊条药皮的质量系数

D. K_{n}——金属由焊条到焊缝的转熔系数

2. 下列哪项定额是企业内部使用，也是企业组织生产和管理所依据的技术文件

（　　）

A. 统一定额 B. 企业定额 C. 生产定额 D. 预算定额

3. 单价法（预算定额法）编制的步骤分几步 （　　）

A. 1 步 B. 2 步 C. 3 步 D. 4 步

4. 下列哪项是施工管理费中的内容 （　　）

A. 工人的日工资 B. 机械台班产量 C. 办公费用 D. 二次运输费

5. 在焊接生产成本中，材料费占有较大的比例，影响材料节约或超支的主要因素有

（　　）

A. 材料原价 B. 运输保管费 C. 工人操作费 D. 量差和价差

二、填空题

1. 常用的预算方法是 ＿＿＿＿＿＿＿＿、＿＿＿＿＿＿＿＿ 和 ＿＿＿＿＿＿＿＿。

2. 在产品造价中直接费包括 ＿＿＿＿＿＿＿＿、＿＿＿＿＿＿＿＿、＿＿＿＿＿＿＿＿
＿＿＿＿。

3. 影响材料节约或超支的主要因素是 ＿＿＿＿＿＿＿ 和 ＿＿＿＿＿＿＿。

三、简答题

1. 什么是实物量法？实物量法的基本原理是什么？

2. 什么是定额？定额的费用组成有哪些？

3. 焊接劳动工时定额包括哪些时间？

知识点 2　焊接生产成本核算及控制

生产成本是生产单位为生产产品或提供劳务而发生的各项生产费用，包括各项直接支出和制造费用。直接支出包括直接材料、直接工资、其他直接支出；制造费用是指企业内的分厂、车间为组织和管理生产所发生的各项费用，包括分厂、车间管理人员工资，折旧费，维修费，修理费及其他制造费用。生产成本管理则是指企业生产经营过程中各项成本核算、成本分析、成本决策和成本控制等一系列科学管理行为的总称。成本管理一般包括成本预测、成本决策、成本计划、成本核算、成本控制、成本分析、成本考核等职能。焊接生产成本管理就是在焊接生产过程中，对原材料成本、加工成本（包括水电费、员工工资、机器折旧费等）、管理成本等费用的控制。

一、焊接生产成本核算的含义和目的

1. 产品成本的含义

成本核算是指将在生产经营过程中发生的各种耗费按照一定的对象进行分配和归集，以计算总成本和单位成本。成本核算通常以货币为计算单位，它是成本管理的重要组成部分，对于企业生产的成本预测和经营决策等存在直接影响。进行成本核算，首先审核生产经营管理费用，看其已否发生，是否应当发生，已发生的是否应当计入产品成本，实现对生产经营管理费用和产品成本直接的管理和控制。其次对已发生的费用按照用途进行分配和归集，计算各种产品的总成本和单位成本，为成本管理提供真实的成本资料。

产品成本可从以下两方面理解,一方面从产品价值的形成来看,是价值的一部分,产品价值的构成如图 3-6 所示,可以看出,产品成本是产品价值(W)中 C、V 两部分之和。另一方面从生产消耗来看,产品成本也可以认为是企业生产和销售产品所支出费用的总和。

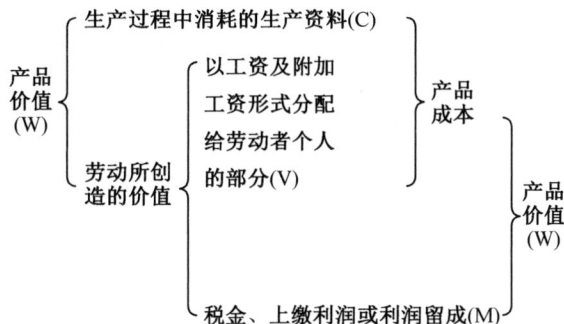

图 3-6　产品价值的构成

2.成本核算的目的

(1)确定产品销售价格

根据产品成本核算,可以确定产品的销售价格。

(2)降低生产成本,提高产品市场竞争能力

根据产品实际成本及市场情况,分析企业的生产效率,确定降低成本的途径,尽量做到以最低的成本达到预先规定的质量和数量,提高产品的市场竞争能力。

(3)衡量经营活动的成绩和效果

通过成本核算,可以综合反映企业经营活动的成绩和效果。

(4)进行成本控制

根据成本核算结果,进行成本控制,以增加利润,求得生存与发展。

二、焊接生产成本核算的主要原则

1.合法性原则

合法性原则是指计入成本的费用都必须符合法律、法令、制度等的规定。不合规定的费用不能计入成本。

2.可靠性原则

可靠性原则包括真实性和可核实性。真实性就是所提供的成本信息与客观的经济事项相一致,不应掺假,或人为地提高、降低成本,确保成本核算信息的正确可靠。

3.相关性原则

相关性原则包括成本信息的有用性和及时性。有用性是指成本核算要为管理当局提供有用的信息,为成本管理、预测、决策服务。及时性是强调信息取得的时间性,及时反馈信息,可及时采取措施,改进工作。

4.分期核算原则

为了取得一定期间所生产产品的成本,必须将持续不断的生产活动按一定阶段(如月、

季、年)划分为各个时期,分别计算各期产品的成本。成本核算的分期,必须与会计年度的分月、分季、分年相一致,这样可以便于利润的计算。

5.权责发生制原则

应由本期成本负担的费用,不论是否已经支付,都要计入本期成本;不应由本期成本负担的费用(即已计入以前各期的成本,或应由以后各期成本负担的费用),虽然在本期支付,也不应加入本期成本,以便正确提供各项的成本信息。

6.实际成本计价原则

生产所耗用的原材料、燃料、动力要按实际耗用数量的实际单位成本计算、完工产品成本的计算要按实际发生的成本计算。

7.一致性原则

成本核算所采用的方法前后各期必须一致,以使各期的成本资料有统一的口径,前后连贯,互相可比。

8.重要性原则

对于成本有重大影响的项目应作为重点,力求精确。而对于那些不太重要的琐碎项目,则可以从简处理。

三、焊接生产成本核算及成本分析

1.成本核算的内容

(1)为制造产品而耗用的各种原料、材料和外购半成品的费用

该项费用包括金属母材费、焊条(或焊丝)费、气体(如氧气、乙炔、保护气体等)费用、焊剂及衬垫费用、钨极和碳棒、半成品费等。

(2)职工工资及福利基金

该项费用包括生产工人、管理人员的工资和按工资总额提取的职工福利基金。

(3)为制造产品而消耗的燃料和动力费用

该项费用包括水电费及其他燃料动力费等。

(4)按规定提取的固定资产费用

该项费用包括固定资产基本折旧基金,大修折旧基金和固定资产中的中小修理费用,厂房、焊机、气瓶、加工设备及工夹具辅助设备等的折旧费,设备保养修理费。

(5)低值易耗品费

该项费用包括按规定应当列入产品成本的低值易耗品购置费用。

(6)停工与废品损失费

该项费用包括按规定应当列入产品成本的停工、废品损失费用。

(7)包装与销售费

该项费用包括产品包装和销售经营管理费用。

(8)其他生产费用

该项费用包括管理费、运输费、检验费、外协加工费、研究试验费、劳动保护费、租赁费、保险费、排污费、材料与产品的存货盘亏损失费、广告宣传费、培训费等。

2.产品成本的核算方法

不同的企业,由于生产的工艺过程、生产组织以及成本管理要求不同,成本计算的方法也不一样。不同成本计算方法的区别主要表现在三个方面:一是成本计算对象不同。二是成本计算期不同。三是生产费用在产成品和半成品之间的分配情况不同。常用的成本计算方法主要有品种法、分批法和分步法。

(1)品种法

品种法是以产品品种作为成本计算对象来归集生产费用、计算产品成本的一种方法。由于品种法不需要按批计算成本,也不需要按步骤来计算半成品成本,因而这种成本计算方法比较简单。品种法主要适用于大批量单步骤生产的企业。

(2)分批法

分批法也称订单法。它是以产品的批次或订单作为成本计算对象来归集生产费用、计算产品成本的一种方法。分批法主要适用于单件和小批的多步骤生产。分批法的成本计算期是不固定的,一般把一个生产周期(即从投产到完工的整个时期)作为成本计算期定期计算产品成本。由于在未完工时没有产成品,完工后又没有在产品,产成品和在产品不会同时并存,因而也不需要把生产费用在产成品和在成品之间进行分配。

(3)分步法

分步法是按产品的生产步骤归集生产费用、计算产品成本的一种方法。分步法适用于大量或大批的多步骤生产,如机械、纺织、造纸等。分步法由于生产的数量大,在某一时间上往往即有已完工的产成品,又有未完工的在产品和半成品,不可能等全部产品完工后再计算成本。因而分步法一般是按月定期计算成本,并且要把生产费用在产成品和半成品之间进行分配。

成本计算的过程是一个费用的汇集和分配(摊)的过程,或者反过来说,费用的核算最终也就是成本的核算,成本计算就是一个对费用进行多步骤处理的过程。

3.焊接生产成本分析

(1)焊接生产成本的综合分析

①实际成本与计划成本进行比较,以检查完成生产项目降低成本计划的情况,以及各个成本项目的降低或超支情况,进而检查技术组织措施计划编制的合理性及其执行情况。

②实际成本与预算成本比较,以检查是否完成降低成本目标,以及各个成本项目的降低或超支情况,进而分析工程成本升降的主要原因。

③对所属施工部门之间进行比较分析,可检查各部门完成降低成本任务情况和成本水平高低的原因,进而总结推广降低成本的先进经验。

④不同项目之间进行成本比较,以检查各项目及其成本的情况,进一步深入分析生产项目成本升降的原因,改进管理工作。

⑤本年度同上年度的降低成本进行比较,以衡量企业成本管理的水平。

(2)成本分析的内容

①人工费分析

影响人工费节约或超支的主要因素有两个:工日差和日工资单价差。

②材料费分析

材料费分析是指根据预算材料费与实际材料以及地区材料预算价格进行比较分析。

③机械使用费分析

机械使用费分析可根据预算和实际的机械成本、机械台班产量及台班费定额进行比较分析。

④其他直接费分析

其他直接费用分析应根据预算中属于这部分的费用与实际发生的成本进行比较分析。

⑤施工管理费分析

施工中管理成本的实际管理费与预算管理费发生变动,主要是由直接成本和单位直接成本应分配的管理费这两个因素变化引起的。

四、焊接生产成本控制技术

成本控制就是指以成本作为控制的手段,通过制定成本总水平指标值、可比产品成本降低率以及成本中心控制成本的责任等,达到对经济活动实施有效控制的目的的一系列管理活动与过程。

生产过程中的成本控制就是在产品的制造过程中,对成本形成的各种因素,按照事先拟定的标准严格加以监督,发现偏差就及时采取措施加以纠正,从而使生产过程中的各项资源的消耗和费用开支限在标准规定的范围之内。

1. 成本控制的基本方法

(1)定额制定

定额是企业在一定生产技术水平和组织条件下,人力、物力、财力等各种资源的消耗达到的数量界限,主要有材料定额和工时定额。成本控制主要是制定消耗定额,只有制定出消耗定额,才能在成本控制中起作用。工时定额的制定主要依据各地区收入水平、企业工资战略、人力资源状况等因素。在现代企业管理中,人力成本越来越大,工时定额显得特别重要。在工作实践中,根据企业生产经营特点和成本控制需要,还会出现动力定额、费用定额等。定额管理是成本控制基础工作的核心,建立定额领料制度,控制材料成本、燃料动力成本,建立人工包干制度,控制工时成本,以及控制制造费用,都要依赖定额制度,没有很好的定额,就无法控制生产成本;同时,定额也是成本预测、决策、核算、分析、分配的主要依据,是成本控制工作的重中之重。

(2)标准化工作

标准化工作是现代企业管理的基本要求,它是企业正常运行的基本保证,它促使企业的生产经营活动和各项管理工作达到合理化、规范化、高效化,是成本控制成功的基本前提。在成本控制过程中,下面四项标准化工作极为重要。

第一,计量标准化。计量是指用科学方法和手段,对生产经营活动中的量和质的数值进行测定,为生产经营,尤其是成本控制提供准确数据。如果没有统一计量标准,基础数据不准确,那就无法获取准确成本信息,更无从谈控制。

第二,价格标准化。成本控制过程中要制定两个标准价格,一是内部价格,即内部结算价格,它是企业内部各核算单位之间,各核算单位与企业之间模拟市场进行"商品"交换的价值尺度;二是外部价格,即在企业购销活动中与外部企业产生供应与销售的结算价格。标准价格是成本控制运行的基本保证。

第三,质量标准化。质量是产品的灵魂,没有质量,再低的成本也是徒劳的。成本控制是质量控制下的成本控制,没有质量标准,成本控制就会失去方向,也谈不上成本控制。

第四,数据标准化。制定成本数据的采集过程,明晰成本数据报送人和入账人的责任,做到成本数据按时报送,及时入账,数据便于传输,实现信息共享;规范成本核算方式,明确成本的计算方法;对成本的书面文件实现国家公文格式,统一表头,形成统一的成本计算图表格式,做到成本核算结果准确无误。

(3)制度建设

在市场经济中,企业运行的基本保证,一是制度,二是文化,制度建设是根本,文化建设是补充。没有制度建设,就不能固化成本控制运行,就不能保证成本控制质量。成本控制中最重要的制度是定额管理制度、预算管理制度、费用申报制度等。在实际中,制度建设有两个问题。一是制度不完善,在制度内容上,制度建设更多地从规范角度出发,看起来像命令。正确的做法应该是制度建设要从运行出发,这样才能使责任人找准位置,便于操作。二是制度执行不力,老是强调管理基础差,人员限制等客观原因,一出现利益调整内容,就收缩起来,导致制度形同虚设。

2. 成本控制的步骤

(1)事前控制

事前控制就是事前确定成本控制的标准。在成本未形成之前所进行的成本预测和事前成本分析,可使企业的成本控制有可靠的目标。

(2)事中控制

事中控制就是在生产经营过程中控制监督成本的形成过程,对正在执行的成本计划的结果所进行的分析控制,防止实际成本超过目标成本的范围。这是控制的重点。

(3)事后处置

事后处置是在一个阶段性的生产经营活动结束后,分析造成实际成本偏离目标的原因,然后在此基础上提出切实可行的措施,使实际成本管理更好地达到目标成本的要求。

3. 成本的日常控制

根据控制标准,对成本形成的各个项目经常地进行检查、评比和监督,不仅要检查指标本身的执行情况,而且要检查和监督影响指标的各项条件,如设备、工艺、工具、工人技术水平、工作环境等。焊接生产成本日常控制要与生产作业控制等结合起来进行。

(1)材料费用的日常控制

严格按图纸、工艺、工装要求进行操作,要按规定的品种、规格、材质实行限额发料,监督领料、补料、退料等制度的执行。控制生产批量,合理下料,合理投料,监督期量标准的执行。日常与定额有差距要分析对比,追踪原因,并会同有关部门和人员提出改进措施。

(2)工资费用的日常控制

工资费用的日常控制主要是对生产现场的工时定额、出勤率、工时利用率、劳动组织的调整、奖金、津贴等的监督和控制。此外,生产调度人员要监督车间内部作业计划的合理安排,要合理投产,合理派工,控制窝工、停工、加班、加点等。对上述有关指标进行控制和核算,分析偏差,寻找原因。

（3）间接费用的日常控制

车间经费、企业管理费的项目很多，发生的情况各异。有定额的按定额控制，没有定额的按各项费用预算进行控制，如采用费用开支手册、企业内费用券（又叫本票、企业内流通券）等形式来进行控制。各个部门、车间、班组分别由有关人员负责控制和监督，并提出改进意见。

4. 降低焊接生产成本的途径

（1）采用先进的焊接和切割方法

焊接方法不同，其熔敷相同的金属所消耗的电能是不同的。

（2）采用高生产率的焊接材料

如焊接生产管理时采用含铁粉的高效率焊条，可提高熔敷系数30%左右。

（3）选用节能焊接设备

采用半自动和自动焊接技术，再加装必要的变位器、滚轮胎架或自动操纵台，即可大幅度提高焊接生产率，并可显著节能。

（4）用合理的焊接工艺

选择合理的接头形式，采用转胎、变位器等实现平焊与角接的船形焊，合理的焊接次序和合适的焊接规范等可提高焊接速度和质量，减少返修量。

（5）提高焊工素质和技术操作水平

在生产中，人的因素是第一位的，所以不断进行焊工培训和考核，提高焊工的素质和技术操作水平，是保证焊接生产顺利进行、保证焊接质量、减少焊接缺陷和返修量、降低生产成本的关键。

（6）减少不必要的非生产性开支

加强管理，精打细算，减少一切不必要的非生产性开支。

（7）加强生产和财务管理

加强生产管理，制定合理的生产计划和焊接工艺规程并严格执行，严格控制焊接质量，发现问题并及时解决问题。

五、成本核算程序及实例

1. 生产费用支出的审核

对发生的各项生产费用支出，应根据国家、上级主管部门和本企业的有关制度、规定进行严格审核，以便对不符合制度和规定的费用，以及各种浪费、损失等加以制止或追究经济责任。

2. 确定成本计算对象和成本项目，开设产品成本明细账

企业的生产类型不同，对成本管理的要求不同，成本计算对象和成本项目也就有所不同，应根据企业生产类型的特点和对成本管理的要求，确定成本计算对象和成本项目，并根据确定的成本计算对象开设产品成本明细账。

3. 进行要素费用的分配

对发生的各项要素费用进行汇总，编制各项要素费用分配表，按其用途分配计入有关的生产成本明细账。对能确认某一成本计算对象耗用的直接计入费用，如直接材料、直接工资，应直接记入"生产成本—基本生产成本"账户及其有关的产品成本明细账；对于不能

确认某一费用,则应按其发生的地点或用途进行归集分配,分别记入"制造费用""生产成本—辅助生产成本"和"废品损失"等综合费用账户。

4.进行综合费用的分配

对记入"制造费用""生产成本—辅助生产成本"和"废品损失"等账户的综合费用,月终采用一定的分配方法进行分配,并记入"生产成本—基本生产成本"以及有关的产品成本明细账。

5.进行完工产品成本与在产品成本的划分

通过要素费用和综合费用的分配,所发生的各项生产费用均已归集在"生产成本—基本生产成本"账户及有关的产品成本明细账中。在没有在产品的情况下,产品成本明细账所归集的生产费用即为完工产品总成本;在有在产品的情况下,需将产品成本明细账所归集的生产费用按一定的划分方法在完工产品和月末在产品之间进行划分,从而计算出完工产品成本和月末在产品成本。

6.计算产品的总成本和单位成本

在品种法、分批法下,产品成本明细账中计算出的完工产品成本即为产品的总成本;分步法下,则需根据各生产步骤成本明细账进行顺序逐步结转或平行汇总,才能计算出产品的总成本。以产品的总成本除以产品的数量,就可以计算出产品的单位成本。

7.计算套筒的焊接成本及单位成本

某企业焊接套筒,原材料在焊接开始一次投入,该种产品本月原材料费用15 000元,人工费用3 500元,制造费用1 000元,本月完工产品150件,月末无在产品。

要求:计算套筒焊接完工后成本和单位成本。

(1)生产费用支出的审核。

(2)确定成本计算对象和成本项目,开设产品成本明细账。

(3)进行要素费用的分配。

(4)进行综合费用的分配。

(5)进行完工产品成本与在产品成本的划分。

(6)计算产品的总成本和单位成本。

①完工套筒总成本=料+工+费=15 000+3 500+1 000=19 500(元)。

②完工套筒单位成本=19 500/150=130(元)。

【练习与思考】

一、选择题

1.在焊接生产过程中,对影响施工项目成本的各种因素加强管理,并采用各种有效措施加以纠正,这是　　　　　　　　　　　　　　　　　　　　　　　(　　)

A.成本控制　　　　B.成本计划　　　　C.成本预测　　　　D.成本核算

2._____是在成本形成过程中,对焊接项目降低成本计划情况进行概括性分析和总结工作。　　　　　　　　　　　　　　　　　　　　　　　　　　　　(　　)

A.成本考核　　　　B.成本分析　　　　C.成本定额　　　　D.成本预算

3. 成本控制是对成本形成的各种因素,按照事先拟定的标准严格加以监督,发现偏差就及时采取措施加以纠正,成本控制一般分_____个步骤。 （　　）

A. 1　　　　　　　　B. 2　　　　　　　　C. 3　　　　　　　　D. 4

二、填空题

1. 焊接生产成本核算的主要目的是降低_____,提高产品的_____。

2. 成本控制工作是在焊接结构生产中通过对各项开支监控尽量使实际成本控制在_____或_____范围内的一项管理工作。

3. 降低焊接生产成本的途径有_____、_____、_____、_____。

4. 成本分析的内容有_____、_____、_____、其他直接费分析和施工管理费分析。

三、简答题

1. 产品成本的含义是什么?

2. 为什么要进行成本核算?

3. 成本控制的方法有哪些?

4. 降低焊接生产成本的途径有哪些?

【任务实施】

一、工作准备

实训室设备清单、库房清点清单。

二、工作程序

1. 清点物品

对照设备清单、库存清单,对应的设备与库存物品,查找编号造册。

2. 询价

检查设备易坏配件,登记在册。检查库存耗材物品,登记在册。找三家以上供应公司询价。

3. 成本核算

(1)原材料、人工费用、制造费用等各项生产费用的准确归集和分配。

(2)通过对焊接生产成本的持续核算,及时监控成本的变动情况,发现成本异常或不合理之处,及时反馈实训室管理人员。

(3)提供成本信息:为实训室的实训项目生产决策、成本控制、产品定价等提供成本信息。

【焊接生产成本核算工作单】

计划单

学习情境 3	焊接工程成本管理与控制策略	任务 2	焊接生产成本核算	
工作方式	组内讨论、团结协作共同制定计划,小组成员进行工作讨论,确定工作步骤		学时	1
完成人	1.　　　2.　　　3.　　　4.　　　5.　　　6.			

计划依据:1.小组成员:　　　　;2.小组分配的工作任务

序号	计划步骤	具体工作内容描述
1	检查设备易损配件、焊接耗材制备成本清单(有哪些耗材? 哪些高损配件? 谁来做?)	
2	组织分工(成立组织,人员具体都完成什么工作?)	
3	收集相关资料(都需要对哪些物品询价? 谁来做?)	
4	核算焊接生产成本(如何编写?)	
5	编辑出入库信息(文件内容是否准确? 都需要哪些文件?)	
6	审核与修改(谁负责?)	
制定计划说明	(根据招标文件,写出参与耗材核算人员完成焊接生产成本核算可以执行的步骤,以及重点步骤的具体内容要点)	
计划评价	评语:	

班级		第　　组	组长签字	
教师签字			日期	

决策单

学习情境 3	焊接工程成本管理与控制策略	任务 2	焊接生产成本核算
决策目的	对焊接生产进行全面的计划,识别焊接生产计划中的各个部门的配合情况。针对每种产品,制定相应的应对计划安排	学时	0.5

方案讨论				组号		

	组别	步骤顺序性	步骤合理性	实施可操作性	选用工具合理性	方案综合评价
方案决策	1					
	2					
	3					
	4					
	5					
	1					
	2					
	3					
	4					
	5					
	1					
	2					
	3					
	4					
	5					

方案评价	评语:

班级		组长签字		教师签字		日期	

工具单

场地准备	教学仪器(工具)准备	资料准备
一体化焊接生产车间	相关耗材及焊材清单	班级学生名单

作业单

学习情境 3	焊接工程成本管理与控制策略	任务 2	焊接生产成本核算
参加焊接工程成本 管理与控制策略人员	第　　组		学时
			1
作业方式	小组分析,个人解答,现场批阅,集体评判		

序号	工作内容记录 (焊接成本核算实际工作)	分工 (负责人)
小结	主要描述完成的成果及是否达到目标	存在的问题

班级		组别		组长签字	
学号		姓名		教师签字	
教师评分		日期			

检查单

学习情境 3	焊接工程成本管理与控制策略	学时	20
任务 2	焊接生产成本核算	学时	10

序号	检查项目	检查标准	学生自查	教师检查
1	准备工作	任务书阅读与分析能力,正确理解及描述目标要求		
2	分工情况	与同组同学协商,确定人员分工		
3	工作态度	查阅资料能力,市场调研能力		
4	纪律出勤	资料的阅读、分析和归纳能力		
5	团队合作	焊接生产成本管理		
6	创新意识	安全生产理念与环保理念		
7	完成效率	控制成本流程编写		
8	完成质量	任务书阅读与分析能力,正确理解及描述目标要求		

检查评价	评语:

班级		组别		组长签字	
教师签字				日期	

评价单

学习情境3	焊接工程成本管理与控制策略		任务2	焊接生产成本核算			
评价学时				课内 0.5 学时			
班级				第　　组			
考核情境	考核内容及要求	分值	学生自评分（10%）	小组评分（20%）	教师评分（70%）	实际得分	
计划编制（20分）	资源利用率	4					
	工作程序的完整性	6					
	步骤内容描述	8					
	计划的规范性	2					
工作过程（40分）	保持焊接设备及配件的完整性	10					
	焊接质量及安全作业的管理	20					
	质检分析的准确性	10					
团队情感（25分）	核心价值观	5					
	创新性	5					
	参与率	5					
	合作性	5					
	劳动态度	5					
安全文明（10分）	工作过程中的安全保障情况	5					
	工具正确使用和保养、放置规范	5					
工作效率（5分）	能够在要求的时间内完成,每超时 5 min 扣 1 分	5					
总分		100					

小组成员素质评价单

学习情境 1	编制安全措施与应急方案		任务 1		编制安全措施与安全生产检查			
班级		第 组			成员姓名			
评分说明	每个小组成员评价分为自评和小组其他成员评价两部分,取平均值计算,作为该小组成员的任务评价个人分数。评价项目共设计 5 个,依据评分标准给予合理量化打分。小组成员自评分后,要找小组其他成员以不记名方式打分							
评分项目	评分标准	自评分	成员 1 评分	成员 2 评分	成员 3 评分	成员 4 评分	成员 5 评分
核心价值观（20 分）	是否有违背社会主义核心价值观的思想及行动						
工作态度（20 分）	是否按时完成负责的工作内容、遵守纪律,是否积极主动参与小组工作,是否全过程参与,是否吃苦耐劳,是否具有工匠精神						
交流沟通（20 分）	是否能良好地表达自己的观点,是否能倾听他人的观点						
团队合作（20 分）	是否能与小组成员合作完成任务,做到相互协作、互相帮助、听从指挥						
创新意识（20 分）	看问题是否能独立思考,提出独到见解,是否能够利用创新思维解决遇到的问题						
最终小组成员得分							

【课后反思】

学习情境 3	焊接工程成本管理与控制策略	任务 2	焊接生产成本核算
班级	第　　组	成员姓名	

情感反思	通过对本任务的学习和实训,你认为自己在社会主义核心价值观、职业素养、学习和工作态度等方面有哪些需要提高的部分?
知识反思	通过对本任务的学习,你掌握了哪些知识点? 请画出思维导图。
技能反思	在完成本任务的学习和实训过程中,你主要掌握了哪些技能?
方法反思	在完成本任务的学习和实训过程中,你主要掌握了哪些分析和解决问题的方法?

参 考 文 献

[1] 崔平. 现代生产管理[M]. 3 版. 北京:机械工业出版社,2020.

[2] 李晓男. 质量管理与控制技术基础[M]. 2 版. 北京:高等教育出版社,2021.

[3] 姚小凤. 工厂质量控制精细化管理手册[M]. 2 版. 北京:人民邮电出版社,2014.

[4] 孙宗虎. 生产过程管理流程设计与工作标准[M]. 北京:人民邮电出版社,2020.

[5] 王晶,王彬,王军,等. 基于信息化的精益生产管理[M]. 北京:机械工业出版社,2016.

[6] 朱玉杰,沈博昌,刁鹏飞. 生产管理学[M]. 哈尔滨:哈尔滨工业大学出版社,2019.